企业新型学徒制培训教材

机械基础知识

人力资源社会保障部教材办公室　组织编写

中国劳动社会保障出版社

图书在版编目(CIP)数据

机械基础知识/人力资源社会保障部教材办公室组织编写. -- 北京：中国劳动社会保障出版社，2019

企业新型学徒制培训教材

ISBN 978-7-5167-3883-2

Ⅰ. ①机… Ⅱ. ①人… Ⅲ. ①机械学-职业培训-教材 Ⅳ. ①TH11

中国版本图书馆 CIP 数据核字(2019)第 035884 号

中国劳动社会保障出版社出版发行

（北京市惠新东街 1 号 邮政编码：100029）

*

北京市艺辉印刷有限公司印刷装订 新华书店经销

787 毫米×1092 毫米 16 开本 12.75 印张 298 千字

2019 年 3 月第 1 版 2022 年 8 月第 6 次印刷

定价：32.00 元

读者服务部电话：（010）64929211/84209101/64921644

营销中心电话：（010）64962347

出版社网址：http://www.class.com.cn

前　言

为贯彻落实党的十九大精神，加快建设知识型、技能型、创新型劳动者大军，按照中共中央、国务院《新时期产业工人队伍建设改革方案》《关于推行终身职业技能培训制度的意见》有关要求，人力资源社会保障部、财政部印发了《关于全面推进企业新型学徒制的意见》，在全国范围内部署开展以“招工即招生、入企即入校、企校双师联合培养”为主要内容的企业新型学徒制工作。这是职业培训工作改革创新的新举措、新要求和新任务，对于促进产业转型升级和现代企业发展、扩大技能人才培养规模、创新中国特色技能人才培养模式、促进劳动者实现高质量就业等都具有重要的意义。

为配合企业新型学徒制工作的推行，人力资源社会保障部教材办公室组织相关行业企业和职业院校的专家，编写了系列全新的企业新型学徒制培训教材。

该系列教材紧贴国家职业技能标准和企业工作岗位技能要求，以培养符合企业岗位需求的中、高级技术工人为目标，契合企校双师带徒、工学交替的培训特点，遵循“企校双制、工学一体”的培养模式，突出体现了培训的针对性和有效性。

企业新型学徒制培训教材由三类教材组成，包括通用素质类、专业基础类和操作技能类。首批开发出版《入企必读》《职业素养》《工匠精神》《安全生产》《法律常识》等16种通用素质类教材和专业基础类教材。同时，统一制订新型学徒制培训指导计划（试行）和各教材培训大纲。在教材开发的同时，积极探索“互联网+职业培训”培训模式，配套开发数字课程和教学资源，实现线上线下培训资源的有机衔接。

企业新型学徒制培训教材是技工院校、职业院校、职业培训机构、企业培训中心等教育培训机构和行业企业开展企业新型学徒制培训的重要教学规范和教学资源。

本教材由王希波主编，钱涛、冯宝森、王华江、周华参加编写，由崔兆华主审。教材在编写过程中还得到韩志勇、谢景军、王公安等同志的帮助和支持，在此表示衷心感谢。

企业新型学徒制培训教材编写是一项探索性工作，欢迎开展新型学徒制培训的相关企业、培训机构和培训学员在使用中提出宝贵意见，以臻完善。

人力资源社会保障部教材办公室

目 录

第一章 常用金属材料与热处理

第二章 机械传动

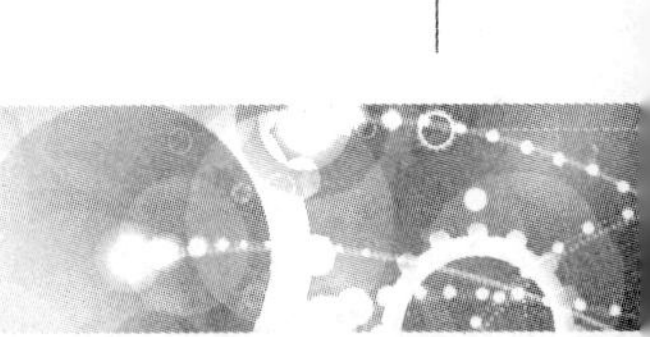

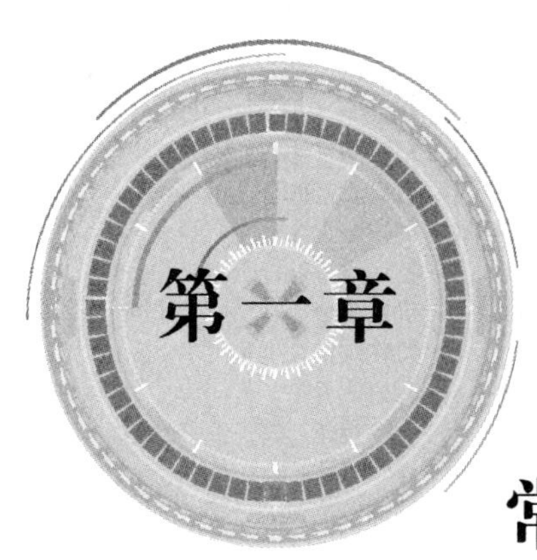

常用金属材料与热处理

【学习目标】

1. 了解金属材料的分类与力学性能。
2. 了解非合金钢、低合金钢和合金钢的分类，掌握其常用牌号、性能及用途。
3. 了解铜及铜合金、铝及铝合金的主要分类，掌握其主要牌号、性能及用途。
4. 了解滑动轴承合金、钛及钛合金、硬质合金的主要牌号、性能及用途。
5. 了解常用热处理方法的工艺过程，掌握其特点及应用。

第 1 节　金属材料的分类与力学性能

一、金属材料的分类

金属材料是金属及其合金的总称，即指金属元素或以金属元素为主构成的，并具有金属特性的物质。通常把金属材料分为黑色金属和有色金属两大类，另外，习惯上通常将硬质合金也作为一个类别来单独划分。在黑色金属中，锰、铬通常作为合金元素存在于铁碳合金中，很少单独作为金属材料使用，所以黑色金属通常指钢铁材料。常用金属材料的分类如图 1—1 所示。

二、金属材料的力学性能

金属材料的力学性能是指金属材料抵抗外力引起的变形和破坏的能力。常用的力学性能指标主要有强度、塑性、硬度、冲击韧性、疲劳强度等。

1. 强度

金属材料在静载荷作用下，抵抗塑性变形或断裂的能力称为强度。强度的大小用应力（单位面积上的内力称为应力，单位为 MPa）表示。金属材料的强度越高，所能承受的载荷就越大。其衡量指标为屈服强度和抗拉强度，通常采用拉伸试验来测定。

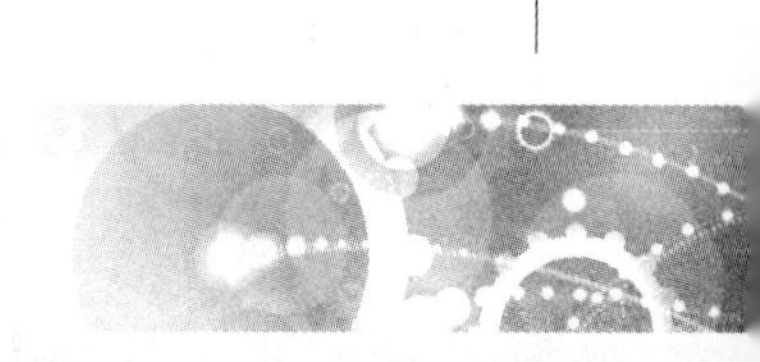

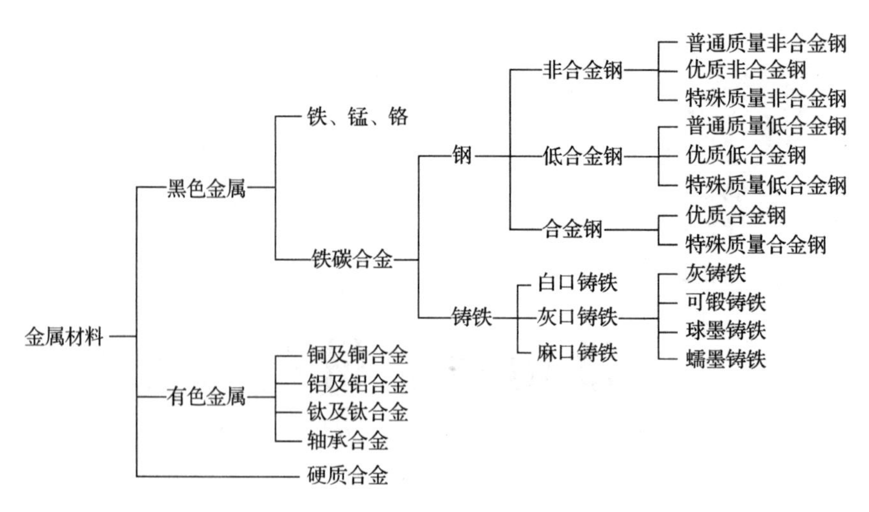

图 1—1　常用金属材料的分类

(1) 拉伸试验

拉伸试验时，将标准的拉伸试样夹在拉伸试验机上（见图 1—2），缓慢加载。随着载荷的不断增加，试样的伸长量也不断增加，直至试样被拉断为止。

图 1—2　拉伸试验机

以加载在试样上的载荷 F 为纵坐标，以试样相应的伸长量 ΔL 为横坐标，依据拉力 F 与伸长量 ΔL 之间的关系在直角坐标系中绘出的曲线，称为力—伸长曲线。如图 1—3 所示为退火低碳钢的力—伸长曲线，拉伸过程分为弹性变形阶段、屈服阶段、强化阶段和缩颈阶段。

1) 弹性变形阶段（Oe）

F_e为发生最大弹性变形时的载荷。外力一旦撤去，则变形完全消失。

2) 屈服阶段（ss'）

外力大于 F_e后，试样发生塑性变形；当外力增加到 F_{eL}后，图线为锯齿状，这种拉伸力不增加变形却继续增加的现象称为屈服。F_{eL}为屈服载荷。

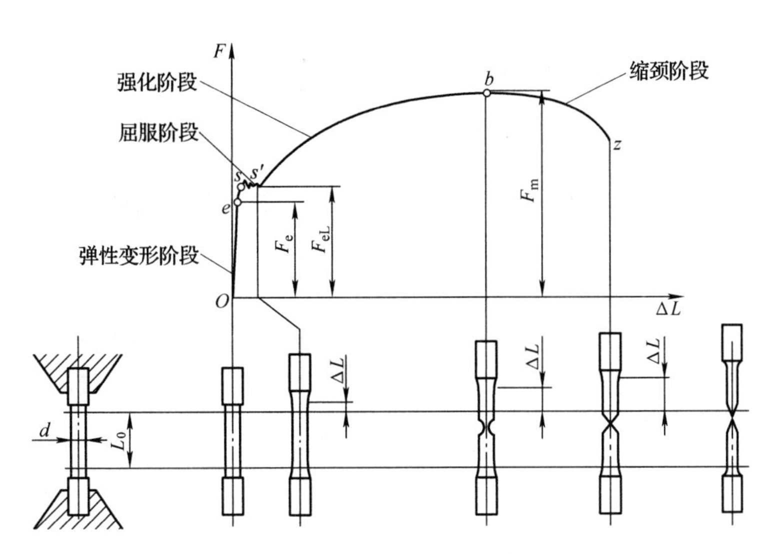

图 1—3　退火低碳钢的力—伸长曲线

3）强化阶段（$s'b$）

外力大于 F_{eL}后，试样再继续伸长则必须不断增加拉伸力。随着变形增大，变形抗力也逐渐增大，这种现象称为形变强化。F_m为试样在屈服阶段后所能抵抗的最大拉伸力。

4）缩颈阶段（bz）

当外力达到最大拉伸力 F_m后，试样的某一直径处发生局部收缩，称为“缩颈”。此时截面缩小，变形继续在此截面发生，所需外力也随之逐渐降低，直至断裂。

（2）屈服强度和抗拉强度

1）屈服强度（R_{eL}）

屈服强度是当金属材料呈现屈服现象时，材料发生塑性变形而力不增加的应力点。在金属材料中，一般用下屈服强度代表其屈服强度。

$$R_{eL}=\frac{F_{eL}}{S_0}$$

式中　R_{eL}——屈服强度，MPa；

　　　F_{eL}——试样屈服时的最小载荷，N；

　　　S_0——试样原始横截面面积，mm^2。

除低碳钢、中碳钢及少数合金钢有屈服现象外，大多数金属材料没有明显的屈服现象。因此，这些材料规定用产生 0.2%残余伸长时的应力作为屈服强度，可以替代 R_{eL}，称为条件（名义）屈服强度（$R_{p0.2}$）。

2）抗拉强度（R_m）

材料在断裂前所能承受的最大压力值称为抗拉强度。

$$R_m=\frac{F_m}{S_0}$$

式中　R_m——抗拉强度，MPa；

　　　F_m——试样在屈服阶段后所能抵抗的最大拉伸力（无明显屈服的材料为实验期间的最大拉伸力），N；

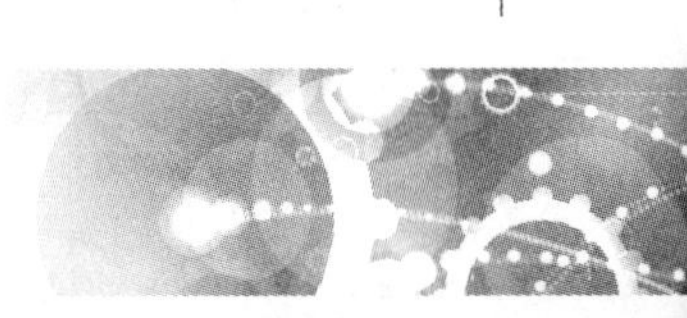

S_0——试样原始横截面面积，mm^2。

材料的 R_{eL}、R_m 可在材料手册中查得。一般机件都是在弹性状态下工作，不允许有微小的塑性变形，更不允许工作应力大于 R_m。

2. 塑性

金属材料断裂前产生永久变形的能力称为塑性。其衡量指标为断后伸长率 A 和断面收缩率 Z。塑性指标也是由拉伸试验测定的。

（1）断后伸长率（A）

试样拉断后，标距的伸长量与原始标距的百分比称为断后伸长率，用符号 A 表示。其计算方法如下：

$$A=\frac{L_u-L_0}{L_0}\times100\%$$

式中 A——断后伸长率，%；

L_u——试样拉断后紧密对接的标距，mm；

L_0——试样断裂前的原始标距，mm。

（2）断面收缩率（Z）

断面收缩率是试样拉断后，缩颈处面积变化量与原始横截面面积比值的百分率。

$$Z=\frac{S_0-S_u}{S_0}\times100\%$$

式中 Z——断面收缩率，%；

S_0——试样原始的横截面面积，mm^2；

S_u——试样拉断后缩颈处的横截面面积，mm^2。

材料的断面收缩率和断后伸长率值越大，说明材料的塑性越好，易于通过塑性变形加工形状复杂的零件，如可以拉制细丝、轧制薄板等。使用时不会发生突然断裂，安全性较高。

3. 硬度

材料抵抗局部变形，特别是塑性变形、压痕或划痕的能力称为硬度。与其他力学性能相比，硬度试验简单易行，因此在工业生产中被广泛应用。通常，硬度是通过在专用的硬度试验机上试验测得的。常用的硬度试验方法有布氏硬度（HBW）试验、洛氏硬度（HR）试验和维氏硬度（HV）试验。

（1）布氏硬度

布氏硬度的测量是使用一定直径的硬质合金球体，以规定试验力压入试样表面，并保持规定时间后卸除试验载荷，用专用的读数显微镜测出压痕直径，再从压痕与布氏硬度对照表中查出相应的布氏硬度值。

布氏硬度值是球冠压痕单位面积上所承受的平均压力，用 HBW 表示，单位为 MPa。例如，“170HBW” 表示布氏硬度值为 170 MPa。

（2）洛氏硬度

洛氏硬度是通过测量压痕深度来确定硬度值的，无单位。当采用不同的压头和不同的总试验力时，可组成几种不同的洛氏硬度标尺。常用的洛氏硬度标尺有 A、B、C 三种，其中

C标尺应用最广，常用来测试淬火钢等较硬材料的硬度。

洛氏硬度用HR表示，符号HR前面的数字表示硬度值，HR后面的字母表示不同的洛氏硬度标尺。例如，“45HRC”表示用C标尺测定的洛氏硬度值为45。

4. 冲击韧性

许多机械零件在工作中往往要受到冲击载荷的作用，如活塞销、锻锤杆、冲模、锻模等。制造此类零件所用材料必须考虑其抗冲击载荷的能力。金属材料抵抗冲击载荷作用而不破坏的能力称为冲击韧性。材料的冲击韧性用夏比摆锤冲击试验来测定。

金属材料的冲击韧性随温度的降低而下降，其规律是：开始时冲击韧性随温度的降低而缓慢下降，但当温度降至一定的范围（狭窄的温度区间）时，金属材料的冲击韧性骤然下降很多而呈脆性，即冷脆性。

5. 疲劳强度

弹簧、曲轴、齿轮等机械零件在工作过程中所承受的载荷为交变载荷（大小、方向随时间做周期性变化），零件承受的应力虽低于材料的屈服强度，但经过长时间的工作后，仍会产生裂纹或突然发生断裂，金属的这种断裂现象称为疲劳断裂。金属材料抵抗交变载荷作用而不产生破坏的能力称为疲劳强度。

第2节 铁碳合金

合金是以一种金属为基础，加入其他金属或非金属，经过熔合而获得的具有金属特性的材料，即合金是由两种或两种以上的金属元素或金属与非金属元素所组成的金属材料。钢铁材料是现代工业中应用最为广泛的金属材料，它们均是以铁和碳为基本组元的合金，故又称为铁碳合金。

按含碳量的不同，铁碳合金可分为工业纯铁、钢和白口铸铁。其中，把含碳量小于0.021 8%的铁碳合金称为工业纯铁，把含碳量大于0.021 8%而小于2.11%的铁碳合金称为钢，把含碳量大于2.11%的铁碳合金称为铸铁。

按其化学成分不同，钢可分为非合金钢、低合金钢和合金钢。

一、非合金钢

1. 非合金钢的分类

非合金钢即碳钢，是最基本的铁碳合金，它是指冶炼时没有特意加入合金元素，且含碳量大于0.021 8%而小于2.11%的铁碳合金。非合金钢的分类见表1—1。

表1—1　　非合金钢的分类

分类方法	种类	备注
按含碳量分	低碳钢	含碳量≤0.25%
	中碳钢	含碳量在0.25%～0.60%之间
	高碳钢	含碳量≥0.60%

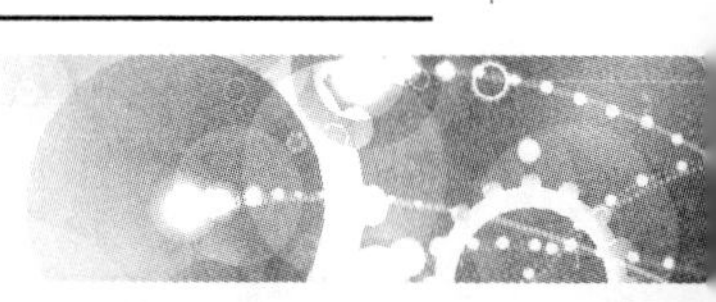

续表

分类方法	种类	备注
按主要质量等级分	普通质量非合金钢	生产过程中不规定需要特别控制质量要求的钢
	优质非合金钢	在生产过程中需要特别控制质量（如降低硫、磷含量，改善表面质量等），以达到比普通质量非合金钢特殊的质量要求（如良好的抗脆断性能、良好的冷却成型性等），但这种钢的生产控制不如特殊质量非合金钢严格（如不控制淬透性）
	特殊质量非合金钢	在生产过程中需要特别严格控制质量和性能（如控制淬透性和纯洁度等）
按用途分	碳素结构钢	主要用于制造各种机械零件和工程结构件，含碳量一般均小于0.7%
	碳素工具钢	主要用于制造各种刀具、量具和模具，含碳量一般均大于0.7%
按冶炼时脱氧程度的不同分	沸腾钢	脱氧程度不完全的钢
	镇静钢	脱氧程度完全的钢
	特殊镇静钢	比镇静钢脱氧程度更充分彻底的钢

2. 常用非合金钢的牌号、 性能和应用

常用非合金钢的牌号采用国际通用的化学元素符号、汉语拼音字母和阿拉伯数字相结合的方法来表示。

（1）碳素结构钢

碳素结构钢是工程中应用最多的钢种，其牌号由以下四部分组成。

1）前缀符号Q+屈服强度值（单位MPa）。

2）（必要时）质量等级符号：A、B、C、D级，从A到D依次提高。

3）（必要时）脱氧方法符号：F—沸腾钢、Z—镇静钢、TZ—特殊镇静钢，Z与TZ符号在钢号组成表示方法中可以省略。

4）（必要时）在牌号尾加产品用途、特性和工艺方法表示符号，如压力容器用钢—R、锅炉用钢—G、桥梁用钢—Q等。

例如，Q235AF表示屈服强度为235 MPa的A级沸腾钢，如图1—4所示。

常用碳素结构钢的牌号共有4种，分别是Q195、Q215、Q235和Q275，其牌号、等级、主要特性及用途见表1—2。

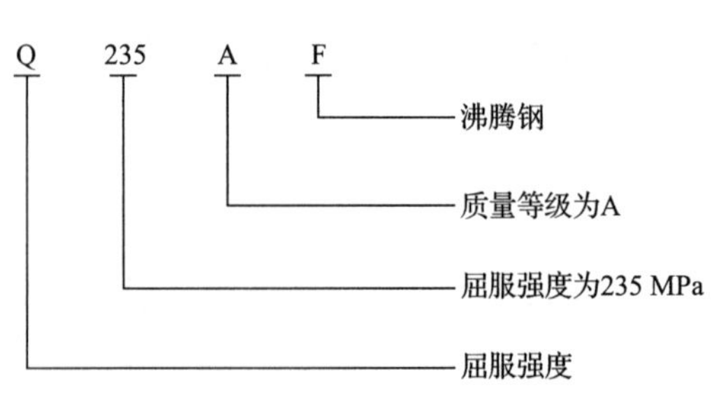

图1—4 （普通）碳素结构钢牌号的标记示例

表 1—2　　常用碳素结构钢的牌号、主要特性及用途

牌号	等级	主要特性	用途
Q195	—	具有较好的塑性、韧性和焊接性，良好的压力加工性能，但强度较低	适用于制作载荷小的零件、铁丝、垫铁、垫圈、开口销、拉杆、冲压件及焊接件
Q215	A		适用于制作拉杆、垫圈、套圈、渗碳零件及焊接件
	B		
Q235	A	具有一定的强度，良好的塑性、韧性、焊接性和冷冲压性能，以及一定的强度和好的冷弯性能	适用于制作金属结构件，心部要求不高的渗碳或碳氮共渗零件，拉杆、连杆、吊钩、车钩、螺栓、螺母、套筒、轴及焊接件，C、D级用于重要的焊接结构
	B		
	C		
	D		
Q275	A	具有较高的强度、较好的塑性、可加工性和一定的焊接性能	适用于制作转轴、心轴、吊钩、拉杆、摇杆、楔等强度要求不高的零件，焊接性尚可
	B		
	C		适用于制作轴类、链轮、齿轮、吊钩等强度要求较高的零件
	D		

（2）优质碳素结构钢

优质碳素结构钢的牌号由两位数字组成，表示钢的平均含碳量的万分数。例如，45 表示平均含碳量为 0.45％的优质碳素结构钢，08 表示平均含碳量为 0.08％的优质碳素结构钢。

优质碳素结构钢根据钢中含锰量的不同，分为普通含锰量钢（W_{Mn}＝0.35％～0.80％）和较高含锰量钢（W_{Mn}＝0.7％～1.2％）两组。较高含锰量钢在牌号后面标出元素符号“Mn”，如 50Mn。

优质碳素结构钢的种类很多，常用优质碳素结构钢的牌号、主要特性及用途见表 1—3。

表 1—3　　常用优质碳素结构钢的牌号、主要特性及用途

牌号	主要特性	用途
08	强度、硬度低，塑性极好	适用于制作冲压件、压延件，各类套筒、靠模、支架
35	具有一定的强度，良好的塑性，冷变形塑性高	适用于制作负载较大但截面尺寸较小的各种机械零件，如轴销、轴、曲轴、横梁、连杆、垫圈、圆盘、螺栓、螺钉、螺母等
45	具有一定的塑性和韧性，较高的强度，切削性能良好，采用调质处理可获得很好的综合力学性能	适用于制作较高强度的运动零件，如活塞、叶轮轴、连杆、蜗杆、齿条、齿轮、连接销等
60	具有相当高的强度、硬度及弹性，切削加工性不高，冷变形塑性低，淬透性低	适用于制作耐磨、强度较高、受力较大、摩擦工作以及相当弹性的弹性零件，如轴、偏心轴、轧辊、离合器、钢丝绳、弹簧垫圈、弹簧圈、减振弹簧、凸轮等

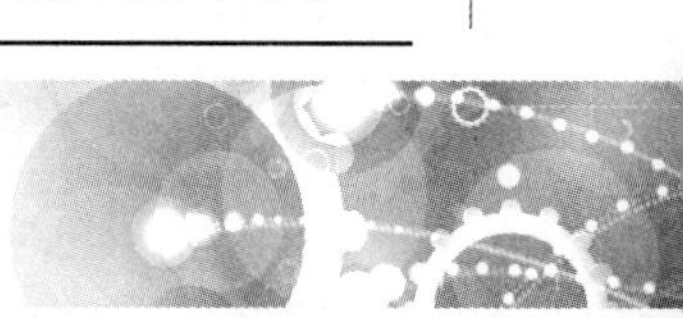

续表

牌号	主要特性	用途
45Mn	强度、韧性及淬透性均比45钢高，调质处理可获得较好的综合力学性能，切削加工性好	适用于制作较大负载及承受磨损工作条件的零件，如曲轴、花键轴、轴、连杆、万向节轴、汽车半轴、啮合杆、齿轮、离合器盘、螺栓、螺母等
65Mn	具有高的强度和硬度，弹性良好，淬透性较好	适用于制作受摩擦、高弹性、高强度的机械零件，如机床主轴、机床丝杠、弹簧卡头、钢轨、螺旋滚子轴承的套圈、板弹簧、螺旋弹簧、弹簧垫圈等

(3) 碳素工具钢

碳素工具钢的牌号用汉字“碳”的汉语拼音的首字母“T”及后面的阿拉伯数字表示，其数字表示钢中平均含碳量的千分数。例如，T8表示平均含碳量为0.80%的优质碳素工具钢。若为高级优质碳素工具钢，则在牌号后面标以字母A。例如，T12A表示平均含碳量为1.2%的高级优质碳素工具钢，如图1—5所示。

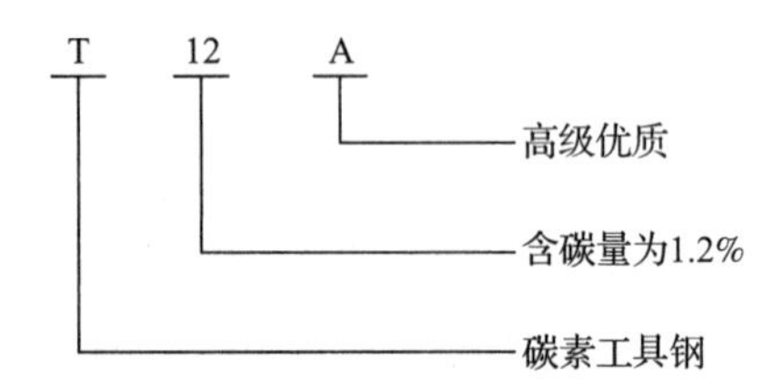

图1—5　高级优质碳素工具钢牌号的标记示例

常用碳素工具钢的牌号、主要特性和用途见表1—4。

表1—4　　常用碳素工具钢的牌号、主要特性和用途

牌号	主要特性	用途
T7	有较高的强度和一定的塑性，但可加工性较差	适用于制作受冲击、有较高硬度和耐磨性要求的工具，如木工用的錾子、锤、铁皮剪、钻头等
T8	淬火易于过热，变形大，强度和塑性较低	适用于制作工作时不易受热的工具，如木材铣刀、埋头钻、斧、凿、冲子、手用锯等
T10	在淬火加热时不易过热，仍保持细晶粒。韧性尚可，强度及耐磨性均较T7～T9高些，但热硬性低，淬透性仍然不高，淬火变形大	适用于制作受热工具，如麻花钻、车刀、刨刀、扩孔刀具等；钻硬质石材的钻头等不受热的工具
T12	含碳量高，淬火后有较多的过剩碳化物，因而硬度高、耐磨性好，但韧性低	适用于制作不受冲击的、要求硬度高、耐磨性好的切削工具和测量工具，如刮刀、钻头、铰刀、扩孔钻、丝锥、板牙和千分尺等

(4) 铸造碳钢

铸造碳钢的含碳量一般在0.20%～0.60%，如果含碳量过高，则塑性变差，铸造时易产生裂纹。

铸造碳钢的牌号是用“铸钢”两汉字的汉语拼音的首字母“ZG”加两组数字组成的。第一组数字表示屈服强度，第二组数字表示抗拉强度，两组数字用“—”隔开。例如，ZG270—500 表示屈服强度不小于 270 MPa、抗拉强度不小于 500 MPa 的铸造碳钢。

常用铸造碳钢的牌号、主要特性和用途见表 1—5。

表 1—5　　常用铸造碳钢的牌号、主要特性和用途

牌号	主要特性	用途
ZG230—450	有一定的强度和较好的塑性、韧性，焊接性良好，切削性能尚可	适用于制作受力不大、要求具有一定韧性的零件，如砧座、轴承盖、外壳、阀体、底板等
ZG270—500	有较高强度和较好塑性，铸造性能良好，焊接性较差，切削性能良好，是用途较广的铸造碳钢	适用于制作轧钢机机架、连杆箱体、缸体、曲轴、轴承座等
ZG340—640	有高的强度、硬度和耐磨性，切削性能中等，焊接性差，裂纹敏感性大	适用于制作齿轮、轧辊、叉头、车轮、棘轮、联轴器等

二、低合金钢

合金元素的质量分数处于低合金钢规定界限值范围内时，该钢则为低合金钢。即在碳素结构钢的基础上加入了少量（一般总合金元素的质量分数不超过 3%）的合金元素而得到的。由于合金元素的强化作用，比碳素结构钢（碳的质量分数相同）的强度高得多，并且具有良好的塑性、韧性、耐腐蚀性和焊接性能，广泛用于制造工程构件。按主要性能和使用特点不同，常用低合金钢可分为低合金高强度结构钢、低合金耐候钢和低合金专用钢等。

低合金高强度结构钢是应用较为广泛的一种低合金钢，常加入的合金元素有锰（Mn）、硅（Si）、钛（Ti）、铌（Nb）、钒（V）等。其含碳量较低，一般在 0.10%～0.25%范围内。

低合金高强度结构钢的牌号表示方法与碳素结构钢相同。常用低合金高强度结构钢的牌号、主要特性和用途见表 1—6。

表 1—6　　常用低合金高强度结构钢的牌号、主要特性和用途

牌号	主要特性	用途
Q345	具有良好的综合力学性能，塑性和焊接性良好，冲击韧性较好	一般在热轧或正火状态下使用。适用于制作桥梁、船舶、车辆、管道、锅炉、各种容器、油罐、电站等承受载荷的结构、低温压力容器等结构件
Q390	具有良好的综合力学性能，塑性和冲击韧性良好	一般在热轧状态下使用。适用于制作锅炉汽包、中高压石油化工容器、桥梁、船舶、起重机、较高负荷的焊接件、连接构件等
Q420	具有良好的综合力学性能，优良的低温韧性，焊接性好，冷热加工性良好	一般在热轧或正火状态下使用。适用于制作高压容器、重型机械、桥梁、船舶、机车车辆、锅炉及其他大型焊接结构件
Q460		淬火、回火后用于大型挖掘机、起重运输机械、钻井平台等

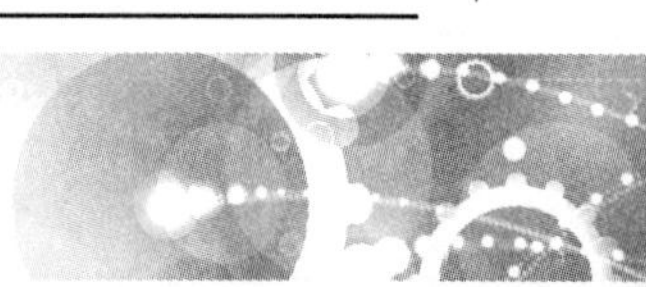

三、合金钢

合金元素的质量分数处于合金钢规定界限值范围内时，该钢则为合金钢。即在碳素钢的基础上，为了改善钢的性能，在冶炼时有目的地加入一种或数种合金元素的钢。合金钢的合金元素的含量高于低合金钢，由于合金元素的加入，合金钢具有较高的力学性能、较好的淬透性和回火稳定性等，有的还具有耐热、耐酸、耐腐蚀性等特殊性能，使其在机械制造中得到广泛应用。

1. 合金钢的分类

合金钢的分类方法很多，但最常见的是按用途划分或按质量等级划分，见表 1—7。

表 1—7　合金钢的分类

分类依据	类别	应用
按用途划分	合金结构钢	用于制造机械零件和工程结构的钢，可分为低合金高强度结构钢、渗碳钢、调质钢、合金弹簧钢、滚动轴承钢等
	合金工具钢	用于制造各种工具的钢，可分为刃具钢、模具钢和量具钢等
	特殊性能钢	具有某种特殊物理、化学性能的钢，如不锈钢、耐热钢、耐磨钢等
按主要质量划分	优质合金钢	在生产过程中需要特别控制质量和性能，但其生产控制和质量要求不如特殊质量合金钢严格
	特殊质量合金钢	在生产过程中需要特别严格控制质量和性能

2. 合金钢的牌号

我国合金钢牌号采用含碳量、合金元素的种类及含量、质量级别来编号。

（1）合金结构钢的牌号

合金结构钢的牌号采用“两位数字（含碳量）+元素符号（或汉字）+数字”表示。前面两位数字表示钢的平均含碳量的万分数，元素符号（或汉字）表明钢中含有的主要合金元素，后面的数字表示该元素的含量。合金元素含量小于 1.5%时不标，平均含量为 1.5%～2.5%，2.5%～3.5%…时，则相应地标以 2，3…例如，40Cr 和 60Si2Mn 的含义如图 1—6 所示。

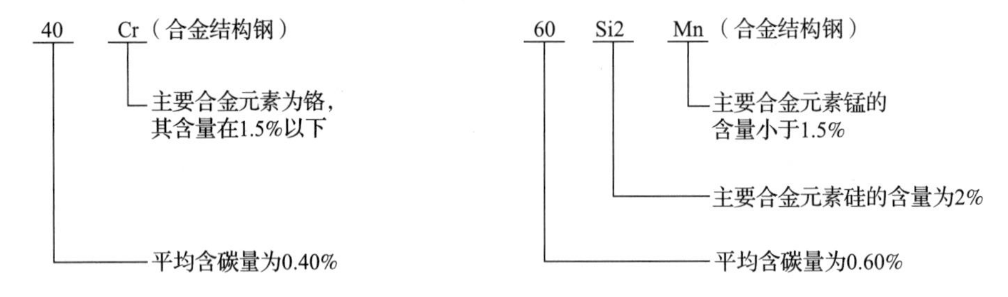

图 1—6　合金结构钢牌号的标记示例

（2）合金工具钢的牌号

合金工具钢牌号和合金结构钢牌号的区别仅在于含碳量的表示方法，它用一位数字表示平均含碳量的千分数，当含碳量大于等于 1.0%时，则不予标出。例如，9SiCr 和 Cr12MoV 的含义如图 1—7 所示。

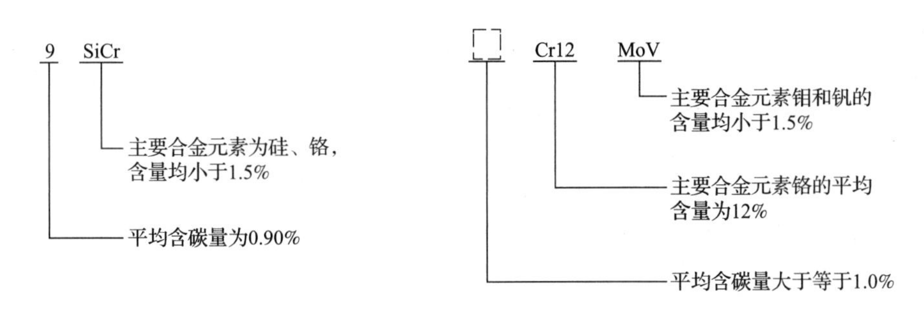

图 1—7　合金工具钢牌号的标记示例

（3）不锈钢或耐热钢的牌号

表示方法与合金结构钢相同（两位数，万分数计）。当材料只规定含碳量上限时，若含碳量上限≤0.10%，则以其上限值的 3/4 表示，如 06Cr18Ni9（含碳量不大于 0.08%）；若含碳量上限>0.10%，则以其上限值的 4/5 表示，如 12Cr17（含碳量不大于 0.15%）。

当含碳量上限≤0.03%（超低碳）时，则以三位数表示含碳量最佳控制值（十万分数计），如 015Cr19Ni11（含碳量上限为 0.02%）。

当含碳量规定有上下限时，则采用平均含碳量表示（两位数，万分数计），如 20Cr13（含碳量为 0.16%～0.25%）。

（4）高速工具钢的牌号

高速工具钢的牌号表示方法与合金结构钢相同，但牌号头部一般不标明表示含碳量的阿拉伯数字，如 W18Cr4V 钢的平均含碳量为 0.7%～0.8%。为了区别牌号，在牌号头部可以加“C”表示高碳高速工具钢。

各种高级优质合金钢在牌号的最后标上“A”，如 38CrMoAlA，表示平均含碳量为 0.38%的高级优质合金结构钢。

3. 常用合金钢的性能和应用

（1）合金结构钢

常用的合金结构钢有合金渗碳钢、合金调质钢、合金弹簧钢和滚动轴承钢等。

1）合金渗碳钢

合金渗碳钢的含碳量为 0.10%～0.25%，可保证心部有足够的塑性和韧性；加入合金元素主要是为了提高钢的淬透性，使零件在热处理后，表层和心部均得到强化。

合金渗碳钢具有高的表面硬度、耐磨性，心部足够的强度和韧性，制造既要有优良的耐磨性和耐疲劳性、又能承受冲击载荷作用的零件。常用合金渗碳钢的牌号主要有：低淬透性的 20Cr、20MnV；中淬透性的 20CrMn、20CrMnTi；高淬透性的 12Cr2Ni4A、18Gr2Ni4WA 等。

2）合金调质钢

合金调质钢是在中碳钢（30、35、40、45、50）的基础上加入一种或数种合金元素，以提高淬透性和耐回火性，使之在调质处理后具有良好的综合力学性能的钢。合金调质钢的含碳量一般为 0.25%～0.50%，热处理工艺是调质（淬火＋高温回火）。合金调质钢常用来制造受力复杂、具有较高综合力学性能要求的零件，如发动机轴、连杆及传动齿轮等。常用合金调质钢的牌号主要有：低淬透性的 40Cr、35SiMn；中淬透性的 40CrMn、38CrMoAl；高淬透

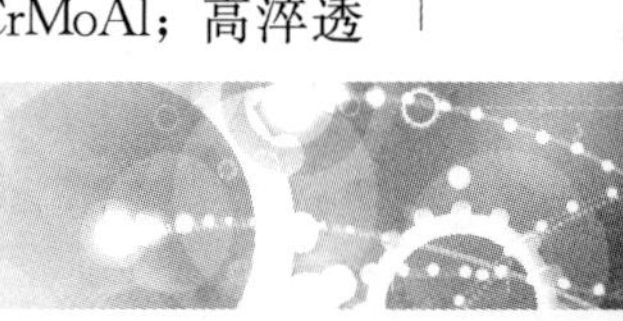

性的 40CrNiMo、40CrMnMo 等。

3）合金弹簧钢

合金弹簧钢含碳量一般为 0.45%～0.70%。含碳量过高，塑性和韧性降低，疲劳极限也下降。合金弹簧钢中可加入的合金元素有 Mn、Si、Cr、V、Mo 等，主要作用是提高淬透性，同时也能提高屈强比（R_{eL}/R_m），其中硅在这方面的作用最为突出。常用合金弹簧钢的牌号有 55Si2Mn、65Mn、60Si2Mn、50CrVA 等。

4）滚动轴承钢

滚动轴承钢是特殊质量合金钢，用于制造滚动轴承的滚动体，内、外圈及量具、模具、低合金刃具等。应用最广的滚动轴承钢是高碳铬轴承钢，其含碳量为 0.95%～1.15%，含铬量为 0.40%～1.65%。加入合金元素铬是为了提高淬透性，提高钢的硬度、接触疲劳强度和耐磨性。制造大型轴承时，为了进一步提高淬透性，还可加入硅、锰等元素。常用滚动轴承钢的牌号有 GCr15、GCr15SiMn。

（2）合金工具钢

常用的合金工具钢有合金刃具钢、合金模具钢和合金量具钢等。

1）合金刃具钢

合金刃具钢主要用于制造车刀、铣刀、钻头等各种金属切削刀具。刃具钢要求具有高硬度、高耐磨性、高热硬性及足够的强度和韧性等。合金刃具钢分为低合金刃具钢和高速钢两种。

低合金刃具钢是在碳素工具钢的基础上加入了少量合金元素。主要加入 Si、Cr、Mn、W、V 等元素，可提高淬透性、耐磨性并细化晶粒。低合金刃具钢的含碳量为 0.85%～1.10%。常用低合金刃具钢的牌号有 9SiCr、9Mn2V、CrWMn。

高速钢（又称锋钢）是一种用于制作中速或高速切削工具的高碳合金工具钢。高速钢具有良好的热硬性，当切削温度高达 600℃ 左右时，其硬度仍无明显下降，所以高速钢也就因此而得名。

高速钢中含有较多的碳（含碳量为 0.7%～1.5%）和大量的 W、Mo、Cr、V、Co 等强碳化物形成元素，可形成大量的合金碳化物，以保证高速钢获得高硬度、高热硬性和高耐磨性。常用高速钢的牌号有 W18Cr4V、W6Mo5Cr4V2 等。

2）合金模具钢

用于制作模具的钢称为模具钢。根据工作条件不同，模具钢又可分为冷作模具钢、热作模具钢和塑料模具钢三类。

冷作模具钢用于制造使金属在冷状态下变形的模具，如冲裁模、拉丝模、弯曲模、拉深模等。这类模具工作时的实际温度一般为 200～300℃。

小型冷作模具可用碳素工具钢或低合金刃具钢来制造，如 T10A、T12、9SiCr、CrWMn、9Mn2V 等。大型冷作模具一般采用 Cr12、Cr12MoV 等高碳高铬钢制造。

热作模具钢是用来制造使金属在高温下成形的模具，如热锻模、热挤压模、压铸模等，这类模具工作时型腔温度可达 600℃。

热作模具通常采用中碳合金钢（含碳量为 0.3%～0.6%）制造，常加入的合金元素有 W、Si、Cr、Mn、Mo、Ni、V 等。目前一般采用 5CrMnMo 和 5CrNiMo 钢制造热锻模，采用 3Cr2W8V 钢制造热挤压模和压铸模。

塑料制品大都是通过塑料模具压注出来的，目前塑料模具钢已纳入国家标准的有两种，即

3Cr2Mo 和 3Cr2MnNiMo，纳入行业标准的已有二十多种，已在生产中推广应用的有十多种。

3）合金量具钢

合金量具钢用于制造各种量具，如千分尺、卡尺、块规、塞规等。制造量具没有专用钢种，碳素工具钢和滚动轴承钢也可用来制造量具。

（3）不锈钢

不锈钢是不锈钢和耐酸钢的统称，能抵抗大气腐蚀的钢称为不锈钢，而在一些化学介质中能抵抗腐蚀的钢称为耐酸钢。不锈钢不一定耐酸，而耐酸钢一般都具有良好的耐腐蚀性能。

随着不锈钢中含碳量的增加，其强度、硬度和耐磨性相应提高，但耐腐蚀性下降。不锈钢中的基本合金元素是铬，含铬量都在 13%以上。不锈钢中还含有镍、钛、锰、氮、铌等元素，以进一步提高耐腐蚀性或塑性。

常用的不锈钢按化学成分可分为铬不锈钢、铬镍不锈钢和铬锰不锈钢等，按金相组织特点又可分为奥氏体不锈钢、马氏体不锈钢和铁素体不锈钢等。

1）奥氏体不锈钢

奥氏体不锈钢是应用范围最广的不锈钢，其含碳量很低（≤0.15%），含铬量为 18%，含镍量为 9%。这种不锈钢习惯上称为 18—8 型不锈钢，属于铬镍不锈钢。常用的奥氏体不锈钢有 12Cr18Ni9、06Cr18Ni9N 等。

奥氏体具有很高的耐腐蚀性和耐热性，其耐腐蚀性高于马氏体不锈钢。同时，它具有高塑性，适宜冷加工成形，焊接性能良好。此外，它无磁性，故可用于制造抗磁零件。

2）马氏体不锈钢

马氏体不锈钢的含碳量为 0.10%～1.20%，淬火后能得到马氏体，故称为马氏体不锈钢，它属于铬不锈钢，要经过淬火、回火后才能使用。马氏体不锈钢的耐腐蚀性、塑性和焊接性都不如奥氏体不锈钢和铁素体不锈钢，但由于它具有较好的力学性能，并具有一定的耐腐蚀性，故应用广泛。12Cr13、20Cr13 可用于制造汽轮机叶片、医疗器械等，30Cr13、40Cr13、68Cr13 等可用于制造医用手术器具、量具及轴承等耐磨工件。

3）铁素体不锈钢

铁素体不锈钢的含碳量<0.12%，含铬量为 11.50%～30%，属于铬不锈钢。它具有良好的高温抗氧化性（700℃以下），特别是耐腐蚀性较好。但其力学性能不如马氏体不锈钢，塑性不及奥氏体不锈钢，故多用于受力不大的耐酸结构件和作为抗氧化钢使用，如各种家用不锈钢厨具、餐具等。常用的铁素体不锈钢有 10Cr17、022Cr30Mo2 等。

四、铸铁

铸铁是应用非常广泛的一种金属材料，机床的床身以及机床用平口虎钳的钳体、底座等都是用铸铁制造的。在各类机器的制造中，若按质量百分比计算，铸铁占整个机器质量的 45%～90%。工业上常用的铸铁含碳量一般为 2.5%～4.0%，此外还含有硅（Si）、锰（Mn）、硫（S）、磷（P）等元素。

1. 铸铁的分类方法

碳在铸铁中的存在形式有两种：渗碳体和石墨。根据碳的存在形式铸铁可分为白口铸铁（碳以渗碳体的形式存在）、麻口铸铁（碳以渗碳体和石墨的形式存在）和灰口铸铁（碳以石墨的形式存在）三种。工业上所用的铸铁几乎全部是灰口铸铁，根据灰口铸铁中

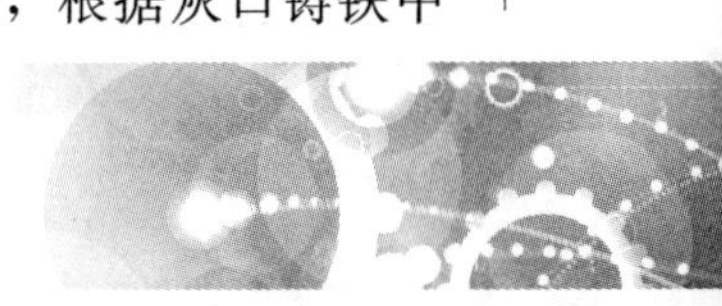

石墨的形态不同，可分为灰铸铁、可锻铸铁、球墨铸铁和蠕墨铸铁，其类别、说明及应用见表1—8。

表1—8　　灰口铸铁的类别、说明及应用

类别	说明及应用
灰铸铁	石墨呈曲片状，又称普通灰口铸铁或灰铁，是目前应用最广的一种铸铁
可锻铸铁	石墨呈团絮状，有较高的韧性和一定的塑性
球墨铸铁	石墨呈球状，简称球铁，其力学性能比普通灰口铸铁高很多，在生产中的应用日益广泛
蠕墨铸铁	石墨呈蠕虫状，简称蠕铁，其力学性能介于优质灰铸铁和球墨铸铁之间

2. 铸铁的牌号、性能及用途

常用铸铁的牌号、性能及用途见表1—9。

表1—9　　常用铸铁的牌号、性能及用途

名称		编号原则与说明	典型牌号	性能	用途
灰铸铁		HT（“灰铁”两字汉语拼音字首）+一组数字 如HT150表示最低抗拉强度为150 MPa的灰铸铁	HT100 HT150 HT200 HT350	有良好的铸造性能和切削性能，较高的耐磨性、减振性及较低的缺口敏感性	用于制造机床床身、支柱、底柱、刀架、齿轮箱、轴承座、泵体等
可锻铸铁	黑心可锻铸铁	KTH（“可铁黑”三字汉语拼音字首）+两组数字 如KTH300—06表示最低抗拉强度为300 MPa，最低伸长率为6%的黑心可锻铸铁	KTH300—06 KTH350—10 KTH370—12	强度、硬度低，塑性、韧性好，用于载荷不大、承受较高冲击、振动的零件	用于制造汽车拖拉机的后桥外壳、管接头、机床扳手、低压阀门、管接头、农具等
	珠光体可锻铸铁	KTZ（“可铁珠”三字汉语拼音字首）+两组数字 如KTZ450—06表示最低抗拉强度为450 MPa，最低伸长率为6%的珠光体可锻铸铁	KTZ450—06 KTZ550—04 KTZ650—02	具有高的强度、硬度，用于载荷较高、耐磨损并有一定韧性要求的重要零件	常用于制造曲轴、凸轮轴、连杆、齿轮、活塞环、轴套、万向接头、棘轮、扳手和传动链条等
球墨铸铁		QT（“球铁”两字汉语拼音字首）+两组数字 如QT400—18表示最低抗拉强度为400 MPa，最低伸长率为18%的球墨铸铁	QT400—18 QT600—3 QT800—2 QT900—2	具有很高的强度和较好的疲劳强度，又有良好的塑性和韧性。其综合力学性能接近于钢	用于制造汽车、拖拉机、或煤油机乃至火车的曲轴、凸轮轴、机床中的主轴，轧钢机的轧辊等
蠕墨铸铁		RUT（“蠕”字拼音和“铁”字拼音的字首）+一组数字 如RUT300表示最低抗拉强度为300 MPa的蠕墨铸铁	RUT260 RUT300 RUT380 RUT420	强度接近于球墨铸铁，并且有一定的韧性、较高的耐磨性；同时又有和灰铸铁一样良好的铸造性能和导热性	主要用于制造承受循环载荷、要求组织致密、形状复杂的零件，如气缸盖、进排气管、液压件和钢锭模等

第3节　其他金属材料

一、铜及铜合金

1. 纯铜

纯铜呈紫红色，故又称为紫铜。其导电性和导热性仅次于金和银，是最常用的导电、导热材料。纯铜加工产品按化学成分不同可分为工业纯铜和无氧铜两类。我国工业纯铜有三个牌号，即一号铜、二号铜和三号铜，其代号分别为 T1、T2、T3；无氧铜的含氧量极低（不大于 0.003%），其代号有 TU1、TU2。

2. 铜合金

纯铜强度低，不能用于制造受力的结构件。工业上广泛采用在铜中加入合金元素而制成性能得到强化的铜合金，常用的铜合金可分为黄铜、白铜、青铜三大类。

（1）黄铜

黄铜是以锌为主加合金元素的铜合金，具有良好的机械性能，易加工成形，对大气、海水有相当好的抗腐蚀能力，是应用最广的有色金属材料。黄铜按其所含合金元素的种类可分为普通黄铜和特殊黄铜两类；按生产方式可分为压力加工黄铜和铸造黄铜两类。常用黄铜的牌号和用途见表 1—10。

表 1—10　　常用黄铜的牌号和用途

组别	牌号	用途
压力加工普通黄铜	H68	适用于制作双金属片、热水管、艺术品、证章、复杂冲压件、散热器、波纹管、轴套、弹壳
	H62	适用于制作销钉、铆钉、螺钉、螺母、垫圈、夹线板、弹簧
压力加工特殊黄铜	HSn90—1	适用于制作船舶上的零件、汽车和拖拉机上的弹性套管
	HMn58—2	适用于制作弱电电路上用的零件
	HPb59—1	适用于制作热冲压及切削加工零件，如销钉、螺钉、螺母、轴套等
铸造黄铜	ZCuZn38	适用于制作法兰、阀座、手柄、螺母
	ZCuZn40Mn2	适用于制作在淡水、海水、蒸汽中工作的零件，如阀体、阀杆、泵管接头等

（2）白铜

白铜是以镍为主加合金元素的铜合金，具有良好的冷热加工性能，不能进行热处理强化，只能用固溶强化和加工硬化来提高其强度。白铜具有高的耐腐蚀性和优良的冷热加工性，是精密仪器仪表、化工机械、医疗器械及工艺品制造中的重要材料。

白铜的牌号用“B”加镍含量表示，三元以上的白铜用“B”加第二个主添加元素符号及除基元素铜外的成分数字组表示。例如，B30 表示含镍量为 30%的白铜，BMn3—12 表示含镍量为3%、含锰量为12%的锰白铜。常用白铜的牌号有B25、B30、BFe10—1—1、BFe30—1—1、BMn3—12等。

（3）青铜

除了黄铜和白铜外，所有的铜基合金都称为青铜。按主加元素种类的不同，青铜可分为锡青铜、铝青铜、硅青铜和铍青铜等；按生产方式不同，青铜也可分为压力加工青铜和铸造青铜两类。

压力加工青铜的代号由“Q”＋主加元素的元素符号及含量＋其他加入元素的含量组成。例如，QSn4—3表示含锡量为4%、含锌量为3%、其余为铜的锡青铜；QAl7表示含铝量为7%、其余为铜的铝青铜。铸造青铜的牌号表示方法和铸造黄铜的牌号表示方法相同，均由“ZCu”＋主加元素符号＋主加元素含量＋其他加入元素的元素符号及含量组成，如ZCuSn5Pb5Zn5、ZCuAl9Mn2等。常用青铜的牌号有QSn4—3、QSn4—4—4、QAl7、QBe2、ZCuSn5Pb5Zn5、ZCuSn10Pb1、ZCuPb30等。

二、铝及铝合金

铝是一种具有良好的导电性、传热性及延展性的轻金属，其导电性仅次于银、铜，被大量用于电器设备和高压电缆。铝中加入少量的铜、镁、锰等，形成坚硬的铝合金，具有坚硬美观、轻巧耐用、长久不锈的优点。

1. 纯铝

纯铝按纯度分为高纯铝、工业高纯铝、工业纯铝三类。工业纯铝的牌号、化学成分和用途见表1—11。

表1—11　　工业纯铝的牌号、化学成分和用途

旧牌号	牌号	化学成分（%）		用途
		Al	杂质总量	
L1	1070	99.7	0.3	用于制作垫片，电容、电子管隔离罩，电线、电缆、导电体和装饰件
L2	1060	99.6	0.4	
L3	1050	99.5	0.5	
L4	1035	99.0	1.0	
L5	1200	99.0	1.0	用于制作不受力而具有某种特性的零件。如电线保护套管，通信系统的零件、垫片和装饰件

2. 铝合金

铝合金根据成分特点和生产方式不同可分为变形铝合金和铸造铝合金。

变形铝合金根据性能的不同又分为防锈铝合金、硬铝合金、超硬铝合金和锻铝合金四种，其牌号和用途见表1—12。

表 1—12　　　　常用变形铝合金的牌号和用途

类别	旧牌号	牌号	用途
防锈铝合金	LF2	5A02	用作在液体中工作的中等强度的焊接件、冷冲压件和容器、骨架零件等
	LF21	3A21	用作要求高的可塑性和良好的焊接性、在液体或气体介质中工作的低载荷零件，如油箱、油管、液体容器、饮料罐等
硬铝合金	LY11	2A11	用作要求中等强度的零件和构件、冲压的连接部件、空气螺旋桨叶片、局部镦粗的零件（如螺栓、铆钉）
	LY12	2A12	用量最大。用作要求高载荷的零件和构件（但不包括冲压件和锻件），如飞机上的骨架零件、蒙皮、翼梁、铆钉等
	LY8	2B11	主要用作铆钉材料
超硬铝合金	LC3	7A03	用作受力结构的铆钉
	LC4 LC9	7A04 7A09	用作承力构件和高载荷零件，如飞机上的大梁、桁条、加强框、蒙皮、翼肋、起落架零件等，通常多用以取代 2A12
锻铝合金	LD5	2A50	用作形状复杂和中等强度的锻件和冲压件，内燃机活塞、压气机叶片、叶轮、圆盘以及其他在高温下工作的复杂锻件。2A70 耐热性好
	LD7	2A70	
	LD8	2A80	

常用铸造铝合金的牌号和用途见表 1—13。

表 1—13　　　　常用铸造铝合金的牌号和用途

代号	牌号	用途
ZL101	ZAlSi7Mg	用于制作工作温度低于 185℃的飞机、仪器上零件，如汽化器
ZL102	ZAlSi12	用于制作工作温度低于 200℃、承受低载气密性的零件，如仪表、抽水机壳体
ZL105	ZAlSi5Cu1Mg	用于制作形状复杂、在 225℃以下工作的零件，如风冷发动机的气缸头、油泵体、机壳
ZL108	ZAlSi12Cu2Mg1	用于制作有高温强度及低膨胀系数要求的零件，如高速内燃机活塞等耐热零件
ZL201	ZAlCu5Mn	用于制作在 175～300℃以下工作的零件，如内燃机气缸、活塞、支臂
ZL202	ZAlCu10	用于制作形状简单、要求表面光滑的中等承载零件
ZL301	ZAlMg10	用于制作在大气或海水中工作、工作温度低于 150℃、承受大振动载荷的零件
ZL401	ZAlZn11Si7	用于制作工作温度低于 200℃、形状复杂的汽车及飞机零件

三、滑动轴承合金

制造滑动轴承的轴瓦及其内衬的耐磨合金称为滑动轴承合金，又称轴承合金、轴瓦合金。

常用的滑动轴承合金有锡基轴承合金、铅基轴承合金、铜基轴承合金、铝基轴承合金等。滑动轴承合金的分类、典型牌号、性能和用途见表 1—14。

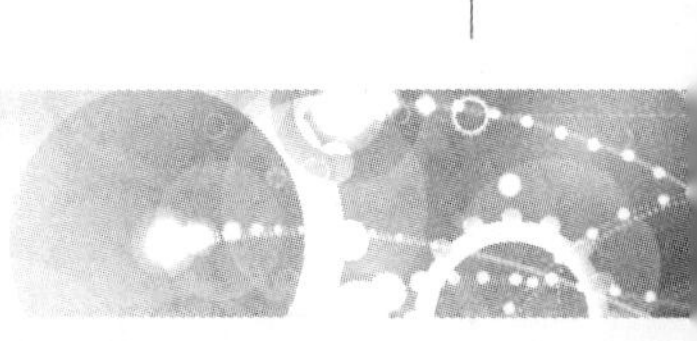

表 1—14　滑动轴承合金的分类、典型牌号、性能和用途

分类		典型牌号	性能和用途
巴氏合金	锡基轴承合金	ZSnSb12Pb10Cu4 ZSnSb8Cu4 ZSnSb11Cu6 ZSnSb4Cu4	摩擦系数小，塑性和导热性好，是优良的减摩材料，常用作重要的轴承，如汽轮机、发动机等巨型机器的高速轴承。缺点是疲劳强度较低，价格贵
	铅基轴承合金	ZPbSb16Sn16Cu2 ZPbSb15Sn10 ZPbSb15Sn5 ZPbSb10Sn6	强度、塑性、韧性及导热性、耐腐蚀性均较锡基合金低，且摩擦系数较大；但价格较便宜。常用来制造承受中、低载荷的中速轴承，如汽车、拖拉机的曲轴、连杆轴承及电动机轴承
铜基轴承合金	锡青铜	ZCuSn10Pl ZCuSn5Pb5Zn5	能承受较大的载荷，广泛用于中等速度及承受较大的固定载荷的轴承，如电动机、泵、金属切削机床轴承。锡青铜可直接制成轴瓦，但与其配合的轴颈应具有较高的硬度（300～400HBW）
	铅青铜	ZCuPb30	与巴氏合金相比，具有高的疲劳强度和承载能力，同时还有高的导热性（约为锡基巴氏合金的 6 倍）和低的摩擦系数，并可在较高温度（如 250℃）下工作。适宜制造高速、高压下工作的轴承，如航空发动机、高速柴油机及其他高速机器的主轴承
铝基轴承合金		ZAlSn6Cu1Ni1	具有原料丰富、价格低廉、导热性好、疲劳强度高和耐腐蚀性好等优点。而且能轧制成双金属，广泛应用于高速重载下的汽车、拖拉机及柴油机的滑动轴承。主要缺点是线膨胀系数较大，运转时易与轴咬合，尤其在冷起动时危险性更大

四、钛及钛合金

钛是一种新金属，由于它具有一系列优异特性，被广泛用于航空、航天、化工、石油、冶金、轻工、电力、海水淡化、舰艇和日常生活器具等工业生产中。

1. 纯钛（Ti）

纯钛是一种银白色具有同素异构转变现象的金属。纯钛的密度小（4.58 g/cm^3），熔点高（1 677℃），热膨胀系数小，塑性好，容易加工成形，可制成细丝、薄片；在 550℃以下有很好的耐腐蚀性，不易氧化，在海水和蒸汽中的抗腐蚀能力比铝合金、不锈钢和镍合金好。

工业纯钛的牌号有 TA1、TA2、TA3 三种，顺序号越大，杂质含量越高，强度、硬度越高，塑性、韧性越差。

2. 钛合金

常用的钛合金可以分为 α 型、β 型、α＋β 型三类。钛合金的牌号用“T＋合金类别代号＋顺序号”表示，T 是钛的拼音字首，合金类别代号 A、B、C 分别表示 α 型、β 型、α＋β 型钛合金。例如，TA6 表示 6 号 α 型钛合金，TC4 表示 4 号 α＋β 型钛合金。

（1）α—钛合金

α—钛合金中主要合金元素有 Al 和 Sn。由于此类合金的 α—钛向 β—钛转变温度较高，因而在室温或较高温度时，均为单相 α 固溶体组织，不能进行热处理强化。常温下，它的硬度低于其他钛合金，但高温（500～600℃）条件下其强度最高。α—钛合金组织稳定，焊接性良好。常用 α—钛合金的牌号和用途见表 1—15。

表 1—15　常用 α—钛合金的牌号和用途

牌号	用途
TA5	与纯钛 TA1、TA2 等用途相似
TA6	用于制作飞机骨架，气压泵壳体、叶片，在温度小于 400℃环境下工作的焊接零件
TA7	用于制作在温度小于 500℃环境下长期工作的零件和各种模锻件

（2）β—钛合金

β—钛合金中主要加入铜、铬、铝、钒和铁等促使 β 相稳定的元素，它们在正火或淬火时容易将高温 β 相保留到室温组织，得到较稳定的 β 相组织。这类合金具有良好的塑性，在 540℃以下具有较高的强度，但其生产工艺复杂，合金密度大，故在生产中用途不广。

（3）α＋β—钛合金

α＋β—钛合金中除含有铬、钼、钒等 β 相稳定元素外，还含有锡、铝等 α 相稳定元素。在冷却到一定温度时发生 β→α 相转变，室温下为 α＋β 两相组织。

α＋β—钛合金的强度、耐热性和塑性都比较好，并可以进行热处理强化，应用范围较广。应用最广的是 TC4（钛铝钒合金），它具有较高的强度和良好的塑性。在 400℃时，组织稳定，强度较高，抗海水腐蚀能力强。常用 α＋β—钛合金的牌号和用途见表 1—16。

表 1—16　常用 α＋β—钛合金的牌号和用途

牌号	用途
TC1	用于制作低于 400℃环境下工作的冲压件和焊接件
TC2	用于制作低于 500℃环境下工作的焊接件和模数锻件
TC4	用于制作低于 400℃环境下长期工作的零件，各种锻件，各种容器、泵、坦克履带，舰船耐压壳体等
TC6	用于制作低于 350℃环境下工作的各种零件
TC10	用于制作低于 450℃环境下长期工作的零件

五、硬质合金

硬质合金是将一种或多种难熔金属硬质化合物和黏结剂金属，通过粉末冶金工艺生产的一类合金材料。即将高硬度、难熔的碳化钨（WC）、碳化钛（TiC）、碳化钽（TaC）等和钴（Co）、镍（Ni）等黏结剂金属，经制粉、配料（按一定比例混合）、压制成形，再通过高温烧结制成。硬质合金具有硬度高、红硬性、耐磨性好，抗压强度高等诸多优点。因此，硬质合金在刀具、量具、模具的制造中得到广泛的应用。

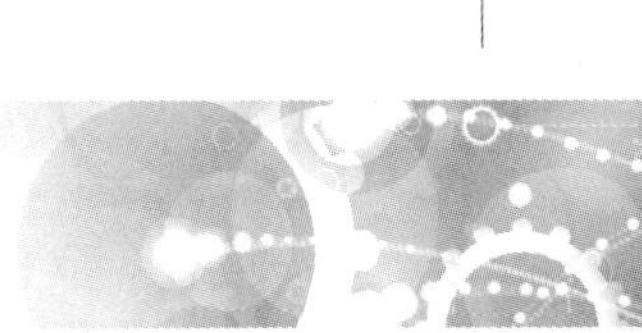

硬质合金按用途范围不同，可分为切削工具用硬质合金，地质、矿山工具用硬质合金，耐磨零件用硬质合金。切削工具用硬质合金按使用领域不同可分为 P、M、K、N、S、H 六类。常用的有钨钴类硬质合金（K 类）、钨钴钛类硬质合金（P 类）和钨钛钽（铌）类硬质合金（M 类，又称通用硬质合金或万能硬质合金）。

常用硬质合金的牌号和主要用途见表 1—17。

表 1—17　　常用硬质合金的牌号和主要用途

类别	旧牌号	牌号	主要用途
钨钴类硬质合金（K 类）	YG3X YG6 YG6X YG8 YG8C YG11C YG15 YG20C YG6A YG8A	K01 K20 K10 K20、K30 K30 K40 K40 — K10 K20	适用于加工铸铁、有色金属及非金属材料的刀具，钢、有色金属棒料与管材的拉伸模，冲击钻钻头，制造机器及工件的易磨损零件
钨钴钛类硬质合金（P 类）	YT5 YT15 YT30	P30 P10 —	适用于碳素钢、合金钢的连续切削加工
钨钛钽（铌）类硬质合金（M 类）	YW1 YW2	M10 M20	适用于高锰钢、不锈钢、耐热钢、普通合金钢和铸铁的加工

第 4 节　钢的热处理

热处理是指金属材料在固态下，通过加热、保温和冷却的手段，以获得预期组织和性能的一种金属热加工工艺。

热处理工艺过程可用以温度—时间为坐标的曲线图表示。热处理工艺曲线如图 1—8 所示。热处理是强化金属材料，提高产品质量和寿命的主要途径之一。因此，绝大部分重要的机械零件在制造过程中都必须进行热处理。

根据加热和冷却方法不同，钢的常用热处理方法分为整体热处理、表面热处理和化学热处理三大类，如图 1—9 所示。

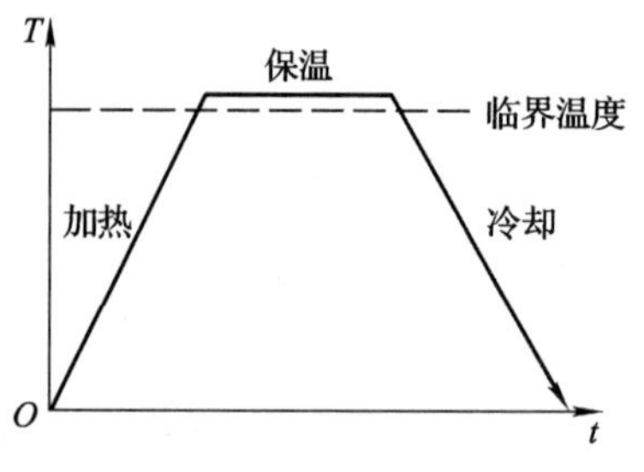

图 1—8　热处理工艺曲线

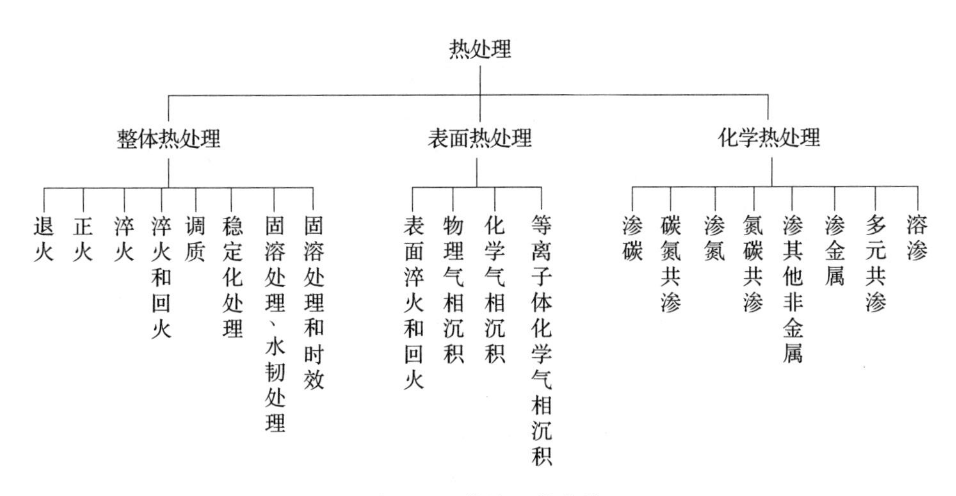

图 1—9 热处理的分类

一、常用整体热处理

整体热处理俗称常规热处理，简称热处理，常用的热处理方法主要有：退回、正火、淬火、回火、调质、时效处理等。

1. 退火与正火

退火与正火热处理通常是钢在进行机械加工前期，为改善材料的冲压、切削等工艺性能以及调整材料内部的组织状态而进行的一种预备热处理工艺。不同成分的钢进行退火与正火时，所加热的温度和冷却的方式也有所不同。图 1—10 所示为退火与正火热处理工艺曲线示意图，退火与正火热处理的特点及应用见表 1—18。

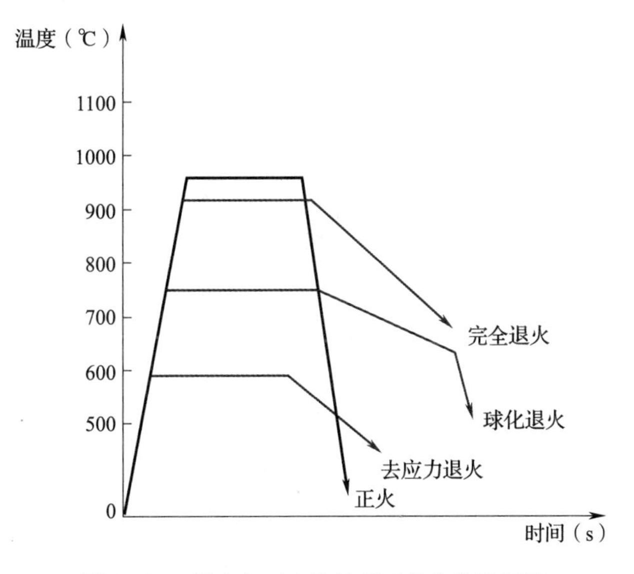

图 1—10 退火与正火热处理工艺曲线示意图

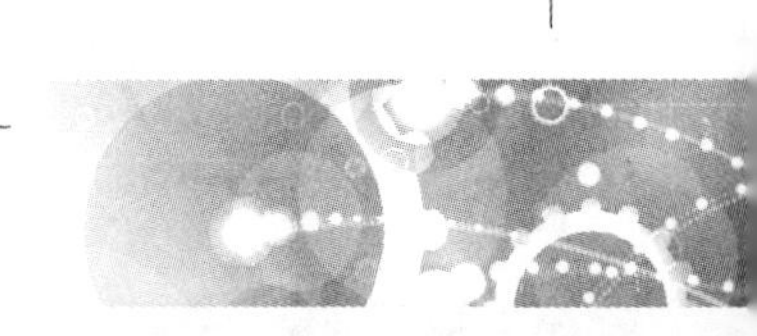

表 1—18 退火与正火热处理的特点及应用

类型	方法	特点	应用
退火	将钢加热到适当温度，保持一定时间，然后缓慢冷却（一般随炉冷却）	改善金属材料的塑性和韧性，使化学成分均匀化，去除残余应力或得到预期的力学性能	根据加热温度和目的不同，常用的退火方法有完全退火、球化退火和去应力退火三种 （1）完全退火。主要用于中碳钢及低、中碳合金结构钢的锻件、铸件、热轧型材等，有时也用于焊接件 （2）球化退火。用于碳素工具钢、合金工具钢、滚动轴承钢等 （3）去应力退火。用于消除毛坯、构件和零件的内应力
正火	将钢加热到一定温度，保温适当时间后在空气中冷却	正火的冷却速度比退火快，故正火后得到的组织比较细密，强度、硬度比退火钢高	（1）对于低、中碳合金结构钢，正火的主要目的是细化晶粒、均匀组织、提高力学性能，另外还可以起到调整硬度、改善切削加工性能的作用 （2）对于力学性能要求不高的普通结构零件，正火可作为最终热处理 （3）对于高碳的过共析钢，正火的主要目的是改善组织，为球化退火和淬火做准备

2. 淬火、回火与调质

（1）淬火

淬火是将钢加热到适当温度，经保温后快速冷却，以提高钢的强度、硬度和耐磨性的工艺方法。

淬火是热处理工艺过程中最重要、最复杂的一种工艺。淬火时如果冷却速度快，容易使工件产生变形及裂纹；如果冷却速度慢，则达不到所要求的硬度。另外，加热温度和保温时间也会影响工件的最终质量。因此，淬火工序常常是决定产品最终质量的关键。根据淬火时加热和冷却方法的不同，淬火方法可分为单液淬火、双介质淬火、分级淬火和等温淬火四种，其特点及应用见表 1—19。

表 1—19 淬火的特点及应用

类型	方法	特点	应用
单液淬火	将加热好的钢直接放入单一的淬火介质中冷却到室温，碳钢一般用水冷淬火，合金钢可用油冷淬火	冷却特性不够理想，容易导致硬度不足或开裂等缺陷	主要应用于外形简单、尺寸较小的工件
双介质淬火	先将钢浸入冷却能力强的介质中，在组织还未开始转变时再迅速浸入另一种冷却能力弱的介质中，缓冷到室温	淬火内应力小，工件变形和开裂小，操作困难，不易掌握	主要应用于碳素工具钢制造的易开裂的较小工件，如丝锥等
分级淬火	先将加热好的钢浸入接近钢的组织转变温度的液态介质中，保持适当时间，待钢件的内外层都达到介质温度后取出空冷	淬火内应力小，工件不易变形和开裂	主要应用于淬透性好的合金钢或截面不大、形状复杂的碳钢工件
等温淬火	先将加热好的钢快冷到组织转变温度区间（260～400℃），然后等温保持，使其转变为所需的理想组织	工件能获得较高的强度和硬度、较好的耐磨性和韧性，显著减小淬火内应力和淬火变形	常用于各种中、高碳工具钢和低碳合金钢制造的形状复杂、尺寸较小、韧性要求较高的模具、成形刀具等工件

（2）回火

回火是将淬火后的钢重新加热到某一较低温度，保温后再冷却到室温的热处理工艺。钢淬火后的组织处于不稳定状态，会自发地向稳定组织转变，从而引起工件变形甚至开裂。因此，淬火后必须马上进行回火处理，以稳定组织，消除内应力，防止工件变形、开裂，并获得所需的力学性能。由于钢最后的组织和性能由回火温度决定，所以生产中一般以工件所需的硬度来决定回火温度。根据回火温度的不同，回火可分为低温回火、中温回火和高温回火三种，其特点及应用见表 1—20。

表 1—20　　回火的特点及应用

类型	加热温度（℃）	特点	应用
低温回火	150～250	具有高的硬度、耐磨性和一定的韧性，硬度为 58～64HRC	用于刀具、量具、冷冲模以及其他要求高硬度、高耐磨性的零件
中温回火	350～500	具有高的弹性极限、屈服强度和适当的韧性，硬度为 40～50HRC	主要用于弹性零件及热锻模具等
高温回火	500～650	具有良好的综合力学性能（即足够的强度与高韧性相配合），硬度为 200～330HBW	广泛用于重要的受力构件，如丝杠、螺栓、连杆、齿轮、曲轴等

（3）调质

生产中把淬火及高温回火相结合的热处理工艺称为“调质”，由于调质处理后工件可获得良好的综合力学性能，不仅强度较高，而且有较好的塑性和韧性，为零件在工作中承受各种载荷提供了有利条件。因此，重要的、受力复杂的结构零件一般均采用调质处理。

3. 时效处理

时效处理是将经冷塑性变形或铸造、锻造以及粗加工后的金属工件，在较高的温度环境下或保持室温放置，使其性能、形状、尺寸随时间而发生缓慢变化的热处理工艺。时效处理的目的是消除工件的内应力，稳定组织和尺寸，改善力学性能等。

（1）人工时效处理

将工件加热到一定温度（100～150℃），并在较短时间（5～20 h）内进行的时效处理，称为人工时效处理。

（2）自然时效处理

将工件置于室温或自然条件下，通过长时间（几天甚至几年）存放而进行的时效处理，称为自然时效处理。

二、常用表面热处理

表面热处理常用的方法是表面淬火。表面淬火是一种仅对工件表层进行淬火的热处理工艺。其原理是通过快速加热，仅使钢的表层达到红热状态，在热量尚未充分传递到零件内部时就立即予以冷却。它不改变钢的表层化学成分，但改变表层组织。表面淬火只适用于中碳钢和中碳合金钢。

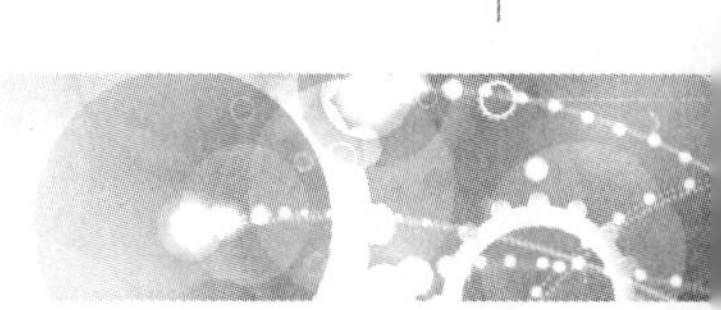

表面淬火的关键是必须有较快的加热速度。目前，表面淬火的方法很多，如火焰加热表面淬火、感应加热表面淬火、电接触加热表面淬火、激光加热表面淬火等。生产中最常用的方法是火焰加热表面淬火和感应加热表面淬火。

1. 火焰加热表面淬火

火焰加热表面淬火是应用氧—乙炔（或其他可燃气体）火焰对零件表面进行快速加热，并使其快速冷却的工艺，如图 1—11 所示。

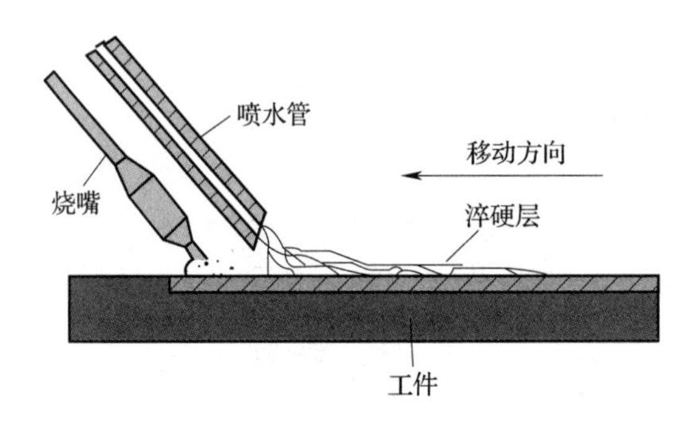

图 1—11 火焰加热表面淬火示意图

火焰加热表面淬火的淬硬层深度一般为 2～6 mm。这种方法的特点是：加热温度及淬硬层深度不易控制，容易导致过热或加热不均的现象，淬火质量不稳定。但这种方法不需要特殊设备，故适用于单件或小批量生产。

2. 感应加热表面淬火

感应加热表面淬火是利用感应电流在工件表层所产生的热效应，使工件表面受到局部加热，并进行快速冷却的工艺，如图 1—12 所示。

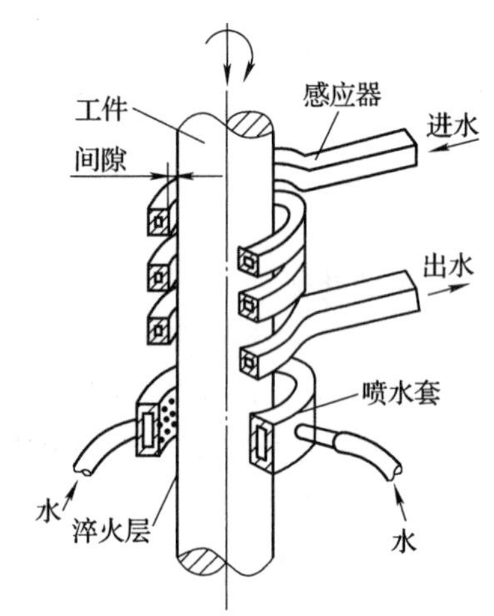

图 1—12 感应加热表面淬火示意图

与火焰加热表面淬火相比，感应加热表面淬火具有如下特点：

（1）加热速度快，零件由室温加热到淬火温度仅需几秒到几十秒的时间。

（2）淬火质量好，硬度比普通淬火高 2～3HRC。

（3）淬硬层深度易于控制，淬火操作便于实现机械化和自动化，但其设备较复杂、成本高，故适用于大批量生产。

三、化学热处理

化学热处理是将工件较长时间置于一定温度的活性介质中保温，使一种或几种元素渗入其表层，以改变其化学成分、组织和力学性能的热处理工艺。与其他热处理工艺相比，化学热处理不仅改变了钢的组织，而且其表层的化学成分也发生了变化，因而能够更加有效地改变零件表层的性能。根据渗入元素的不同，常用的化学热处理有渗碳、渗氮、碳氮共渗等，其特点及应用见表 1—21。

表 1—21 **常用化学热处理的特点及应用**

类型	方法	特点	应用
渗碳	使碳原子渗入钢的表层	使低碳钢工件具有高碳钢的表层，再经过淬火和低温回火，使工件表层具有较高的硬度和耐磨性，而工件的中心部分仍然保持着低碳钢的韧性和塑性	主要用于低碳钢或低碳合金钢制造的要求耐磨的零件
渗氮	在一定温度下和一定介质中使氮原子渗入工件表层	渗氮温度比较低，因而工件畸变较小，但渗层较浅，心部硬度较低	主要用于重要和复杂的精密零件，如精密丝杆、镗杆、排气阀、精密机床的主轴等
碳氮共渗	向钢的表层同时渗入碳和氮	渗碳与渗氮工艺的结合，既能达到渗碳的深度，又能达到渗氮的硬度，综合性能较好	应用广泛，常用于汽车和机床上的齿轮、蜗杆和轴类等零件

课 后 练 习

1. 什么是屈服强度？什么是抗拉强度？
2. 钢分为哪几类？
3. 低碳钢、中碳钢和高碳钢是如何划分的？
4. Q235 有何特性和用途？
5. 优质碳素结构钢的含碳量有何要求？主要有何用途？列举几种常用优质碳素结构钢的牌号。
6. 低合金钢与合金钢的组成有何区别？
7. 什么是合金调质钢？其含碳量是多少？主要热处理工艺是什么？
8. 黄铜具有哪些性能？
9. 铝合金分为哪些类型？
10. 什么是硬质合金？
11. 热处理分为哪几类？
12. 什么是淬火？分为哪几种？
13. 常用表面热处理的方法有哪些？
14. 什么是化学热处理？

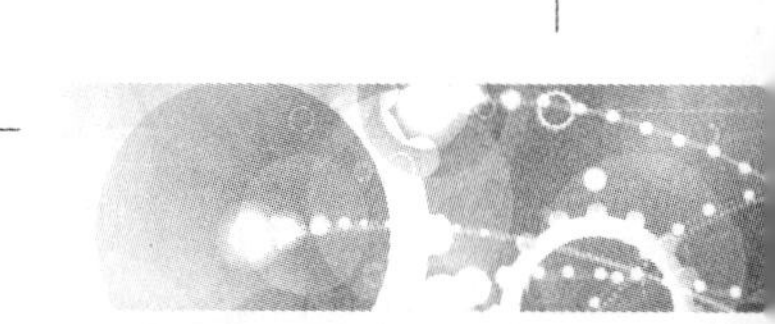

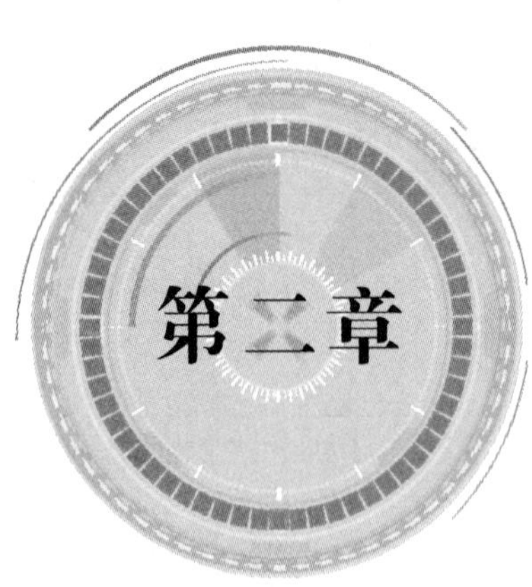

第二章 机械传动

【学习目标】

1. 了解机器、机构与机械的含义，了解零件、部件与构件的含义。

2. 掌握带传动和链传动的组成及工作原理，了解V带与V带轮、套筒滚子链与链轮的结构。

3. 了解螺纹连接、螺旋传动的类型和应用。

4. 了解齿轮传动、蜗轮蜗杆传动的特点及应用，了解轮系的种类。

第1节　机械传动概述

人们的生活几乎每时每刻都离不开机械，从小小的剪刀、钳子、扳手到计算机控制的机械设备、机器人、无人机等，机械在现代生活和生产中都起着非常重要的作用。机械的种类和品种很多，如汽车、数控机床、挖掘机和3D打印机等，如图2—1所示。机械是机器与机构的总称。

一、机器与机构

1. 机器

机器是用来变换或传递运动、能量、物料与信息的实物组合，各运动实体之间具有确定的相对运动，可以代替或减轻人们的劳动，完成有用的机械功或将其他形式的能量转换为机械能。

图2—2所示为台式钻床（简称台钻），它是机械加工中一种常用的生产机器，主要用于孔加工，它由电动机、塔式带轮传动机构、主轴箱、立柱、钻夹头、可调工作台、底座等组成。

机器尽管多种多样、千差万别，但其组成大致相同，一般都由动力部分、传动部分、执行部分和控制部分等组成。图2—2所示的台钻中，动力部分为电动机，传动部分为塔式

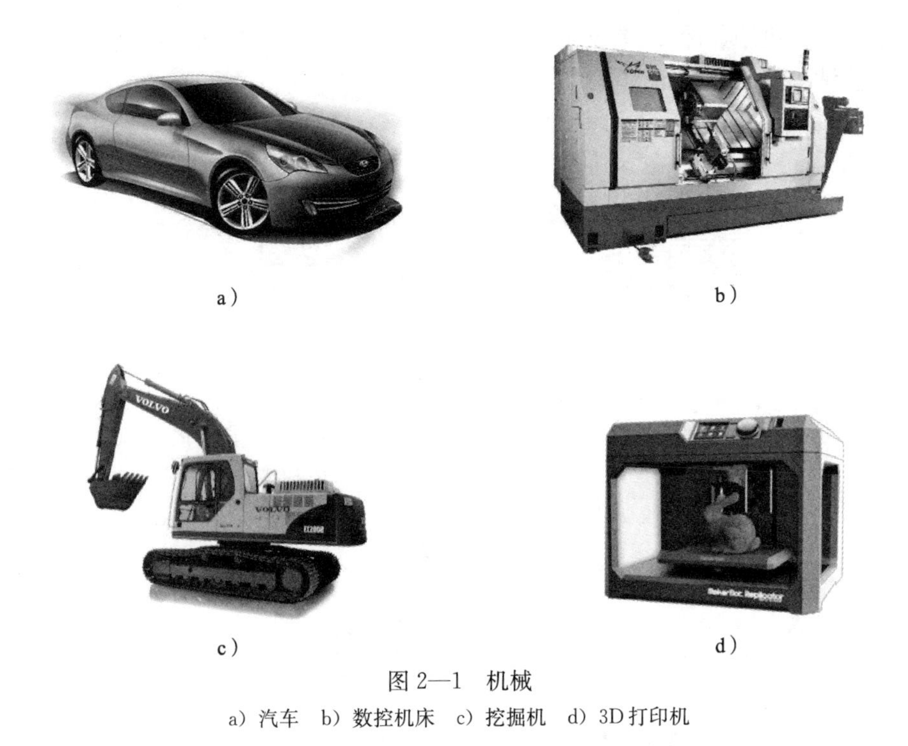

a) b)

c) d)

图 2—1 机械

a) 汽车 b) 数控机床 c) 挖掘机 d) 3D 打印机

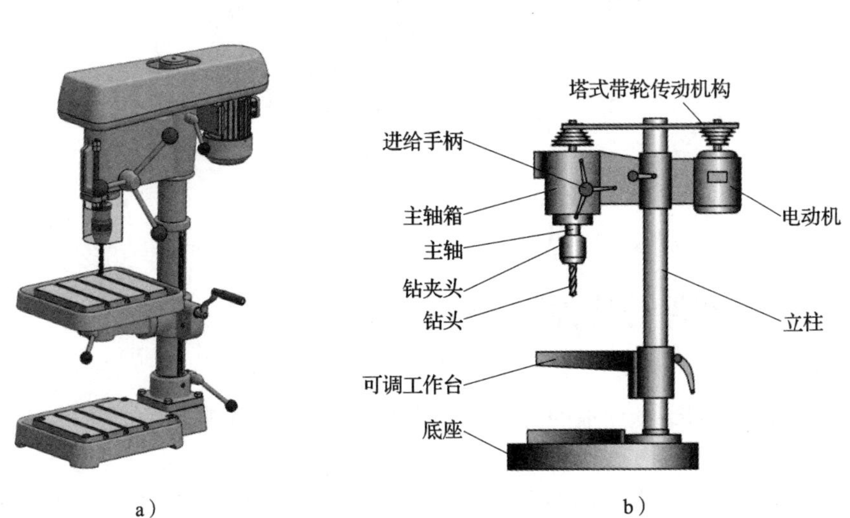

图 2—2 台钻

a) 实物图 b) 结构图

带轮传动机构和主轴箱中的齿轮齿条进给机构，执行部分为钻头，控制部分为电源开关和进给手柄。钻头的旋转由电动机带动，钻头的升降通过旋转进给手柄完成。

2. 机构

机构是具有确定相对运动的实物组合，是机器的重要组成部分。图 2—2 所示台钻中包含了多种机构，例如，塔式带轮传动机构使电动机的动力传递给主轴，从而带动钻头旋转；齿轮齿条进给机构实现了钻头的上下运动。

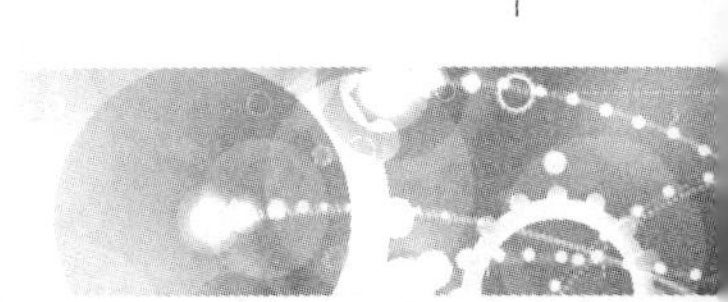

塔式带轮传动机构如图 2—3 所示，该机构不但能传递动力和运动，而且可以通过变换 V 带的位置使钻头产生 5 种不同的转速。

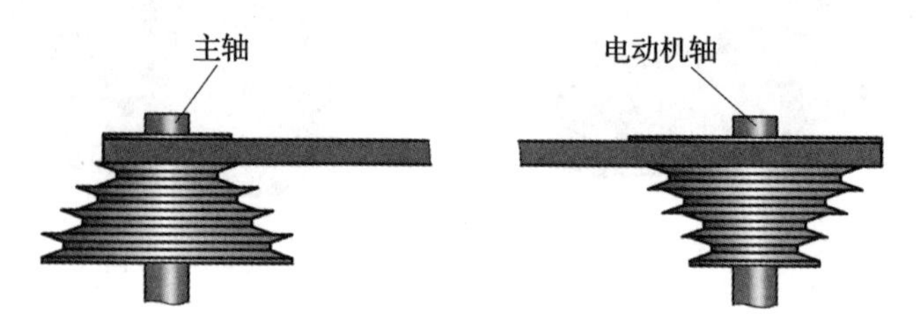

图 2—3　塔式带轮传动机构

钻头升降机构如图 2—4 所示，旋转进给手柄，齿轮旋转，带动齿条向下运动，实现钻头进给。

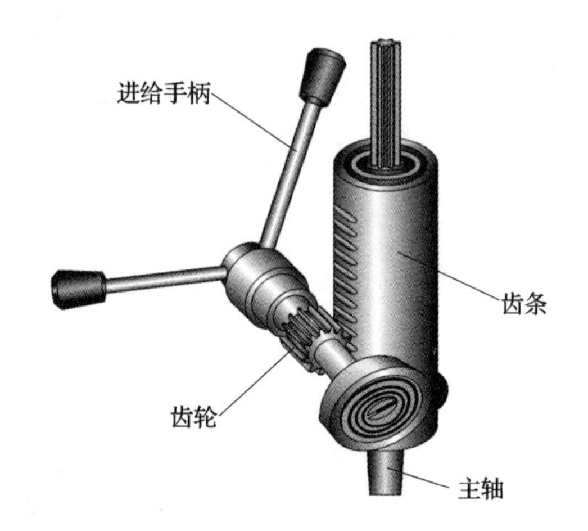

图 2—4　钻头升降机构

二、零件、部件与构件

1. 零件与部件

机器是由若干个零件装配而成的。零件是机器及各种设备中最小的制造单元，如图 2—2 中的塔式带轮、立柱等都是零件。

在机械装配过程中，往往将零件先装配成部件，然后才进入总装配。部件是机器的组成部分，是由若干个零件装配而成的。图 2—2 中的电动机和主轴箱等就是部件。

2. 构件

从运动学的角度出发，机器由若干个运动单元组成，这些运动单元称为构件。构件可以是一个零件，也可以是几个零件的刚性组合。图 2—5 所示为用于拆卸轴上的轴承、齿轮的拆卸器。在图 2—5 中，压紧螺杆、抓手是单个零件的构件，而把手、挡圈和沉头螺钉组成一个构件，横梁和销轴组成一个构件。

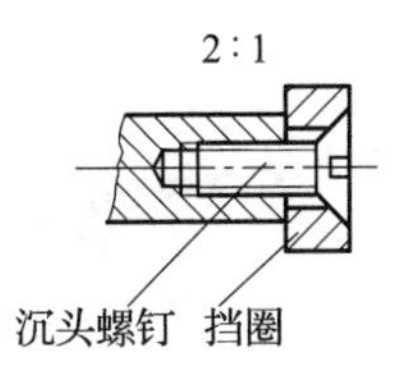

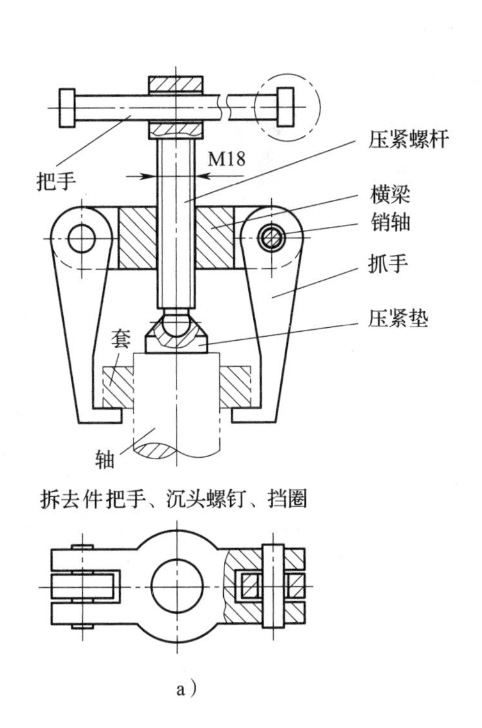

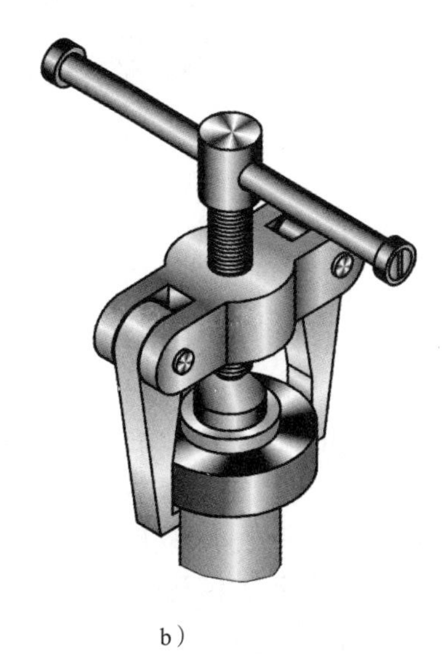

图 2—5　拆卸器

a）视图　b）立体图

第 2 节　带传动与链传动

带传动是机械传动中重要的传动形式之一。随着工业技术水平的不断提高，带传动正向着多样化、多领域发展，在汽车、家用电器、办公设备、机械工程中得到了越来越广泛的应用。图 2—6 所示为带传动在台钻中的应用。

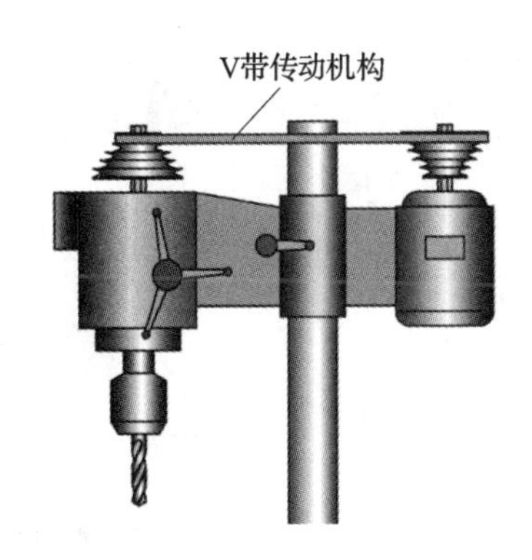

图 2—6　带传动在台钻中的应用

一、带传动的组成与工作原理

1. 带传动的组成

带传动一般由固定连接在主动轴上的带轮（主动轮）、从动轴上的带轮（从动轮）和紧套在两轮上的挠性带组成，如图 2—7 所示。

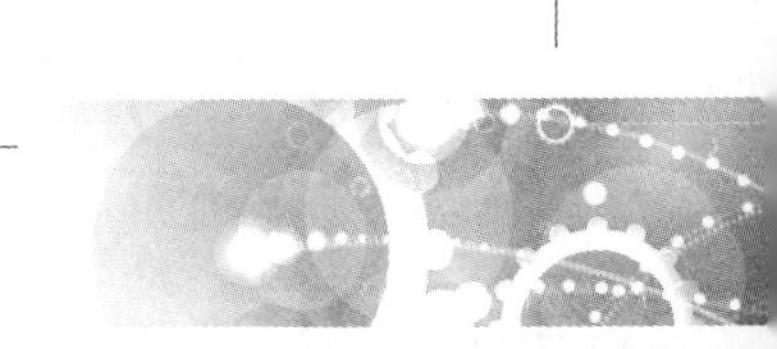

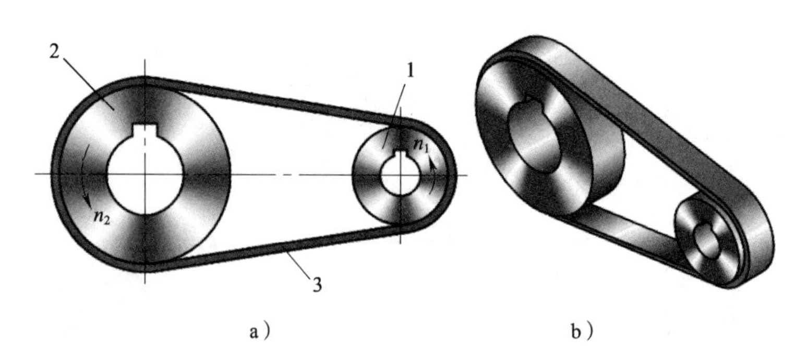

a）　　b）

图 2—7　带传动的组成

1—带轮（主动轮）　2—带轮（从动轮）　3—挠性带

2. 带传动的工作原理

带传动是依靠带与带轮接触面间的摩擦力（或啮合力）来传递运动和动力的。静止时，两边带上的拉力相等。传动时，由于传递载荷的关系，两边带上的拉力会有一定的差值。拉力大的一边称为紧边（主动边），拉力小的一边称为松边（从动边）。如图 2—7a 所示，当主动轮 1 按图示方向回转时，下边是紧边，上边是松边。

3. 带传动的传动比 i

机构中瞬时输入角速度与输出角速度的比值称为机构的传动比。带传动的传动比就是主动轮转速 n_1 与从动轮转速 n_2 之比，通常用 i_{12} 表示：

$$i_{12}=\frac{n_1}{n_2}$$

式中　n_1、n_2——主、从动轮的转速，r/min。

二、带传动的类型

根据工作原理不同，带传动分为摩擦型带传动和啮合型带传动，其特点与应用见表 2—1。

表 2—1　　**常用带传动的类型、特点与应用**

类型		图示	特点		应用
摩擦型带传动	平带		结构简单，带轮制造方便；平带质量轻且挠曲性好	传动过载时存在打滑现象，传动比不准确	常用于高速、中心距较大、平行轴的交叉传动与相错轴的半交叉传动
	V 带		承载能力大，使用寿命长		一般机械常用 V 带传动

续表

类型		图示	特点		应用
摩擦型带传动	圆带		结构简单，制造方便，抗拉强度高，耐磨损、耐腐蚀，易安装、使用寿命长	传动过载时存在打滑现象，传动比不准确	常用于包装机、印刷机、纺织机等机器中
啮合型带传动	同步带		传动比准确，传动平稳，传动精度高，结构较复杂		常用于数控机床、纺织机械等传动精度要求较高的场合

三、V 带传动

V 带传动是由一条或数条 V 带和 V 带轮组成的摩擦传动，它靠 V 带的两侧面与轮槽侧面压紧产生的摩擦力进行动力传递，如图 2—8 所示。V 带传动主要有普通 V 带传动和窄 V 带传动两种形式，其中普通 V 带传动的应用最为广泛。

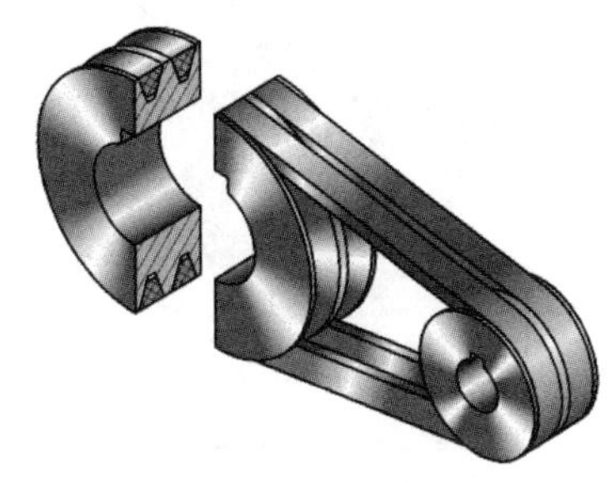

图 2—8　V 带传动

1. V 带

V 带是一种无接头的环形带，其横截面为等腰梯形，工作面是与轮槽相接触的两侧面，带与轮槽底面不接触。V 带由包布、顶胶、抗拉体和底胶四部分组成，如图 2—9 所示。V 带的抗拉体有帘布芯和绳芯两种结构。

普通 V 带是横截面为梯形的环形带，其横截面形状如图 2—10 所示，其楔角 α 为 40°。

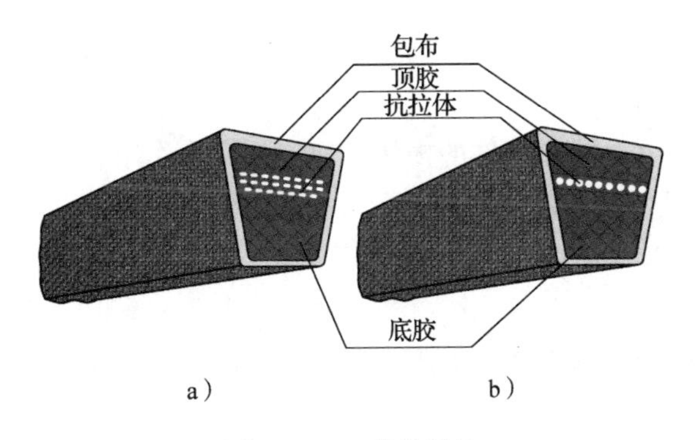

图 2—9　V 带的结构

a）帘布芯结构　b）绳芯结构

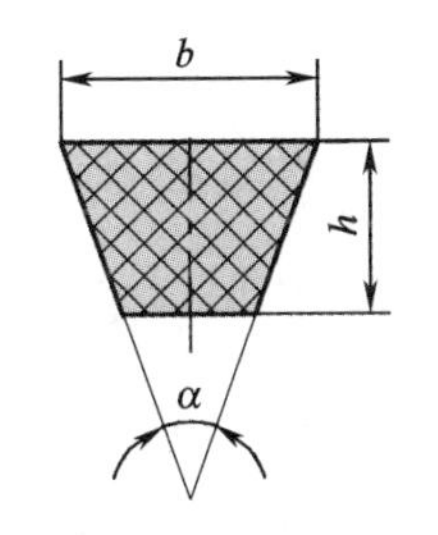

图 2—10　普通 V 带横截面

V 带的包布层一般采用含氯丁二烯的棉、聚酯纤维织物等材料；顶胶和底胶可采用天然橡胶、丁苯橡胶、氯丁橡胶和丁腈橡胶等材料；抗拉体要求材料具有低拉伸、高强度的特性，多为聚酯线绳，也有采用芳纶与钢丝等材料的。

2. V带轮

V带轮的结构从功能上分为轮辐、轮毂和轮缘三部分，轮槽制作在轮缘上，如图2—11所示。

普通V带的楔角 α 是40°，但安装在V带轮上后，V带弯曲会使其楔角 α 变小。为了保证V带传动时V带和V带轮槽工作面接触良好，V带轮的槽角 φ（见图2—12）要比40°小些，一般取32°、34°、36°、38°。小V带轮上V带变形严重，对应的槽角要小些，大V带轮的槽角则可大些。

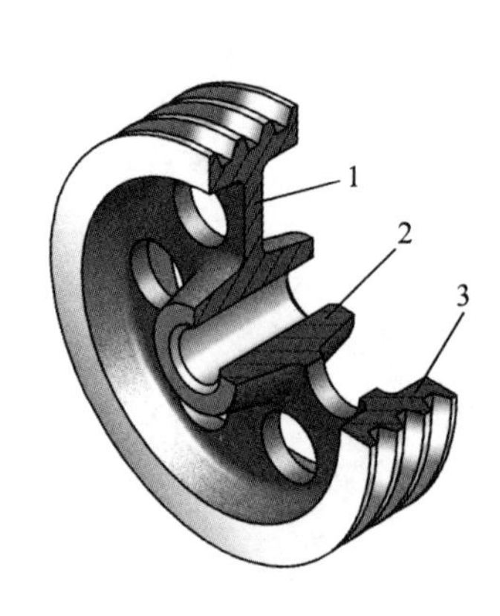

图2—11　V带轮的结构

1—轮辐　2—轮毂　3—轮缘

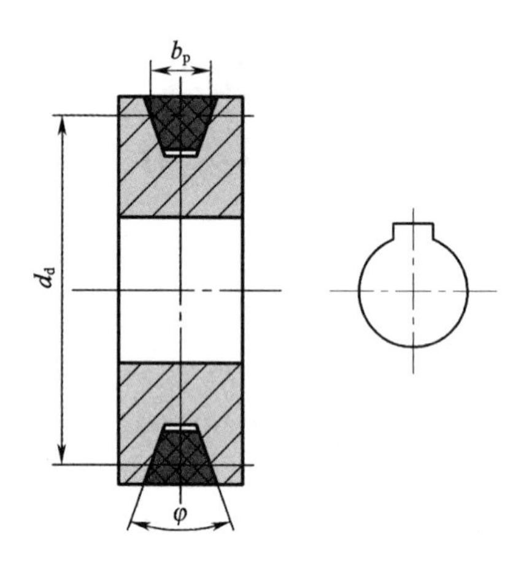

图2—12　普通V带轮的槽角和基准直径

普通V带轮通常采用灰铸铁制造，带速较高时可采用铸钢，功率较小的传动可采用铸造铝合金或工程塑料等。

3. 普通V带传动的应用特点

普通V带传动的优点有：

（1）结构简单，制造、安装精度要求不高，使用维护方便，适用于两轴中心距较大的场合。

（2）传动平稳，噪声低，有缓冲吸振作用。

（3）过载时，传动带会在带轮上打滑，可以防止零件的损坏，起安全保护作用。

普通V带传动的主要缺点是不能保证准确的传动比，外廓尺寸大，传动效率低。

四、同步带传动

同步带传动即啮合型带传动。它通过传动带内表面上等距分布的横向齿与带轮上的相应齿槽啮合来传递运动，如图2—13所示。

1. 同步带

同步带是工作面上带有齿的环状体，通常用钢丝绳或玻璃纤维绳等作抗拉体，以聚氨酯或橡胶作为基体，其结构如图2—14所示。

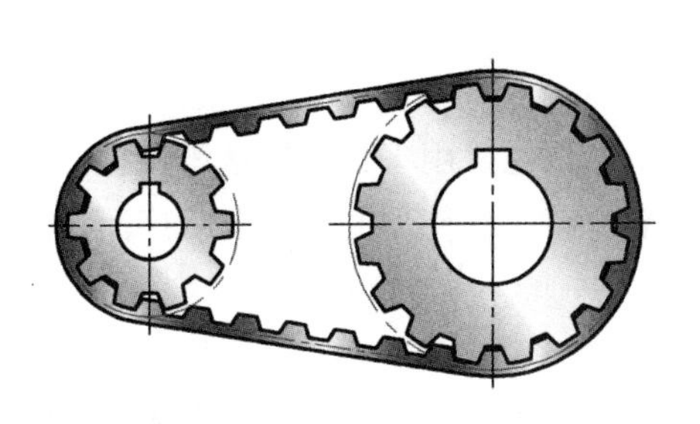

图 2—13　同步带传动

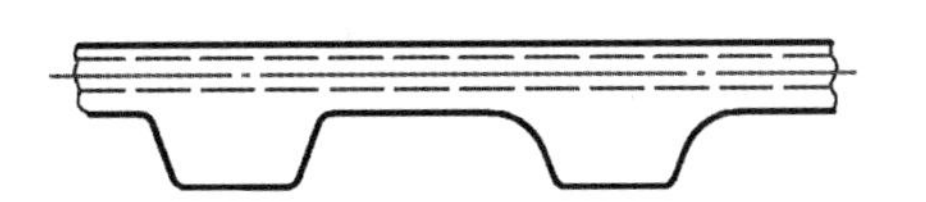
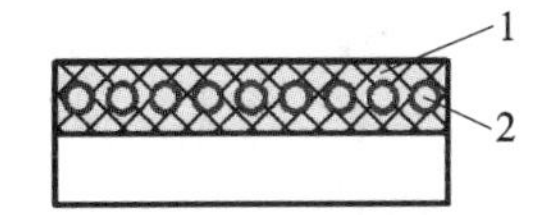

图 2—14　同步带

1—基体　2—抗拉体

2. 同步带轮

同步带轮有梯形齿同步带轮和圆弧齿同步带轮两种，其齿形如图 2—15 所示。带轮分为有挡圈和无挡圈两种，其结构如图 2—16 所示。同步带轮常用材料有铝合金、钢、铸铁、不锈钢、尼龙、铜、橡胶、POM 聚甲醛塑料（赛钢）等，其中以 45 钢、铝合金最为常见。

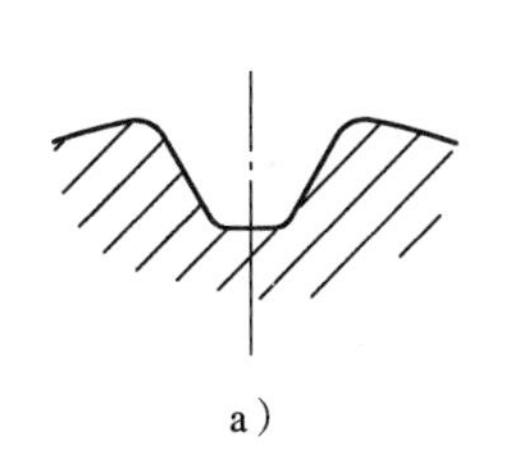

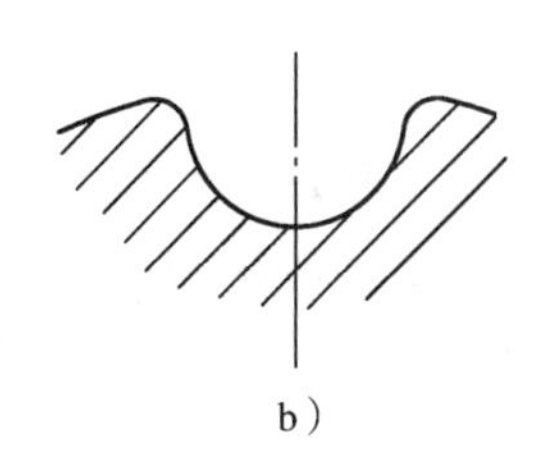

图 2—15　同步带轮齿形

a）梯形齿　b）圆弧齿

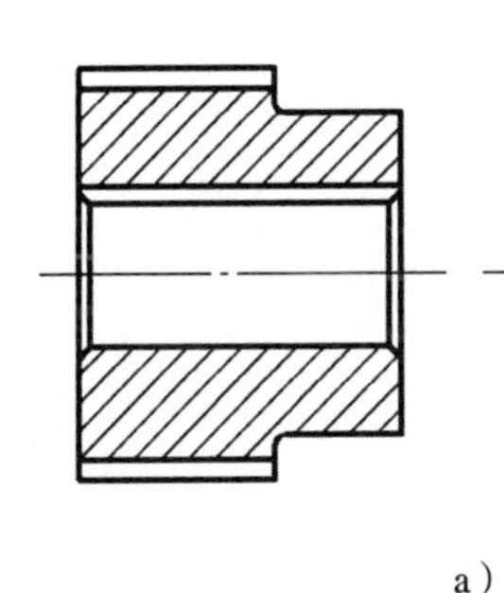
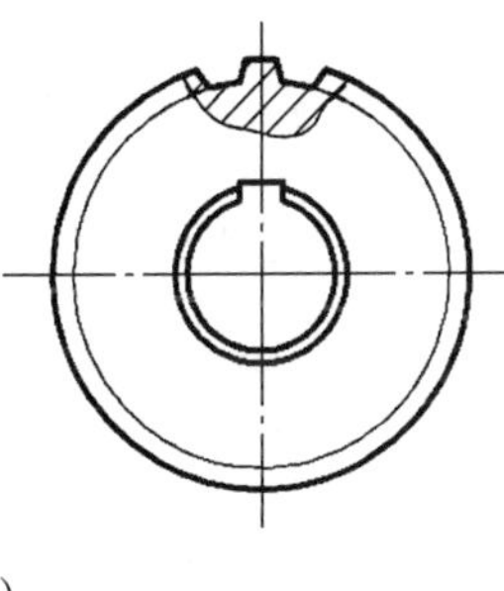

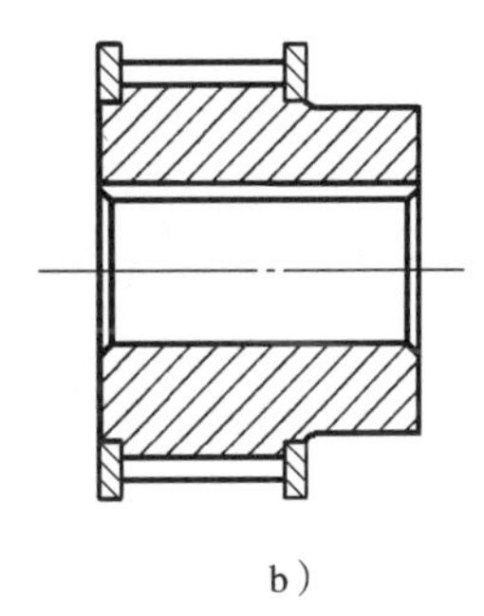

图 2—16　同步带轮结构

a）无挡圈带轮　b）有挡圈带轮

同步带与带轮工作时无相对滑动，传动准确，具有恒定的传动比。被广泛应用于精密传动的各种设备上，例如，传真机、打印机、扫描仪、一体机等办公设备。

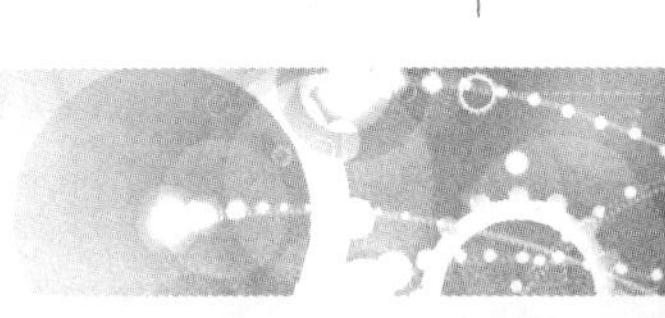

五、链传动

链传动主要用于一般机械中传递运动和动力，也可用于物料输送等场合，传动链主要有套筒滚子链和齿形链，使用最广泛的是套筒滚子链。链传动的应用非常广泛，自行车（见图2—17）的运动就是通过链传动来实现的。

1. 链传动及其传动比

链传动由主动链轮1、传动链2和从动链轮3组成，如图2—18所示。链轮上制有特殊齿形的齿，通过链轮轮齿与链条的啮合来传递运动和动力。

图2—17　自行车及链传动

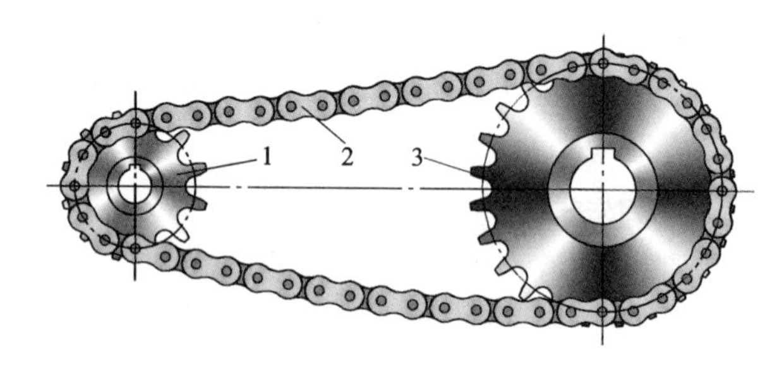

图2—18　链传动

1—主动链轮　2—传动链　3—从动链轮

在链传动中，主动链轮每转过一个齿，链条移动一个链节，从动链轮被链条带动转过一个齿。如图2—19所示，设主动链轮的齿数为z_1，从动链轮的齿数为z_2，当主动链轮的转速为n_1、从动链轮的转速为n_2时，单位时间内主动链轮转过的齿数z_1n_1与从动链轮转过的齿数z_2n_2相等，即：

$$z_1n_1=z_2n_2 \quad 或 \quad \frac{n_1}{n_2}=\frac{z_2}{z_1}$$

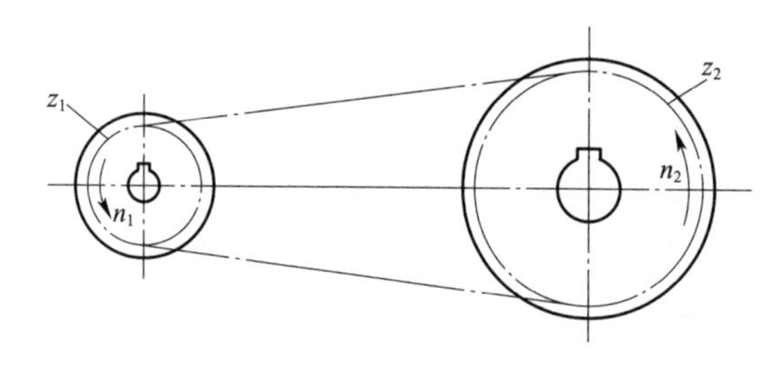

图2—19　链传动的传动比

主动链轮的转速n_1与从动链轮的转速n_2之比称为链传动的传动比，表达式为：

$$i_{12}=\frac{n_1}{n_2}=\frac{z_2}{z_1}$$

式中　n_1、n_2——主、从动链轮的转速，r/min；

z_1、z_2——主、从动链轮的齿数。

2. 链传动的应用特点

链传动的传动比是恒定的。链传动的传动比一般为 $i \leqslant 8$，低速传动时 i 可达 10；两轴中心距 a 可达 5～6 m；传动功率 $P \leqslant 100$ kW；链条速度 $v \leqslant 15$ m/s，高速时可达 20～40 m/s。与带传动相比，链传动具有以下特点：

（1）优点

1）能保证准确的平均传动比。

2）传动功率大；传动效率高，一般可达 0.95～0.98。

3）可用于两轴中心距较大的场合。

4）能在低速、重载和高温条件下，以及粉尘、淋水、淋油等不良环境中工作。

5）作用在轴和轴承上的力小。

（2）缺点

1）由于链节的多边形运动，所以瞬时传动比是变化的，瞬时链速度不是常数，传动中会产生动载荷和冲击，因此，不宜用于要求精密传动的机械。

2）链条的铰链磨损后，使链条节距变大，传动中链条容易脱落。

3）工作时有噪声；对安装和维护要求较高；无过载保护作用。

3. 套筒滚子链传动

（1）套筒滚子链

常用的套筒滚子链主要有单排链、双排链和三排链（见图 2—20）。链条中的零件由碳素钢或合金钢制造，并经表面淬火处理，强度、硬度及耐磨性好。滚子链的承载能力与排数成正比，但排数越多，各排受力越不均匀，所以排数不能过多。

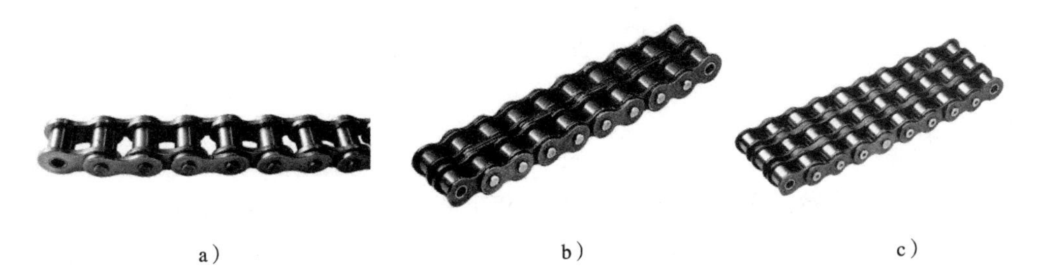

a）　　b）　　c）

图 2—20　套筒滚子链

a）单排链　b）双排链　c）三排链

如图 2—21 所示为单排滚子链，它由内链板 1、外链板 2、销轴 3、套筒 4、滚子 5 等组成。销轴 3 与外链板 2、套筒 4 与内链板 1 之间分别采用过盈配合连接；而销轴 3 与套筒 4、滚子 5 与套筒 4 之间则为间隙配合，以保证链节屈伸时，内链板 1 与外链板 2 之间能相对转动，滚子 5 与套筒 4、套筒 4 与销轴 3 之间可以自由转动。当链条与链轮啮合时，滚子与链轮轮齿相对滚动，两者之间主要是滚动摩擦，从而减少了链条和链轮轮齿的磨损。

（2）套筒滚子链链轮

套筒滚子链链轮要与链配套，也分为单排、双排和三排等，如图 2—22 所示。套筒滚子链链轮的轮齿形状如图 2—23 所示，其轮齿的齿形一般由三段圆弧组成。

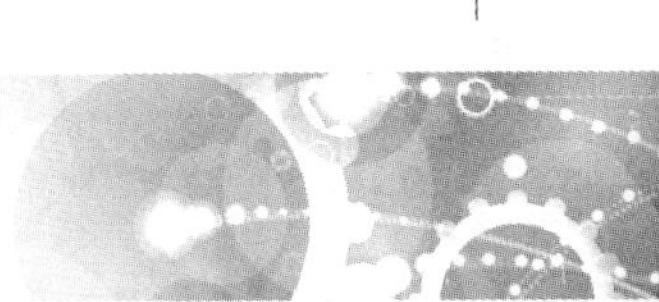

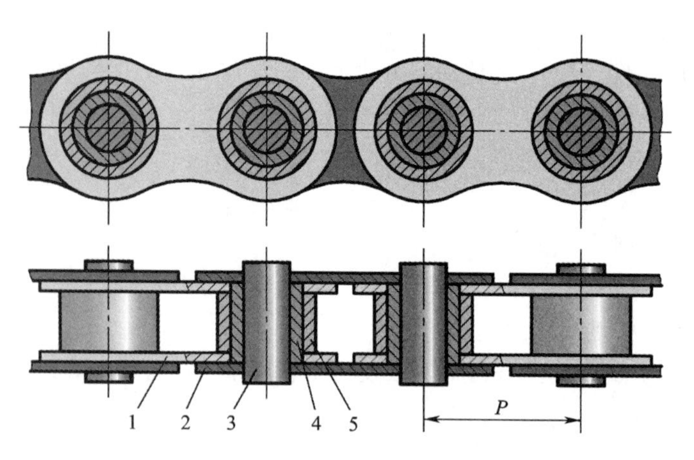

图 2—21　单排滚子链结构

1—内链板　2—外链板　3—销轴　4—套筒　5—滚子

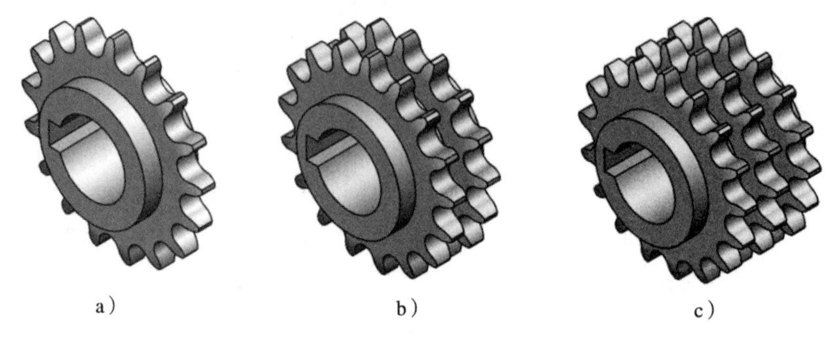

图 2—22　套筒滚子链链轮

a）单排　b）双排　c）三排

为保证传动平稳，减少冲击和动载荷，小链轮齿数不宜过少，一般应大于 17。大链轮齿数也不宜过多，齿数过多除了增大传动尺寸和质量外，还会出现跳齿和脱链等现象，大链轮齿数一般应小于 120。由于链节数常取偶数，为使链条与链轮轮齿磨损均匀，链轮齿数一般应取与链节数互为质数的奇数。

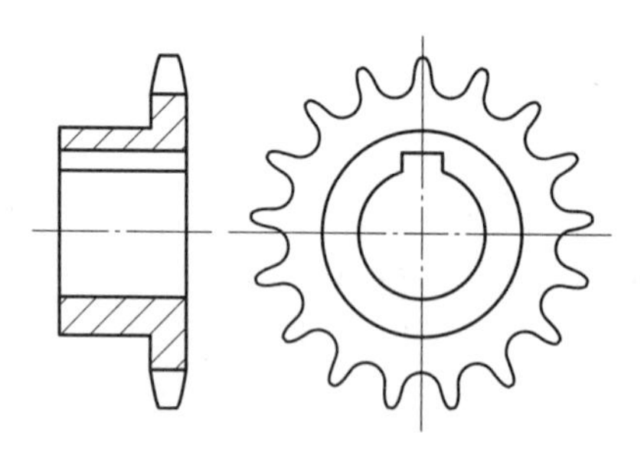

图 2—23　套筒滚子链链轮的轮齿形状

第 3 节　螺纹连接和螺旋传动

一、螺纹基本知识

1. 螺旋线的概念

圆柱面上一动点绕圆柱轴线做等速转动的同时，又沿圆柱母线做等速直线运动，形成的复合运动轨迹称为螺旋线，如图 2—24 所示。螺旋线有右旋和左旋之分，当圆柱轴线直立时，右旋螺旋线的可见部分自左向右升高（见图 2—24a）；左旋螺旋线则自右向左升高（见图 2—24b）。

2. 螺纹的形成

某一平面图形（如三角形、梯形、锯齿形等）沿圆柱（或圆锥）表面上的螺旋线运动，形成的具有相同断面的连续凸起和沟槽称为螺纹。螺纹是零件上一种常见的标准结构要素，在圆柱（或圆锥）外表面上形成的螺纹称为外螺纹，在圆柱（或圆锥）内表面上形成的螺纹称为内螺纹。螺纹的结构如图 2—25 所示。

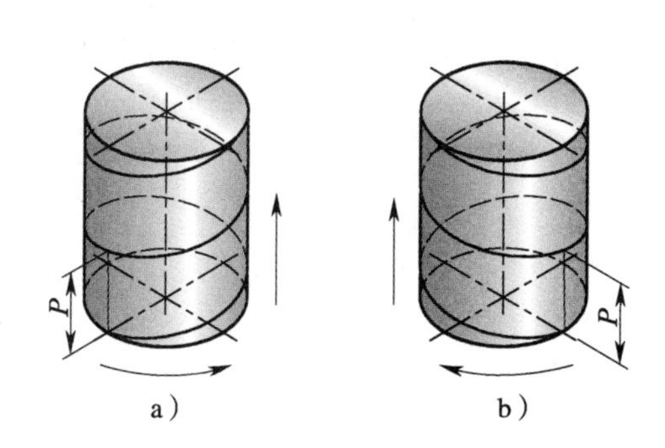

图 2—24　螺旋线
a）右旋　b）左旋

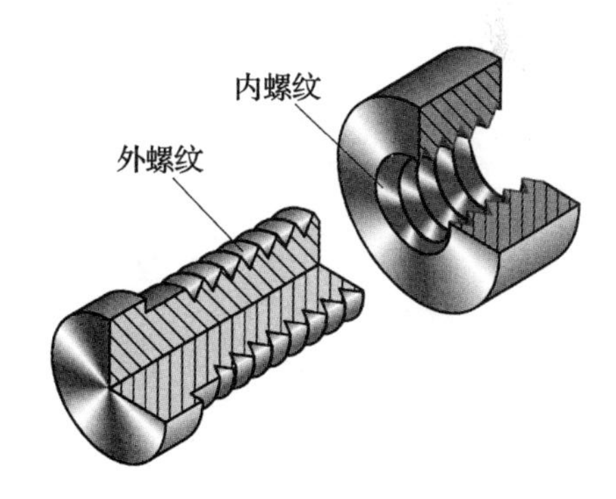

图 2—25　螺纹的结构

3. 螺纹的种类

螺纹的种类很多，常见的有普通螺纹、管螺纹和传动螺纹等。在通过螺纹轴线的断面上，螺纹的轮廓形状称为螺纹牙型，常见的螺纹牙型有三角形、梯形、锯齿形等。常见螺纹的种类、特征代号和牙型见表 2—2。

4. 螺纹的主要几何参数

螺纹的主要几何参数有大径、小径、中径、公称直径、线数、螺距、导程、旋向、螺纹升角、牙型角与牙侧角等。

（1）螺纹大径

螺纹大径是指与外螺纹牙顶或内螺纹牙底相切的假想圆柱的直径，外螺纹大径用 d 表示，内螺纹大径用 D 表示，如图 2—26 所示。

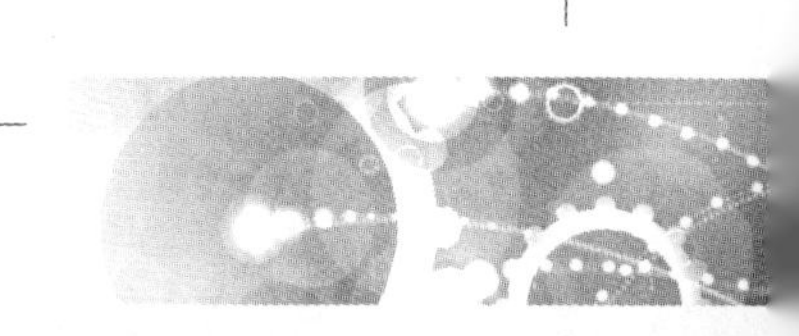

表 2—2　　常见螺纹的种类、特征代号和牙型

种类			特征代号	牙型及牙型角（或牙侧角）
普通螺纹	粗牙普通螺纹		M	60°
	细牙普通螺纹			
管螺纹	55°非密封管螺纹		G	55°
	55°密封管螺纹	圆柱内螺纹	Rp	
		与圆柱内螺纹配合的圆柱外螺纹	R_1	
		圆锥内螺纹	Rc	
		与圆锥内螺纹配合的圆锥外螺纹	R_2	
传动螺纹	梯形螺纹		Tr	30°
	锯齿形螺纹		B	30° 3°
	矩形螺纹			

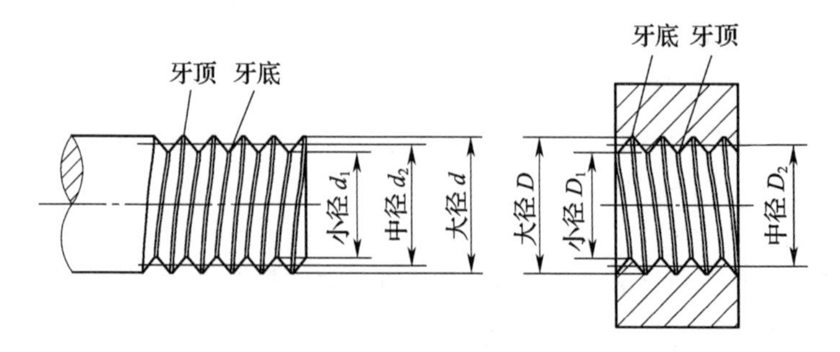

图 2—26　螺纹的几何参数

(2) 螺纹小径

螺纹小径是指与外螺纹牙底或内螺纹牙顶相切的假想圆柱的直径，外螺纹小径用 d_1 表示，内螺纹小径用 D_1 表示，如图 2—26 所示。

(3) 螺纹中径

螺纹中径是指一个假想圆柱的直径，该圆柱的母线通过牙型上沟槽和凸起宽度相等的地方。外螺纹中径用 d_2 表示，内螺纹中径用 D_2 表示，如图 2—26 所示。

(4) 公称直径

公称直径是指代表螺纹规格大小的直径。除管螺纹外，公称直径是指螺纹的大径。

(5) 线数

形成螺纹时，沿一条螺旋线形成的螺纹称为单线螺纹，如图 2—27a 所示；沿两条或两条以上螺旋线形成的螺纹称为多线螺纹，图 2—27b 所示为双线螺纹。

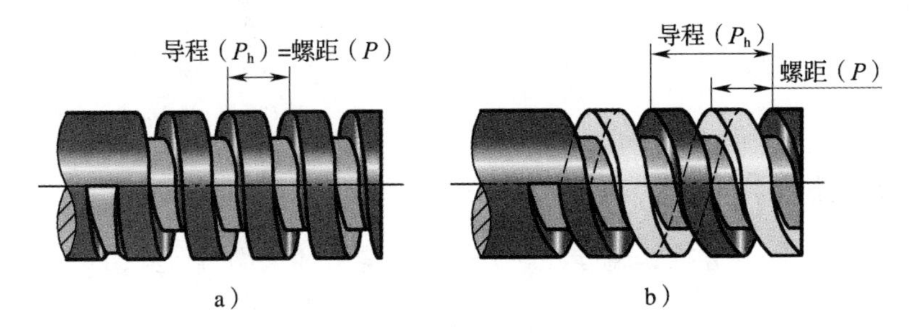

图 2—27　螺纹的线数

a) 单线螺纹　b) 双线螺纹

(6) 螺距

螺距是螺纹相邻两牙之间两对应点的轴向距离，用 P 表示，如图 2—27 所示。

(7) 导程

导程是同一条螺旋线上相邻两牙之间两对应点的轴向距离，用 P_h 表示，如图 2—27 所示。

螺距、导程、线数之间的关系是：导程 P_h = 螺距 P × 线数 n。

对于单线螺纹：导程 P_h = 螺距 P。

(8) 旋向

螺纹旋向分右旋、左旋两种，沿右旋螺旋线形成的螺纹为右旋螺纹，沿左旋螺旋线形成的螺纹为左旋螺纹。右旋螺杆旋入螺孔时沿顺时针旋转；左旋螺杆旋入螺孔时沿逆时针旋转。当螺纹的轴线竖直放置时，右旋螺纹的可见部分自左向右升高，左旋螺纹的可见部分则自右向左升高。

(9) 螺纹升角

螺纹升角是指在螺纹中径的圆柱面上，螺纹的切线与垂直于螺纹轴线的平面间的夹角(见图 2—28)，用 φ 表示，由几何关系可知

$$\tan\varphi=\frac{P_h}{\pi d_2}=\frac{nP}{\pi d_2}$$

(10) 牙型角与牙侧角

在螺纹牙型上，两相邻牙侧间的夹角称为牙型角，用 α 表示；在螺纹牙型上，一个牙侧

与垂直于螺纹轴线的平面间的夹角称为牙侧角，用β_1或β_2表示，如图 2—29 所示。常见螺纹的牙型角与牙侧角见表 2—2。

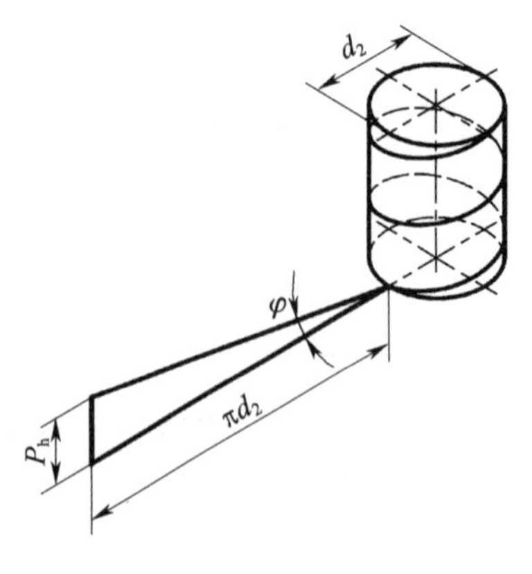

图 2—28　螺旋升角

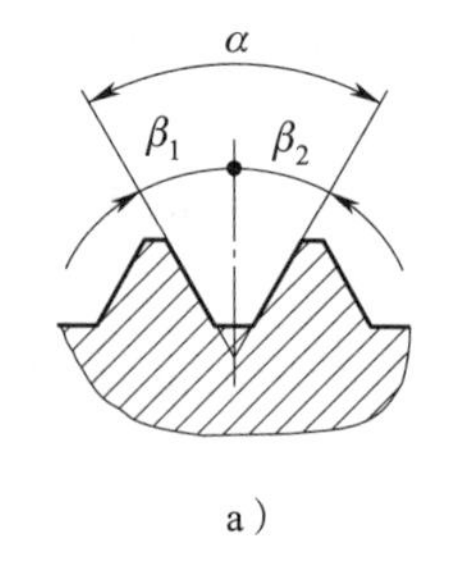

a）

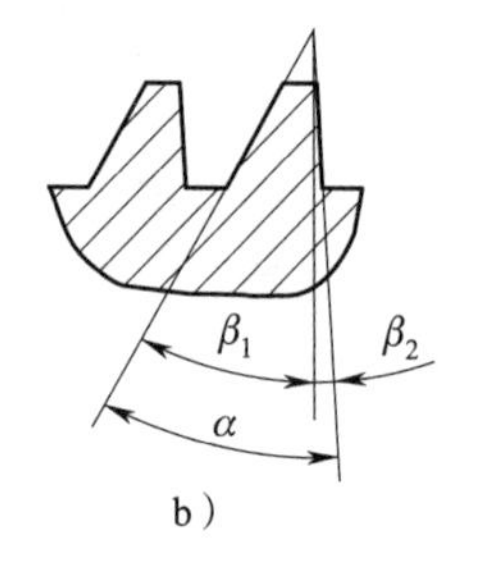

b）

图 2—29　牙型角与牙侧角

a）对称螺纹　b）非对称螺纹

二、螺纹连接件

常用的螺纹连接件有螺栓、螺母、双头螺柱、螺钉和垫圈等，其结构和标记示例见表 2—3。

表 2—3　　常用螺纹连接件的结构和标记示例

名称	结构	规格尺寸	标记示例
六角头螺栓			螺栓　GB/T 5780　M12×50 表示：C 级六角头螺栓，规格尺寸（螺纹大径 d）为 12 mm，螺栓杆身长度 l 为 50 mm
双头螺柱			螺柱　GB/T 899　M12×50 表示：双头螺柱，规格尺寸（螺纹大径 d）为 12 mm，公称长度 l 为 50 mm
开槽圆柱头螺钉			螺钉　GB/T 65　M12×50 表示：开槽圆柱头螺钉，规格尺寸（螺纹大径 d）为 12 mm，公称长度 l 为 50 mm

续表

名称	结构	规格尺寸	标记示例
内六角圆柱头螺钉		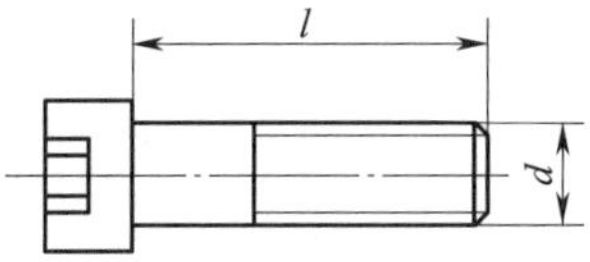	螺钉　GB/T 70.1　M10×35 表示：内六角圆柱头螺钉，规格尺寸（螺纹大径 d）为 10 mm，公称长度 l 为 35 mm
十字槽沉头螺钉		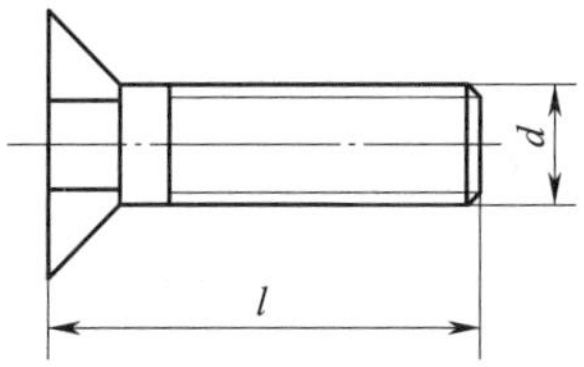	螺钉　GB/T 819.1　M6×20 表示：十字槽沉头螺钉，规格尺寸（螺纹大径 d）为 6 mm，公称长度 l 为 20 mm
开槽锥端紧定螺钉		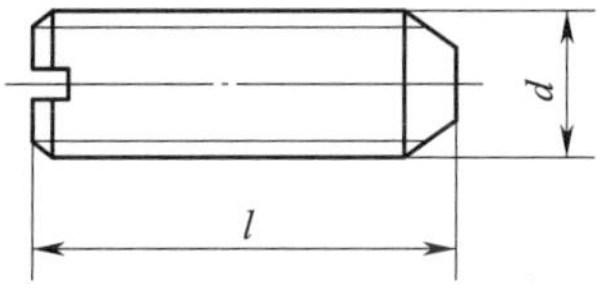	螺钉　GB/T 71　M6×15 表示：开槽锥端紧定螺钉，规格尺寸（螺纹大径 d）为 6 mm，公称长度 l 为 15 mm
六角螺母	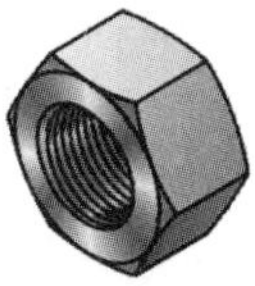	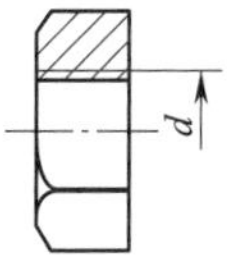	螺母　GB/T 6170　M12 表示：A 级 Ⅰ 型六角螺母，规格尺寸（螺纹大径 d）为 12 mm
六角开槽螺母		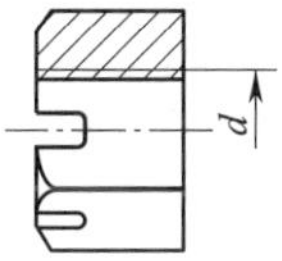	螺母　GB/T 6179　M16 表示：C 级 Ⅰ 型六角开槽螺母，规格尺寸（螺纹大径 d）为 16 mm
平垫圈		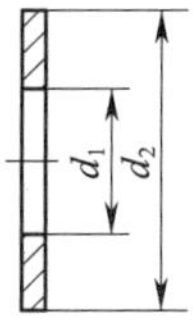	垫圈　GB/T 95　10 表示：平垫圈 C 级，公称尺寸（与其配套使用的螺栓或螺母的螺纹大径 d）为 10 mm，d_1 和 d_2 可从相关技术标准中查得

续表

名称	结构	规格尺寸	标记示例
弹簧垫圈			垫圈 GB/T 93 10 表示：标准型弹簧垫圈，公称尺寸（与其配套使用的螺栓或螺母的螺纹大径 d）为 10 mm，d_1 和 d_2 可从相关技术标准中查得

三、螺纹连接的类型和应用

螺纹连接在生产实践中应用很广，常见的螺纹连接有螺栓连接、双头螺柱连接、螺钉连接和紧定螺钉连接四种类型，其特点和应用见表 2—4。

表 2—4 螺纹连接的类型、特点和应用

类型	图示	结构及特点	应用
螺栓连接		螺栓穿过两被连接件上的通孔并加螺母紧固。结构简单，装拆方便，成本低，应用广泛	用于两被连接件上均为通孔且有足够的装配空间的场合
双头螺柱连接		双头螺柱的两端均有螺纹，螺柱的旋入端靠螺纹配合的过盈及螺纹尾部的台阶（或螺尾最后几圈较浅的螺纹）拧紧在被连接件之一的螺纹孔中，装上另一个被连接件后，加垫圈并用螺母紧固。拆卸时，只需拧下螺母，故被连接件上的螺纹不易损坏	用于受结构限制或被连接件之一为不通孔并需经常拆卸的场合

续表

类型	图示	结构及特点	应用
螺钉连接		螺钉（也可以是螺栓）穿过一个被连接件上的通孔而直接拧入另一个被连接件的螺纹孔内并紧固。若经常拆卸，被连接件上的螺纹易损坏	用于被连接件之一较厚，不便加工通孔，且不必经常拆卸的连接
紧定螺钉连接		紧定螺钉拧入一个被连接件上的螺纹孔并用其端部顶紧另一个被连接件	用于固定两被连接件的相互位置，并可传递不大的力或转矩

四、螺旋传动

螺旋传动是利用螺杆（丝杠）和螺母组成的螺旋副来实现传动的。螺旋传动具有结构简单，工作连续、平稳，承载能力强，传动精度高等优点，广泛应用于各种机械和仪器中。

如图 2—30 所示为桌虎钳，用于夹持小型工件。它主要由固定钳身 3、活动钳身 5、固定座 7 等组成。旋转固定手柄 8，通过固定丝杆 9 与固定座 7 之间的螺旋传动使丝杆上移，将桌虎钳夹紧在桌面上。旋转夹紧手柄 1，使夹紧螺杆 2 旋转，通过螺旋传动使活动钳身 5 移动，从而夹紧或松开工件。

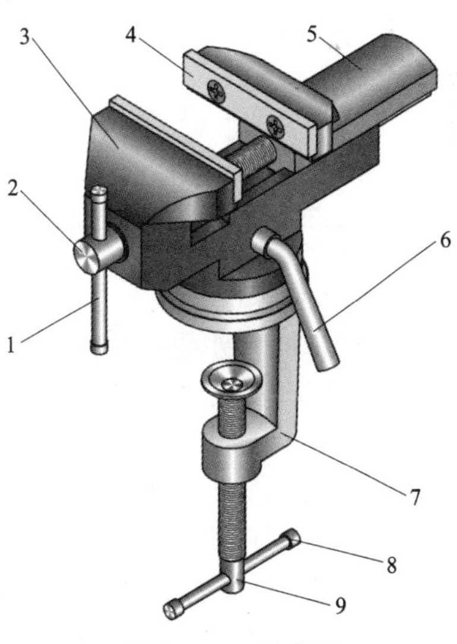

图 2—30　桌虎钳

1—夹紧手柄　2—夹紧螺杆　3—固定钳身　4—钳口板　5—活动钳身　6—连接手柄　7—固定座　8—固定手柄　9—固定丝杆

常用螺旋传动有普通螺旋传动、差动螺旋传动和滚珠螺旋传动等。

1. 普通螺旋传动

由一个螺杆和一个螺母组成的简单螺旋副实现的传动称为普通螺旋传动。

（1）普通螺旋传动的形式

普通螺旋传动的形式可以分为单动螺旋传动和双动

螺旋传动两类。

1）单动螺旋传动

单动螺旋传动是指螺杆或螺母有一件不动，另一件既旋转又移动。其中一种形式是螺母不动，螺杆回转并做直线运动；另一种形式是螺杆不动，螺母旋转并做直线运动。单动螺旋传动的运动形式见表 2—5。

表 2—5　　单动螺旋传动的运动形式

运动形式	应用实例	工作过程
螺母固定不动，螺杆回转并做直线运动	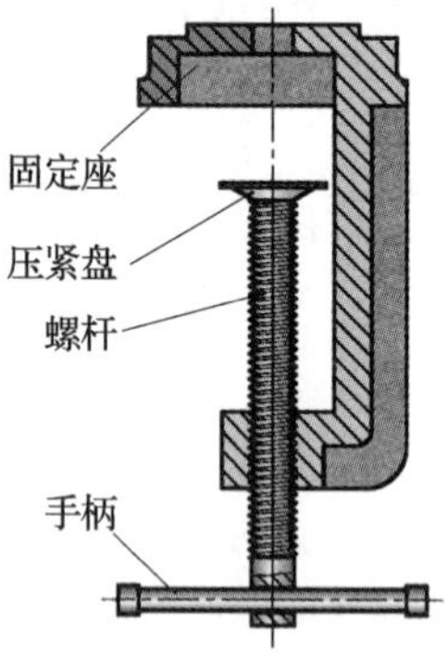 固定座、压紧盘、螺杆、手柄 桌虎钳底座夹紧装置	当螺杆做回转运动时，螺杆连同其上的手柄和压紧盘向上运动，将桌虎钳固定在桌面上；或向下运动，以便将桌虎钳从桌面上拆下
螺杆固定不动，螺母回转并做直线运动	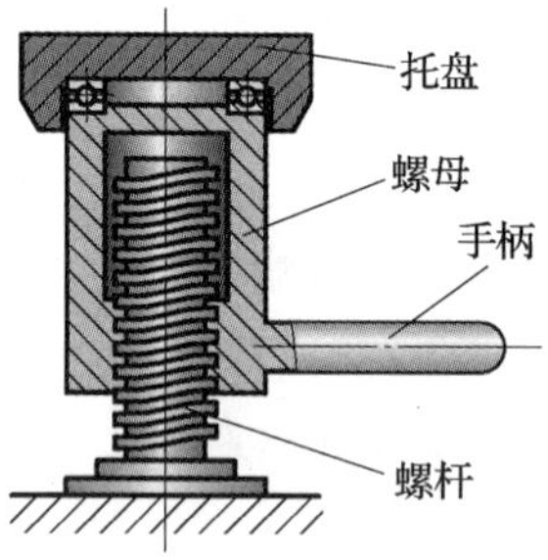 托盘、螺母、手柄、螺杆 螺旋千斤顶	螺杆连接在底座上固定不动，转动手柄使螺母回转，并做上升或下降的直线移动，从而举起或放下托盘

2）双动螺旋传动

双动螺旋传动是指螺杆和螺母都做运动的螺旋传动。其中一种形式是螺杆原位回转，螺母做直线运动；另一种形式是螺母原位回转，螺杆做往复直线运动。双动螺旋传动的运动形式见表 2—6。

（2）普通螺旋传动运动方向的判定

在普通螺旋传动中，螺杆或螺母的移动方向可用左、右手法则判断。具体方法如下：

1）左旋螺纹用左手判断，右旋螺纹用右手判断。

2）弯曲四指，其指向与螺杆或螺母回转方向相同。

3）大拇指与螺杆轴线方向一致。

4）若为单动，大拇指的指向即为螺杆或螺母的运动方向；若为双动，则与大拇指指向相反的方向即为螺杆或螺母的运动方向，见表 2—7。

表 2—6　　双动螺旋传动的运动形式

运动形式	应用实例	工作过程
螺杆回转，螺母做直线运动	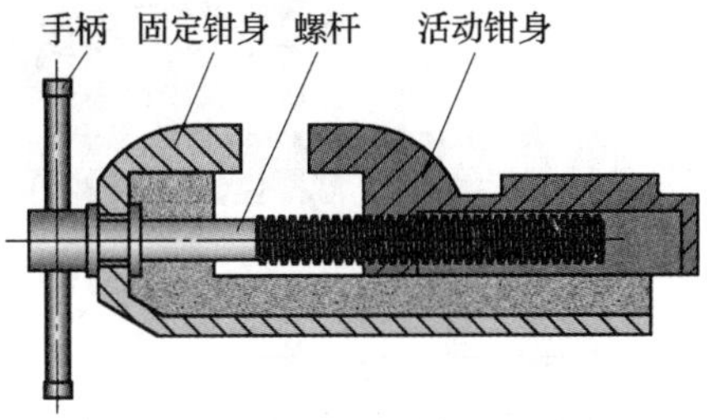 桌虎钳夹紧工件机构	转动手柄时，与手柄固接在一起的螺杆旋转，使活动钳身（螺母）做横向往复运动，从而实现对工件的夹紧和松开
螺母回转，螺杆做往复直线运动	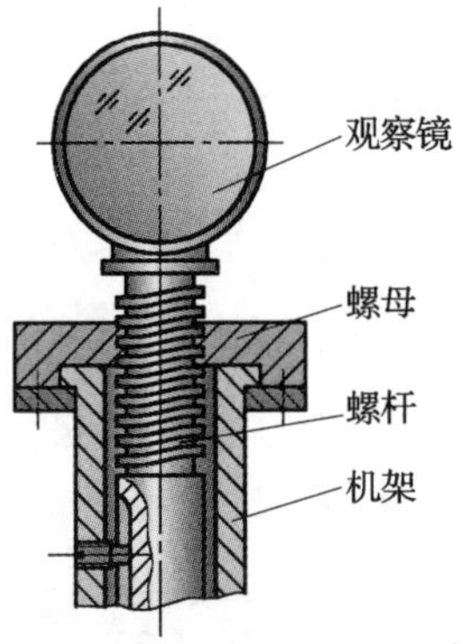 观察镜螺旋调整装置	螺母做回转运动时，螺杆带动观察镜向上或向下移动，从而实现对观察镜的上下调整

表 2—7　　普通螺旋传动螺杆（螺母）移动方向的判定

传动形式	应用实例	
单动螺旋传动	图示	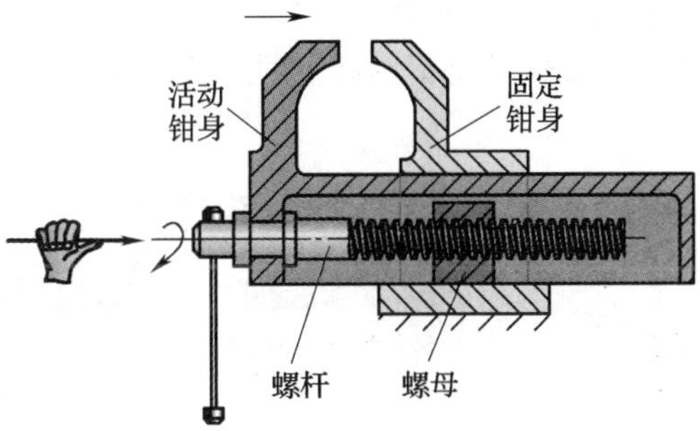
	移动方向判别	图示为桌虎钳夹紧机构，固定钳身与螺母固连为一体。螺杆相对固定钳身回转并做直线运动。该机构属于螺杆既做旋转运动又做直线运动的单动螺旋传动。根据图示可判断螺纹的旋向为右旋，所以用右手法则判别。当螺杆顺时针旋转时，螺杆向右运动，带动活动钳身夹紧工件

续表

传动形式	应用实例	
双动螺旋传动	图示	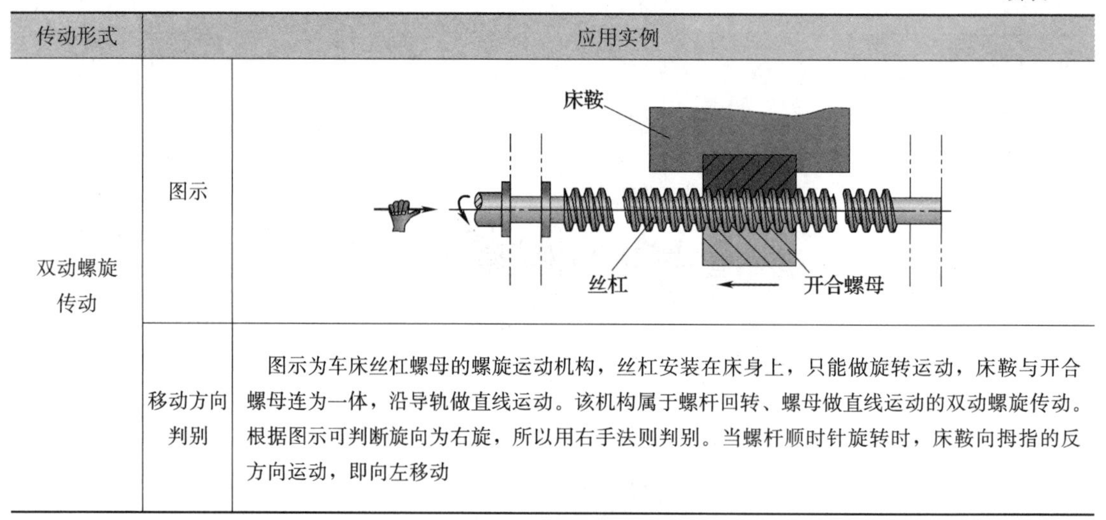
	移动方向判别	图示为车床丝杠螺母的螺旋运动机构，丝杠安装在床身上，只能做旋转运动，床鞍与开合螺母连为一体，沿导轨做直线运动。该机构属于螺杆回转、螺母做直线运动的双动螺旋传动。根据图示可判断旋向为右旋，所以用右手法则判别。当螺杆顺时针旋转时，床鞍向拇指的反方向运动，即向左移动

2. 差动螺旋传动

差动螺旋传动是指由在同一螺杆上具有两个不同导程（或旋向）的螺旋副组成的传动。根据传动中两螺旋副的旋向，可分为旋向相同的差动螺旋传动和旋向相反的差动螺旋传动两种形式。

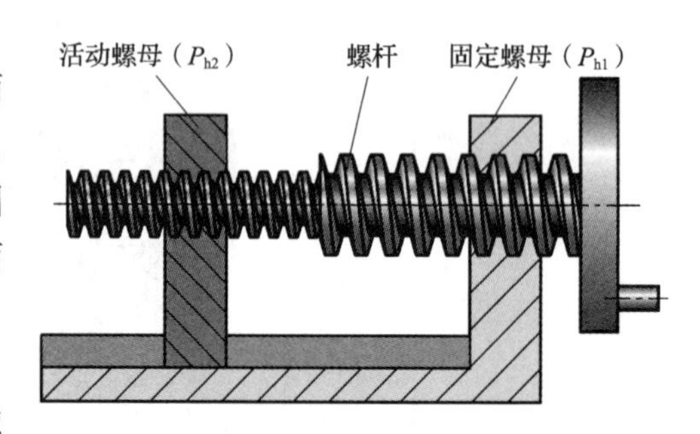

图 2—31　旋向相同的差动螺旋传动

（1）旋向相同的差动螺旋传动

旋向相同的差动螺旋传动是指螺杆上两螺纹（固定螺母与活动螺母）旋向相同而螺距不同的差动螺旋传动。如图 2—31 所示，螺杆上有两段螺纹（导程分别为 P_{h1} 和 P_{h2}），分别与固定螺母（机架）和活动螺母组成两个螺旋副，这两个螺旋副组成的传动，使活动螺母与螺杆产生不一致的轴向运动。

（2）旋向相反的差动螺旋传动

旋向相反的差动螺旋传动是指螺杆上两螺纹旋向相反的差动螺旋传动，如图 2—32 所示。

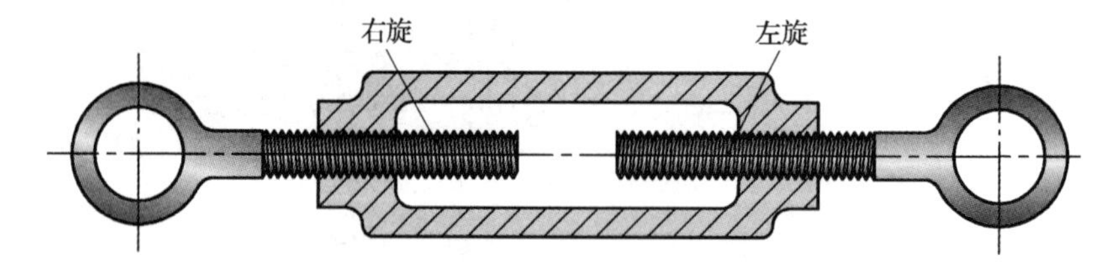

图 2—32　旋向相反的差动螺旋传动

3. 滚珠螺旋传动

在普通螺旋传动中，由于螺杆与螺母牙侧表面之间是滑动摩擦，因此，传动阻力大，摩擦损失严重，效率低。为了改善螺旋传动的性能，可采用滚珠螺旋传动，用滚动摩擦来代替滑动摩擦。

滚珠螺旋传动主要由滚珠、螺杆、螺母及滚珠循环装置组成，如图 2—33 所示。当螺杆或螺母转动时，滚动体在螺杆与螺母间的螺纹滚道内滚动，螺杆与螺母间为滚动摩擦，从而提高传动效率和传动精度。

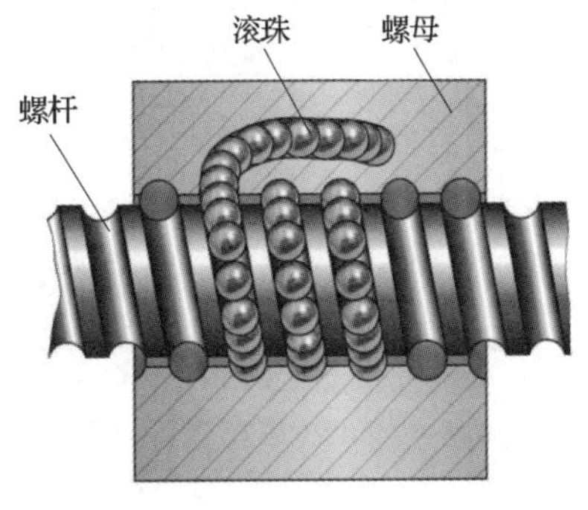

图 2—33　滚珠螺旋传动

滚珠螺旋传动具有摩擦阻力小、摩擦损失小、传动效率高、传递运动平稳、运动灵敏等优点。但其结构复杂、外形尺寸较大、制造技术要求高，因此成本也较高。目前主要应用于精密传动的数控机床，以及自动控制装置、升降机构、精密测量仪器、车辆转向机构等对传动精度要求较高的场合。

第 4 节　齿轮传动与蜗轮蜗杆传动

一、齿轮传动简述

齿轮传动是机器中传递运动和动力的最主要形式之一。在金属切削机床、工程机械、冶金机械，以及汽车、机械式钟表中都有齿轮传动。齿轮传动是机器中所占比例最大的传动形式，齿轮已成为许多机械设备中不可缺少的传动部件。图 2—34 所示为机械上最常用的齿轮减速器，它通过小齿轮和大齿轮之间的啮合降低轴的转速。

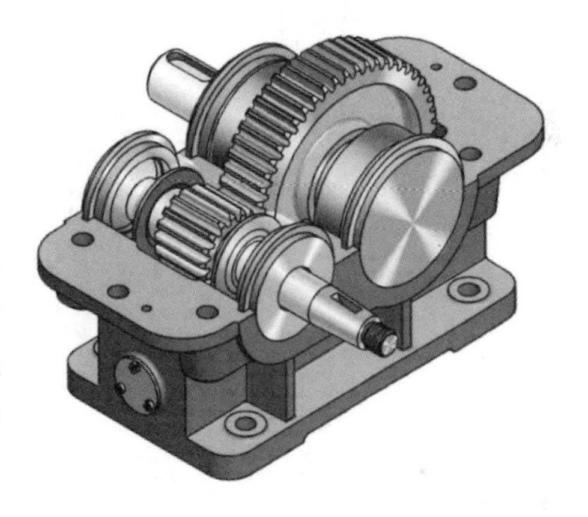

图 2—34　齿轮减速器

1. 齿轮传动的常用类型

齿轮传动的常用类型见表 2—8。

表 2—8　　**齿轮传动的常用类型**

分类方法		类型和图示			
两轴平行	按轮齿方向	类型	直齿圆柱齿轮传动	斜齿圆柱齿轮传动	人字齿圆柱齿轮传动
		图示			

续表

分类方法			类型和图示		
两轴平行	按啮合情况	类型	外啮合齿轮传动	内啮合齿轮传动	齿轮齿条传动
		图示			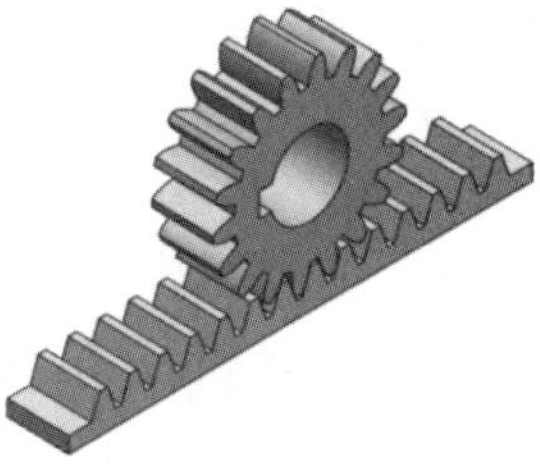
两轴不平行		类型	相交轴齿轮传动		交错轴斜齿圆柱齿轮传动
			直齿圆锥齿轮传动	斜齿圆锥齿轮传动	
		图示	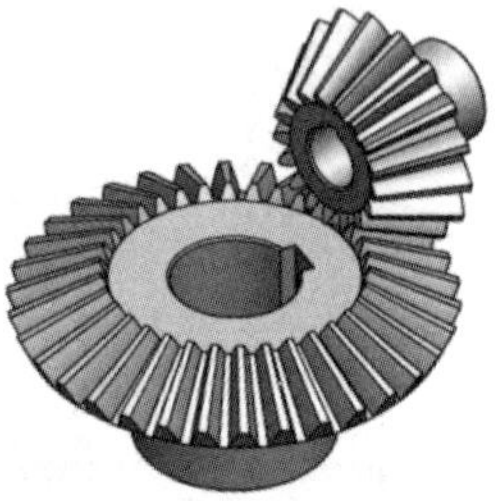	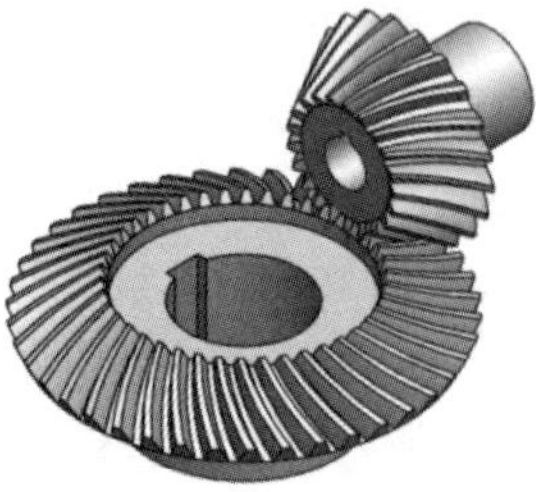	

2. 齿轮传动的传动比

在某齿轮传动中，主动齿轮的齿数为 z_1，从动齿轮的齿数为 z_2，主动齿轮每转过一个齿，从动齿轮也转过一个齿。当主动齿轮的转速为 n_1、从动齿轮的转速为 n_2时，单位时间内主动齿轮转过的齿数 n_1z_1与从动齿轮转过的齿数 n_2z_2应相等，即：

$$n_1z_1=n_2z_2$$

得到齿轮传动的传动比：

$$i_{12}=\frac{n_1}{n_2}=\frac{z_2}{z_1}$$

式中 n_1、n_2——主、从动齿轮的转速，r/min；

z_1、z_2——主、从动齿轮的齿数。

上式说明：齿轮传动的传动比是主动齿轮转速与从动齿轮转速之比，也等于两齿轮齿数之反比。

3. 齿轮传动的应用特点

（1）优点

1）能保证瞬时传动比恒定，工作可靠性高，传递运动准确，这是齿轮传动被广泛应用的最主要原因之一。

2）传递功率和圆周速度范围较宽，传递功率可高达 5×10^4 kW，圆周速度可达 300 m/s。

3）结构紧凑，可实现较大的传动比。

4）传动效率高，使用寿命长，维护简便。

（2）缺点

1）运转过程中有振动、冲击和噪声。

2）对齿轮的安装要求较高。

3）不能实现无级变速。

4）不适用于中心距较大的场合。

二、外啮合直齿圆柱齿轮传动

1. 渐开线齿轮

如图 2—35 所示，在某平面上，动直线 AB 沿一固定圆做纯滚动，此动直线 AB 上任意一点 K 的运动轨迹 CK 称为该圆的渐开线，该圆称为渐开线的基圆，其基圆半径用 r_b 表示，直线 AB 称为渐开线的发生线。

以同一个基圆上产生的两条反向渐开线为齿廓的齿轮就是渐开线齿轮，如图 2—36 所示。它能保证瞬时传动比的恒定，保证了传动的平稳性，减小了振动和冲击。

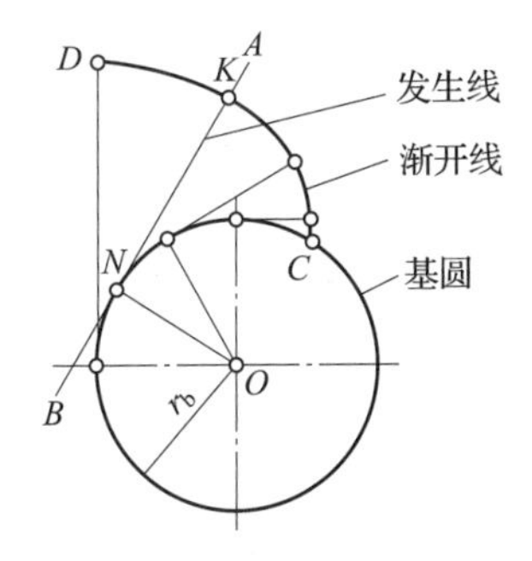

图 2—35　渐开线的形成

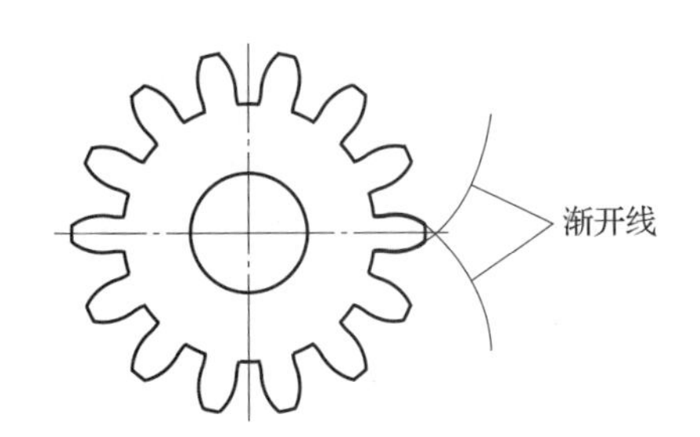

图 2—36　渐开线齿廓

2. 渐开线标准直齿圆柱齿轮各部分名称

如图 2—37 所示为渐开线标准直齿圆柱齿轮，其主要几何要素见表 2—9。

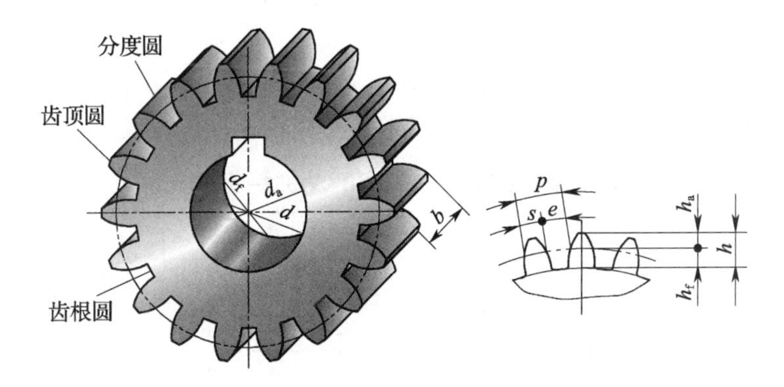

图 2—37　渐开线标准直齿圆柱齿轮各部分名称

表 2—9　渐开线标准直齿圆柱齿轮主要几何要素

名称	定义	代号
齿顶圆	通过轮齿顶部的圆周	d_a
齿根圆	通过轮齿根部的圆周	d_f
分度圆	齿轮上具有标准模数和标准压力角的圆	d
齿厚	在端平面（垂直于齿轮轴线的平面）上，一个齿的两侧端面齿廓之间的分度圆弧长	s
齿槽宽	在端平面上，一个齿槽的两侧端面齿廓之间的分度圆弧长	e
齿距	两个相邻且同侧端面齿廓之间的分度圆弧长	p
齿宽	齿轮的有齿部位沿分度圆柱面直母线方向量取的宽度	b
齿顶高	齿顶圆与分度圆之间的径向距离	h_a
齿根高	齿根圆与分度圆之间的径向距离	h_f
齿高	齿顶圆与齿根圆之间的径向距离	h

3. 渐开线标准直齿圆柱齿轮的基本参数

（1）压力角

在齿轮传动中，齿廓上某点所受正压力的方向（即齿廓上该点法向）与速度方向线之间所夹的锐角称为压力角。如图 2—38 所示，K 点的压力角为 α_K。

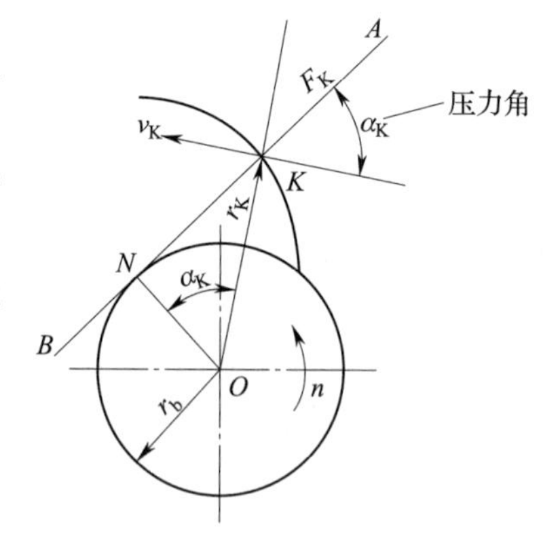

图 2—38　齿轮轮齿的压力角

渐开线齿廓上各点的压力角是不相等的，K 点离基圆越远，压力角越大，基圆上的压力角为 0°。一般情况下所说的齿轮的压力角是指分度圆上的压力角，用 α 表示，其大小可用下式计算：

$$\cos\alpha=\frac{r_b}{r}$$

式中　α——分度圆上的压力角，(°)；

r_b——基圆半径，mm；

r——分度圆半径，mm。

国家标准规定：标准渐开线圆柱齿轮分度圆上的压力角 $\alpha=20°$。

（2）模数

齿距 p 除以圆周率 π 所得的商称为模数，用 m 表示，即 $m=p/\pi$，单位为 mm。为了便于齿轮的设计和制造，模数已经标准化，国家标准规定的标准模数系列值见表 2—10。

表 2—10　标准模数系列值（摘自 GB/T 1357—2008）　mm

系列									
第Ⅰ系列	1	1.25	1.5	2	2.5	3	4	5	6
	8	10	12	16	20	25	32	40	50
第Ⅱ系列	1.125	1.375	1.75	2.25	2.75	3.5	4.5	5.5	(6.5)
	7	9	11	14	18	22	28	36	45

注：优先采用第Ⅰ系列的模数。应尽量避免选用第Ⅱ系列中的模数 6.5 mm。

4. 外啮合标准直齿圆柱齿轮的几何尺寸计算

外啮合标准直齿圆柱齿轮各部分的尺寸都与模数有一定关系，计算公式见表2—11。

表2—11　　外啮合标准直齿圆柱齿轮的几何尺寸计算公式

名称	代号	计算公式
压力角	α	标准齿轮为20°
齿数	z	通过传动比计算确定
模数	m	通过计算或结构设计确定
齿厚	s	$s=p/2=\pi m/2$
齿槽宽	e	$e=p/2=\pi m/2$
齿距	p	$p=\pi m$
齿顶高	h_a	$h_a=m$
齿根高	h_f	$h_f=1.25m$
齿高	h	$h=h_a+h_f=2.25m$
分度圆直径	d	$d=mz$
齿顶圆直径	d_a	$d_a=d+2h_a=m(z+2)$
齿根圆直径	d_f	$d_f=d-2h_f=m(z-2.5)$
基圆直径	d_b	$d_b=d\cos\alpha$
标准中心距	a	$a=(d_1+d_2)/2=m(z_1+z_2)/2$

三、其他齿轮传动

1. 直齿圆柱内啮合齿轮传动

如图2—39所示为直齿圆柱内啮合齿轮，它与外啮合齿轮相比，具有以下不同点：

（1）内啮合齿轮的齿顶圆小于分度圆，齿根圆大于分度圆。

（2）内啮合齿轮的齿廓是内凹的，其齿厚和齿槽宽分别对应于外啮合齿轮的齿槽宽和齿厚。

当要求齿轮传动轴平行，回转方向一致，且传动结构紧凑时，可采用内啮合齿轮传动，如图2—40所示。

图2—39　直齿圆柱内啮合齿轮

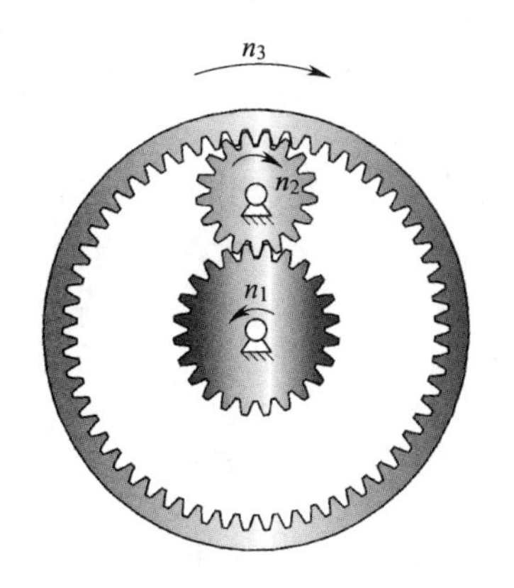

图2—40　直齿圆柱内啮合齿轮传动

2. 齿轮齿条传动

齿轮齿条传动是齿轮传动的一种特殊组合方式，如图 2—41 所示。齿条就像一个直径无限大的齿轮。齿轮齿条传动可以将齿轮的回转运动转换为齿条的往复直线运动，或将齿条的往复直线运动转换为齿轮的回转运动。

3. 斜齿圆柱齿轮传动

直齿圆柱齿轮的齿廓是沿着一条与轴线平行的直线延伸的，斜齿圆柱齿轮的齿廓是沿着一条螺旋线形成的，称为渐开线螺旋面，斜齿圆柱齿轮的形状如图 2—42 所示。

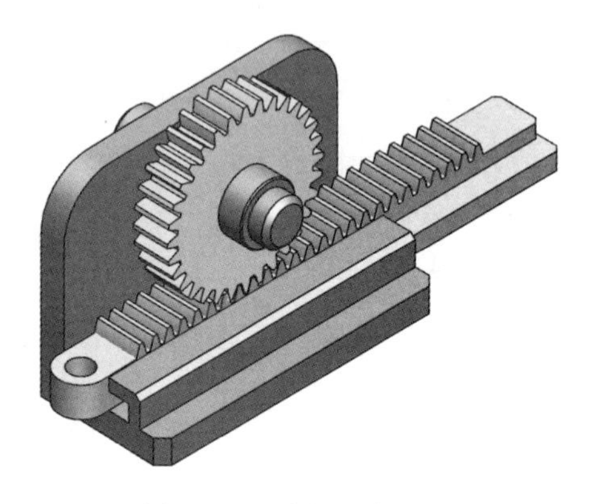

图 2—41 齿轮齿条传动

图 2—42 斜齿圆柱齿轮

与直齿圆柱齿轮传动相比，斜齿圆柱齿轮传动具有以下特点：

（1）同时啮合的轮齿数量要比直齿圆柱齿轮多，啮合的重合度大，承载能力高，可用于大功率传动。

（2）齿廓接触线的长度由零逐渐增长，然后又逐渐缩短，直至脱离接触。从而使轮齿上的载荷逐渐增加，又逐渐卸掉。承载和卸载平稳，冲击、振动和噪声小，可用于高速传动。

（3）由于轮齿倾斜，传动中会产生一个有害的轴向力，增大了传动装置的摩擦损失。

4. 直齿圆锥齿轮传动

圆锥齿轮的轮齿分布在圆锥面上，有直齿、斜齿和曲齿三种，其中直齿圆锥齿轮应用最广。

直齿圆锥齿轮应用于两轴相交时的传动，两轴间的交角可以任意，在实际应用中多采用两轴互相垂直的传动形式，如图 2—43 所示。

由于圆锥齿轮的轮齿分布在圆锥面上，所以轮齿的尺寸沿着齿宽方向变化，大端轮齿的尺寸大，小端轮齿的尺寸小。为了便于测量，并使测量时的相对误差缩小，规定以大端参数作为标准参数。

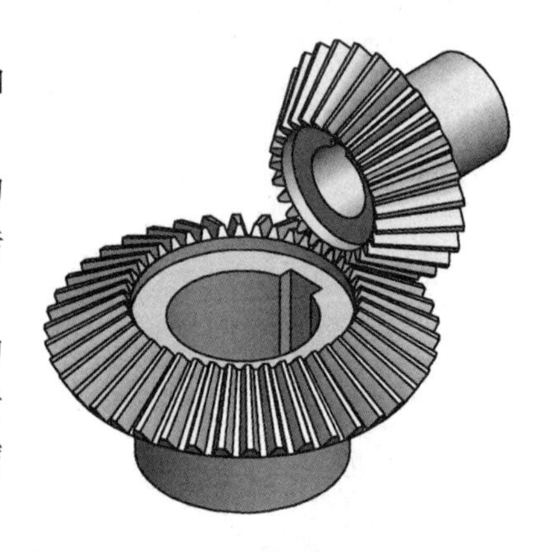

图 2—43 直齿圆锥齿轮传动

四、蜗轮蜗杆传动

蜗轮蜗杆传动主要用于传递空间垂直交错两轴间的运动和动力。蜗轮蜗杆传动具有传动比大、结构紧凑等优点，广泛应用于机床、汽车、仪器、起重运输机械、冶金机械及其他机械设备中。如图 2—44 所示为蜗轮蜗杆减速器，它采用了蜗轮蜗杆传动，可以实现较大的传动比。

1. 蜗轮蜗杆传动的组成

蜗轮蜗杆传动由蜗杆和蜗轮组成，如图 2—45 所示，通常由蜗杆（主动件）带动蜗轮（从动件）转动。

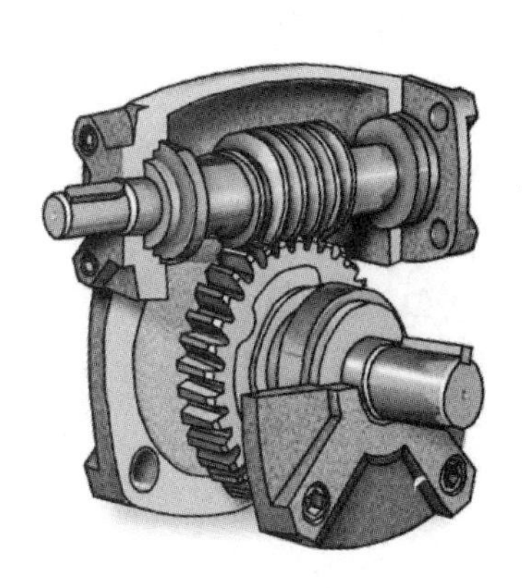

图 2—44　蜗轮蜗杆减速器

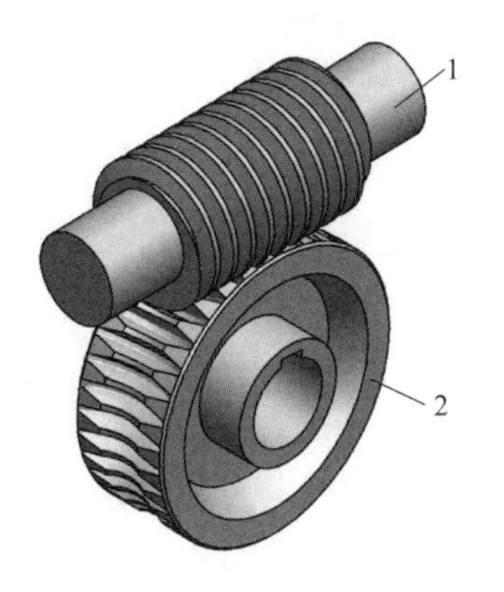

图 2—45　蜗轮蜗杆传动
1—蜗杆　2—蜗轮

（1）蜗杆

蜗轮蜗杆传动相当于两轴交错成 90°的螺旋齿轮传动，只是小齿轮的螺旋角很大，而直径却很小，因而在圆柱面上形成了连续的螺旋面齿，这种只有一个或几个螺旋齿的斜齿轮就是蜗杆。蜗杆的类型很多，如阿基米德蜗杆、法向直廓蜗杆、渐开线蜗杆、锥面包络圆柱蜗杆和圆弧圆柱蜗杆。最常用的蜗杆为阿基米德蜗杆，其形状如图 2—46 所示，它的轴向齿廓是直线，法面齿廓为渐开线。

（2）蜗轮

与蜗杆组成交错轴齿轮副且轮齿沿着齿宽方向呈内凹弧形的斜齿轮称为蜗轮，如图 2—47 所示。蜗轮一般在滚齿机上用与蜗杆形状和参数相同的滚刀或飞刀加工而成。

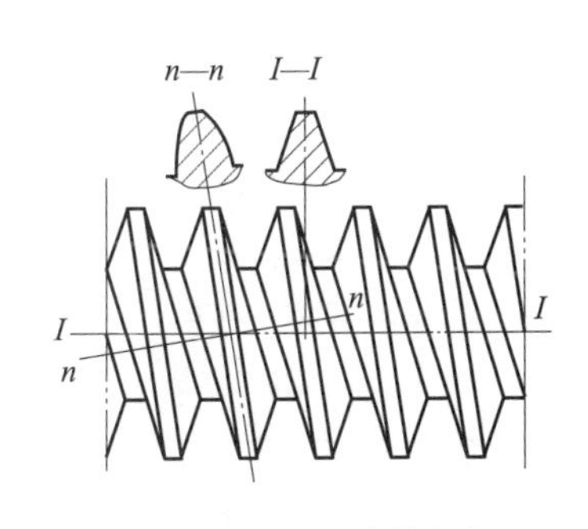

图 2—46　阿基米德蜗杆

图 2—47　蜗轮

2. 蜗轮蜗杆传动的特点

蜗轮蜗杆传动的主要特点是结构紧凑、工作平稳、无噪声、冲击和振动小以及能得到较大的单级传动比。当用来传递动力时，其传动比可为 8～80；在分度机构中或仅是传递运动时，其传动比可达 1 000 或更大。蜗杆传动还能实现自锁。

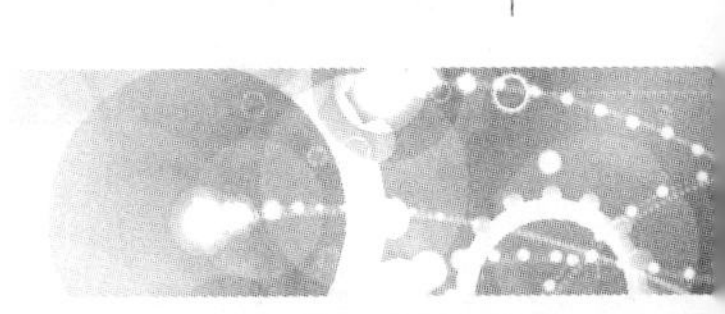

3. 蜗轮蜗杆传动的主要参数

在蜗轮蜗杆传动中，其主要参数及几何尺寸计算均以中间平面为准。通过蜗杆轴线并与蜗轮轴线垂直的平面称为中间平面，如图 2—48 所示。在此平面内，蜗杆相当于齿条，蜗轮相当于渐开线齿轮，蜗杆与蜗轮的啮合相当于渐开线齿轮与齿条的啮合。根据国家标准规定，蜗杆以轴面（x）参数为标准参数，蜗轮以端面（t）参数为标准参数。

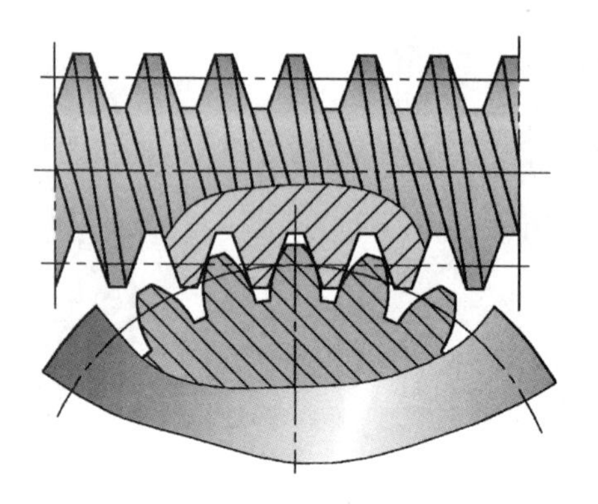

图 2—48　蜗轮蜗杆传动中间平面

（1）模数 m

为设计和加工方便，规定以蜗杆的轴向模数 m_x 和蜗轮的端面模数 m_t 为标准模数。其数值可由表 2—12 查得。一对相互啮合的蜗轮蜗杆，蜗杆的轴向模数 m_x 和蜗轮的端面模数 m_t 应相等，即：$m=m_x=m_t$。

表 2—12　　蜗杆模数与直径系数（摘自 GB/T 10085—2018）

模数 m (mm)	蜗杆直径系数 q	蜗杆分度圆直径 d_1 (mm)	模数 m (mm)	蜗杆直径系数 q	蜗杆分度圆直径 d_1 (mm)
1.25	16	20	4	10	40
	17.92	22.4		17.75	71
1.6	12.5	20	5	10	50
	17.5	28		18	90
2	11.2	22.4	6.3	10	63
	17.75	35.5		17.778	112
2.5	11.2	28	8	10	80
	18	45		17.5	140
3.15	11.27	35.5	10	9	90
	17.778	56		16	160

（2）蜗杆直径系数 q

蜗杆分度圆直径 d_1 与模数 m 之比称为蜗杆直径系数，即：

$$q=\frac{d_1}{m}$$

为了减少刀具的数目，国家标准在规定模数 m 的同时，对蜗杆分度圆直径 d_1 也进行了规定。标准模数 m 与标准蜗杆分度圆直径 d_1 的搭配及对应的蜗杆直径系数 q 见表 2—12。

（3）中心距 a

蜗轮蜗杆两轴中心距 a 与模数 m、蜗杆直径系数 q 以及蜗轮齿数 z_2 之间的关系为

$$a=\frac{d_1+d_2}{2}=\frac{m}{2}(q+z_2)$$

4. 蜗轮回转方向的判定

蜗杆的旋向有左旋和右旋两种，同样，蜗轮也有左旋和右旋之分。

在蜗轮蜗杆传动中，蜗轮、蜗杆齿的旋向应一致，即同为左旋或右旋。蜗轮回转方向的判定取决于蜗杆齿的旋向和蜗杆的回转方向，可用左（右）手定则来判定，见表 2—13。

表 2—13　　蜗轮、蜗杆齿的旋向及蜗轮回转方向的判定方法

要求	图示	判定方法
判断蜗杆或蜗轮齿的旋向	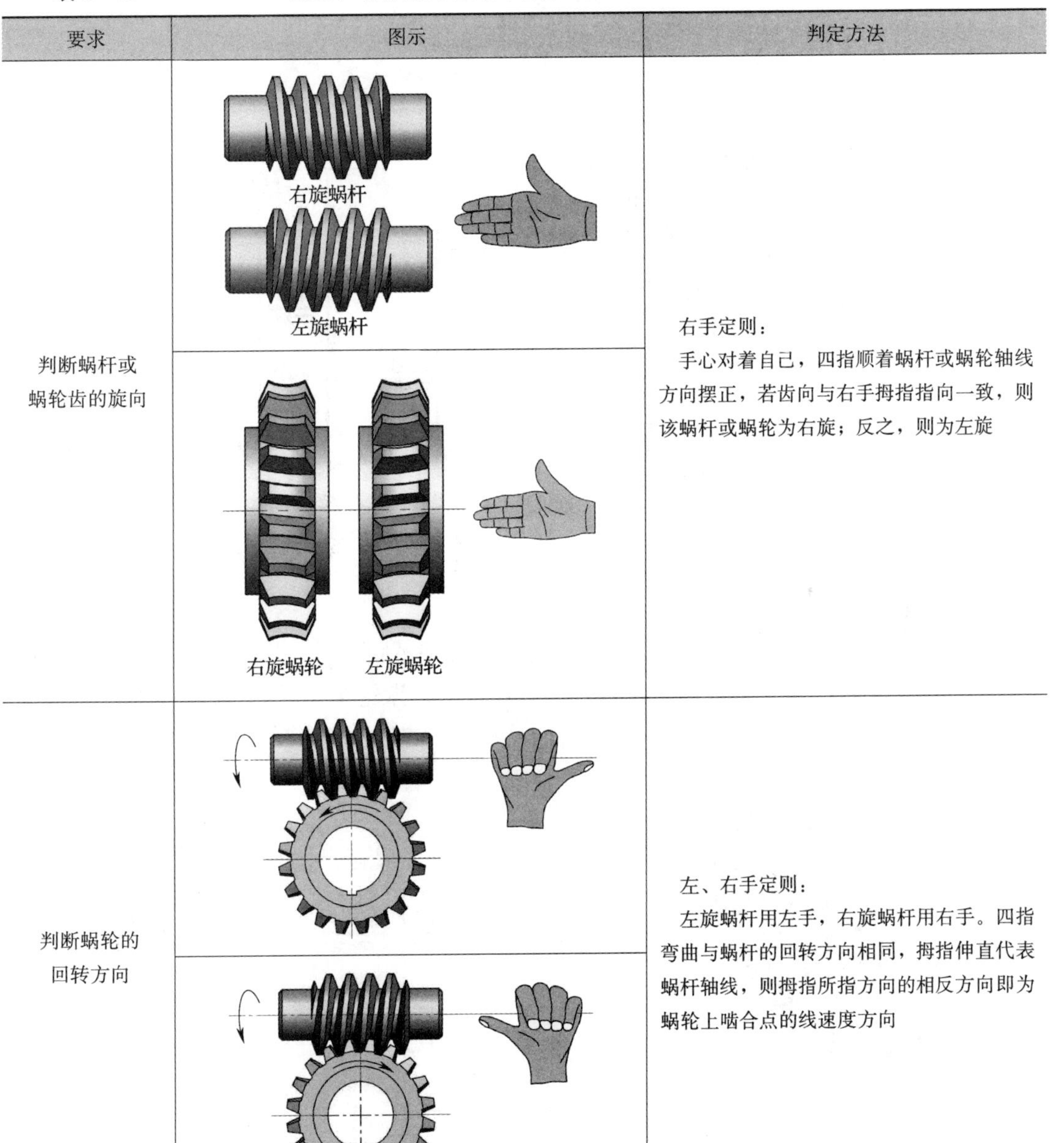	右手定则： 手心对着自己，四指顺着蜗杆或蜗轮轴线方向摆正，若齿向与右手拇指指向一致，则该蜗杆或蜗轮为右旋；反之，则为左旋
判断蜗轮的回转方向		左、右手定则： 左旋蜗杆用左手，右旋蜗杆用右手。四指弯曲与蜗杆的回转方向相同，拇指伸直代表蜗杆轴线，则拇指所指方向的相反方向即为蜗轮上啮合点的线速度方向

五、轮系

在机械传动中，仅仅依靠一对齿轮传动往往是不够的。例如，在各种机床中需要把电动机的高转速变成主轴的低转速，或将一种转速变为多级转速；在汽车动力系统中，需要把发动机的一种转速转变为多种转速。这些都要依靠一系列彼此相互啮合的齿轮所组成的齿轮机构来实现。这种为了满足机器的功能要求和实际工作需要，所采用的多对相互啮合齿轮组成的传动系统称为轮系。轮系的形式有很多，按照轮系传动时各齿轮的轴线位置是否固定分为定轴轮系、周转轮系和混合轮系三大类。

1. 定轴轮系

当轮系运转时，各齿轮的几何轴线位置均相对固定不变，这种轮系称为定轴轮系，也称普通轮系，如图 2—49 所示。

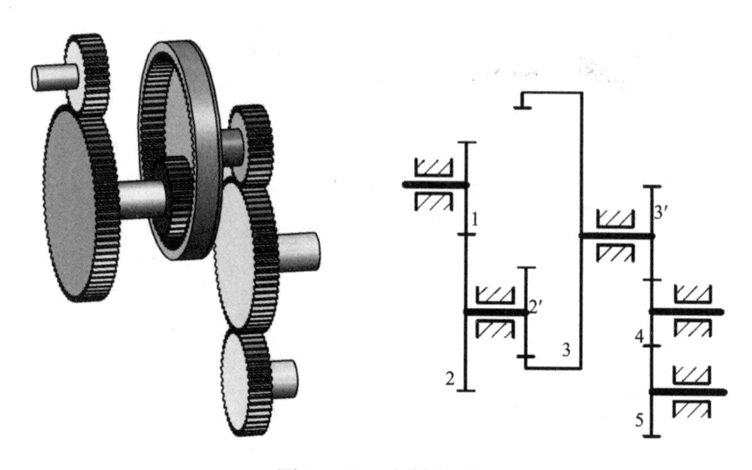

图 2—49 定轴轮系

2. 周转轮系

轮系运转时，至少有一个齿轮的几何轴线的位置是不固定的，并且绕另一个齿轮的固定轴线转动，这种轮系称为周转轮系。如图 2—50 所示，齿轮 1、3 绕自身几何轴线 O 回转，齿轮 2 一方面绕自身轴线 O_1 回转，另一方面又绕固定轴线 O 回转。

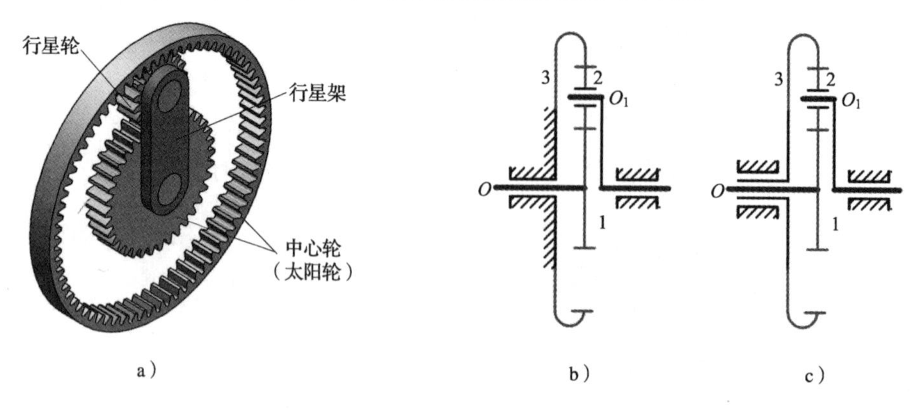

图 2—50 周转轮系

a）立体图 b）行星轮系 c）差动轮系

周转轮系由中心轮（太阳轮）、行星轮和行星架组成。位于中心位置且绕轴线回转的内齿轮或外齿轮（齿圈）称为中心轮（太阳轮）；同时与中心轮和齿圈啮合，既做自转又做公转的齿轮称为行星轮；支撑行星轮的构件称为行星架。

周转轮系分行星轮系与差动轮系两种。有一个中心轮的转速为零的周转轮系称为行星轮系（见图 2—50b）；中心轮的转速都不为零的周转轮系称为差动轮系（见图 2—50c）。

3. 混合轮系

既有定轴轮系又有行星轮系的轮系称为混合轮系，如图 2—51 所示。

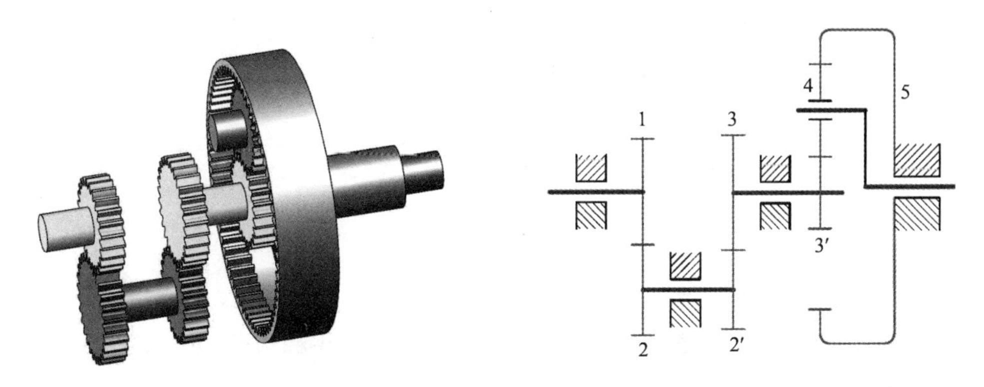

图 2—51　混合轮系

课 后 练 习

1. 机器一般分为哪几种类型？一般由哪几部分组成？
2. 简述带传动的组成和工作原理。
3. 普通螺旋传动分为哪两类？各有什么运动形式？
4. 链传动有何优点？
5. 简述齿轮传动的类型及应用特点。
6. 简述渐开线齿廓的啮合特点。
7. 蜗轮蜗杆传动有何特点？
8. 轮系分为哪几类？有何应用特点？

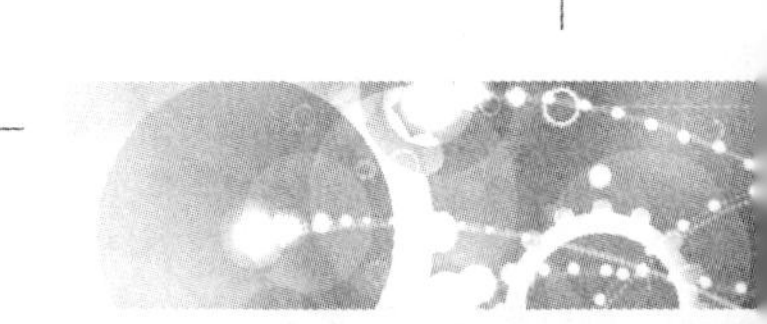

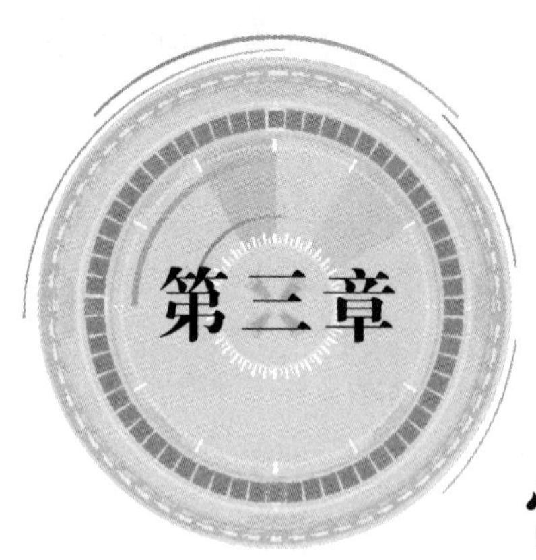

常 用 机 构

【学习目标】

1. 了解机构运动简图，了解铰链四杆机构的组成。

2. 掌握铰链四杆机构的类型及工作原理，掌握曲柄滑块机构的工作原理。了解导杆机构、固定滑块机构和曲柄摇块机构的工作原理。

3. 掌握铰链四杆机构曲柄存在的条件，了解铰链四杆机构的急回特性和死点位置。

4. 掌握凸轮机构的组成及类型，了解从动件端部形状。

5. 掌握凸轮机构的工作过程，了解凸轮机构从动件常用的运动规律。

6. 掌握塔轮变速机构和滑移齿轮变速机构的工作原理，了解离合式齿轮变速机构和挂轮变速机构的工作原理。

7. 了解滚子平盘式无级变速机构和分离锥轮式无级变速机构的工作原理。

8. 掌握三星轮换向机构的工作原理，了解离合器锥齿轮换向机构。

9. 掌握棘轮机构的工作原理，了解棘轮机构的常见类型及其应用。

10. 掌握槽轮机构的组成和工作原理，了解槽轮机构的常见类型。

11. 了解不完全齿轮机构的工作原理。

第 1 节　平面连杆机构

平面连杆机构是指由若干刚性构件用转动副或移动副相互连接而成，在同一平面或相互平行的平面内运动的机构。如图 3—1 所示为港口用门座式起重机，它利用平面连杆机构实现货物的水平移动。

一、机构运动简图

平面连杆机构构件的形状多种多样，不一定为杆状，但从运动原理来看，均可用等效的杆状构件替代，如图 3—2 所示，这种能表达机构运动的简化图形称为机构运动简图。

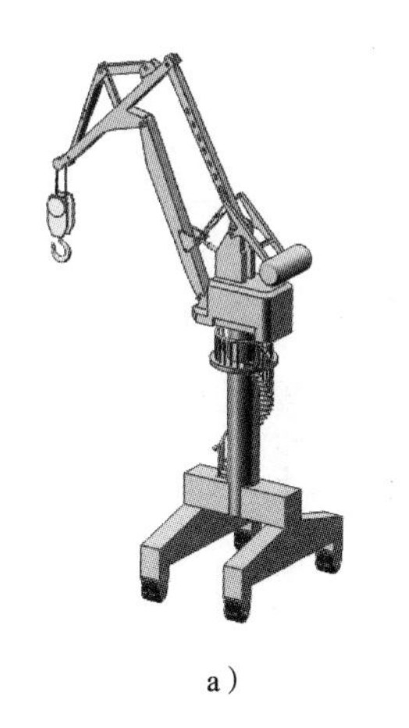

a）

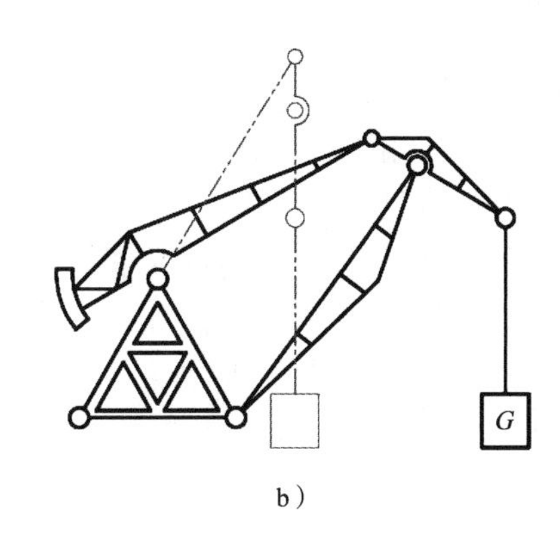

b）

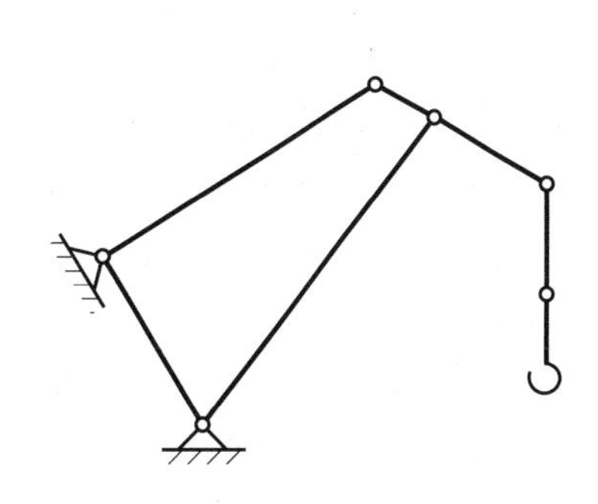

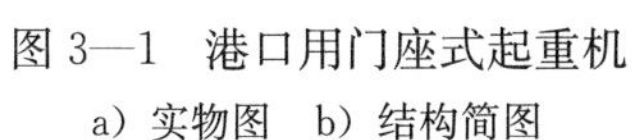

图 3—1　港口用门座式起重机
a）实物图　b）结构简图

图 3—2　港口用门座式起重机
机构运动简图

平面连杆机构中的各构件必须以可以运动的方式连接起来，两构件接触而形成的可动连接称为运动副。平面连杆机构中常见的运动副有转动副和移动副，其结构及机构运动简图用图形符号举例见表 3—1。

表 3—1　　**机构运动简图用图形符号举例**

名称	概念		结构图	图形符号
转动副	两构件之间只允许做相对转动	固定铰链		
		活动铰链		
移动副	两构件之间只允许做相对移动			

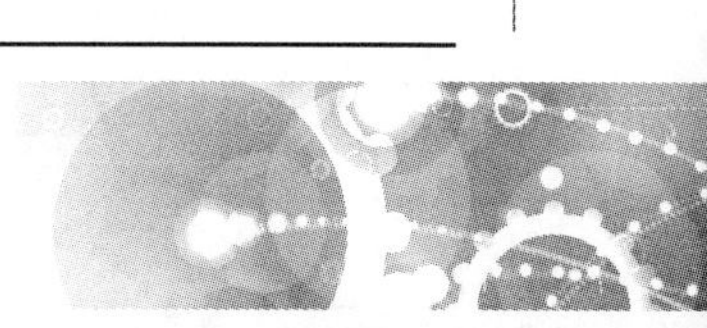

二、铰链四杆机构的组成

最常用的平面连杆机构是具有四个构件（包括机架）的机构，称为四杆机构。构件间以四个转动副相连的平面四杆机构称为平面铰链四杆机构，简称铰链四杆机构。

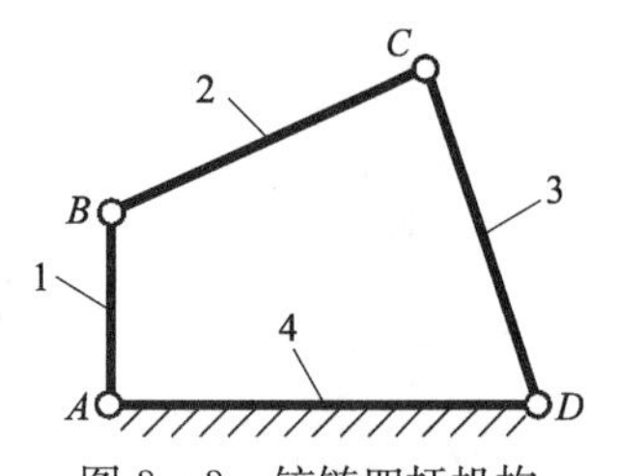

图 3—3 铰链四杆机构
1、3—连架杆 2—连杆 4—机架

如图 3—3 所示，在铰链四杆机构中，固定不动的构件 4 称为机架，不与机架直接相连的构件 2 称为连杆，与机架相连的构件 1、3 称为连架杆。能绕固定轴做整周旋转运动的连架杆称为曲柄，能绕固定轴在一定角度（小于 180°）范围内摆动的连架杆称为摇杆。

三、铰链四杆机构的类型

铰链四杆机构按两连架杆的运动形式不同，分为曲柄摇杆机构、双曲柄机构和双摇杆机构三种基本类型。

1. 曲柄摇杆机构

铰链四杆机构的两个连架杆中，其中一个是曲柄，另一个是摇杆的称为曲柄摇杆机构。如图 3—4 所示为以 *AB* 为曲柄、*CD* 为摇杆的曲柄摇杆机构示意图。

曲柄摇杆机构的应用十分广泛，如图 3—5 所示为汽车玻璃窗刮水器，当电动机带动主动曲柄 *AB* 回转时，从动摇杆 *CD* 做往复摆动，利用摇杆的延长部分实现刮水动作。

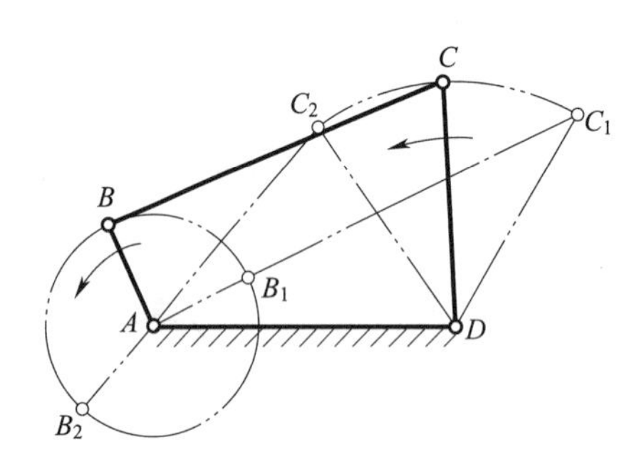

图 3—4 曲柄摇杆机构

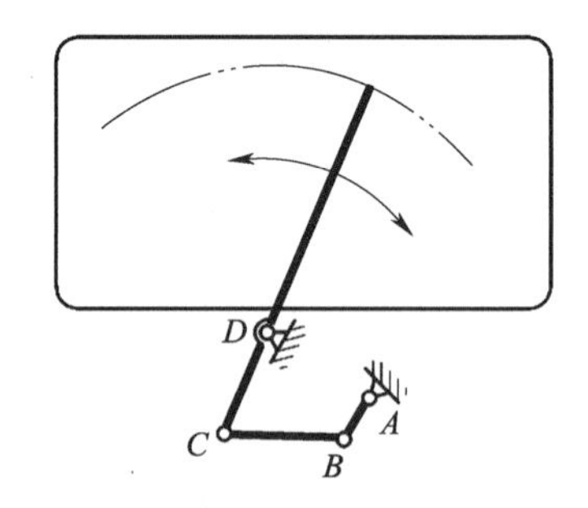

图 3—5 刮水器

2. 双曲柄机构

铰链四杆机构中两连架杆均为曲柄的称为双曲柄机构。常见的双曲柄机构类型有不等长双曲柄机构和平行双曲柄机构等。

（1）不等长双曲柄机构

两曲柄长度不等的双曲柄机构称为不等长双曲柄机构，如图 3—6 所示。双曲柄机构中，通常主动曲柄做等速转动，从动曲柄做变速转动。

（2）平行双曲柄机构

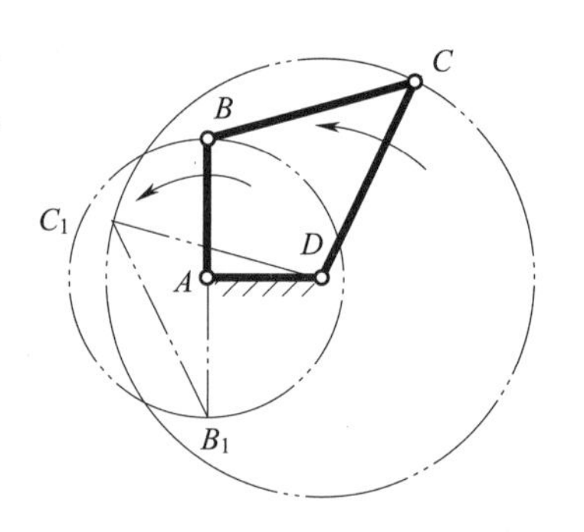

图 3—6 不等长双曲柄机构

连杆与机架的长度相等且两曲柄长度相等、曲柄转向相同的双曲柄机构称为平行双曲柄机构，如图 3—7 所示。平行双曲柄机构的四个构件在任何位置均形成平行四边形，两曲柄的旋转方向与角速度恒相等。

3. 双摇杆机构

如图 3—8 所示，两连架杆均为摇杆的铰链四杆机构称为双摇杆机构，机构中两摇杆可以分别作为主动杆，当连杆与摇杆共线时为机构的两极限位置。

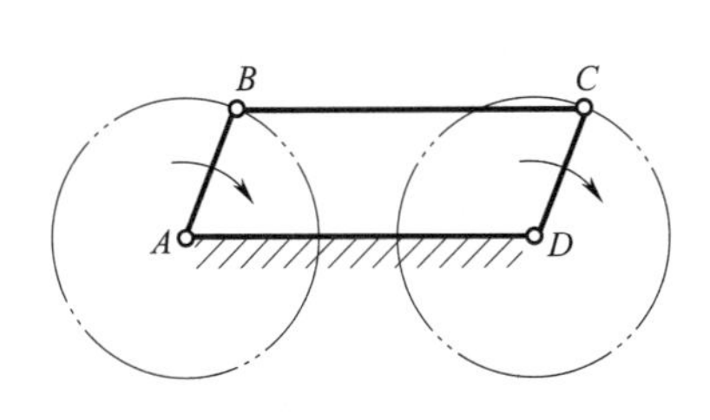

图 3—7　平行双曲柄机构

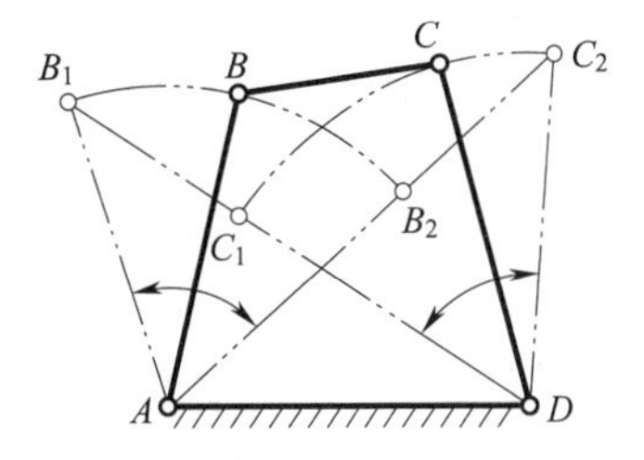

图 3—8　双摇杆机构

四、铰链四杆机构的演化

在实际生产中，除了以上介绍的铰链四杆机构类型外，还广泛采用一些其他形式的四杆机构。它们一般是通过改变铰链四杆机构某些构件的形状、相对长度或选择不同构件作为机架等方式演化而来的。

1. 曲柄滑块机构

如图 3—9 所示，曲柄滑块机构是具有一个曲柄和一个滑块的平面四杆机构，是由曲柄摇杆机构演化而来的。当曲柄做主动件时，滑块做往复直线运动；当滑块做主动件时，曲柄做旋转运动。

曲柄滑块机构在机械设备及生活用品中都得到了非常广泛的应用，如图 3—10 所示为曲柄滑块机构在内燃机中的应用，活塞（即滑块）、连杆、曲轴（即曲柄）等组成了曲柄滑块机构。在做功行程中，活塞承受燃气压力在气缸内做直线运动，通过连杆转换成曲轴的旋转运动，并由曲轴对外输出动力。

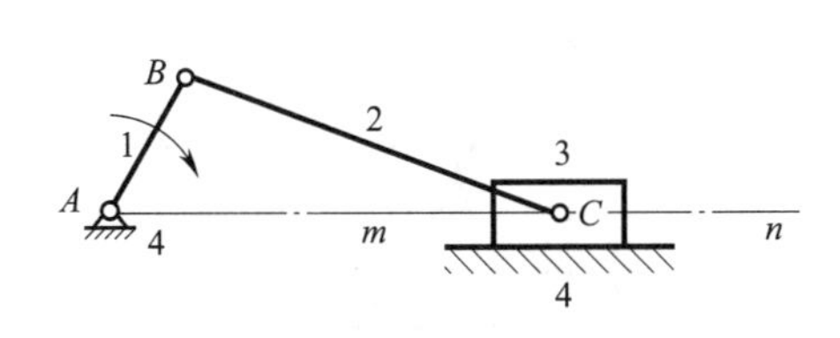

图 3—9　曲柄滑块机构

1—曲柄　2—连杆　3—滑块　4—机架

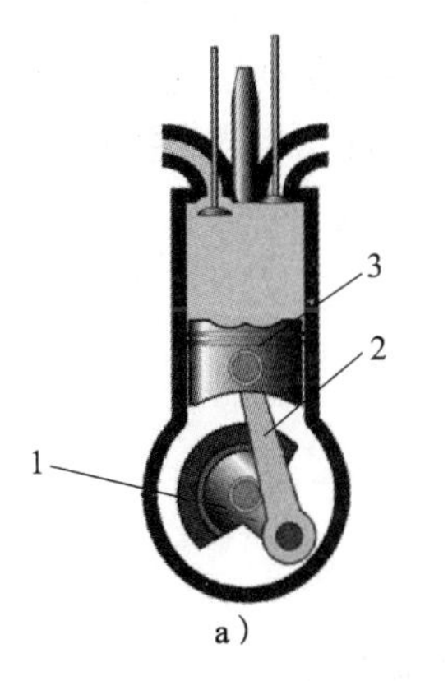

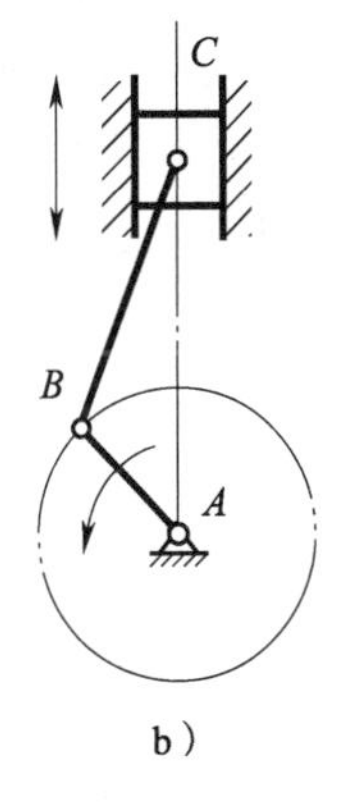

图 3—10　内燃机

a）结构示意图　b）机构运动简图

1—曲轴（即曲柄）　2—连杆　3—活塞（即滑块）

2. 导杆机构

导杆机构是通过取曲柄滑块机构的不同构件作为机架而获得的。如图 3—11a 所示为曲柄滑块机构，若选构件 2 为机架，3 为主动件，当主动件 3 回转时，构件 1 将绕 A 点转动或摆动，滑块 4 沿构件 1 做相对滑动，如图 3—11b 所示。由于构件 1 对滑块 4 起导向作用，故构件 1 称为导杆，这种机构称为导杆机构。在该机构中，若 $l_3>l_2$，则杆 3 和导杆 1 均能做整周旋转运动，这种机构称为转动导杆机构，如图 3—11b 所示；若 $l_3<l_2$，当杆 3 做整周转动时，导杆 1 只能做往复摆动，这种机构称为摆动导杆机构，如图 3—12 所示。

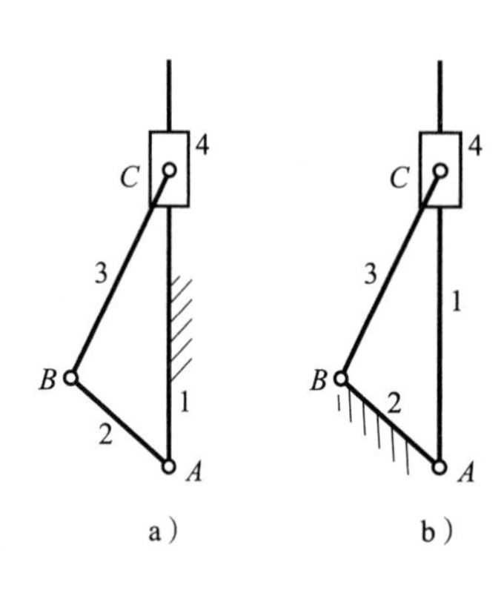

图 3—11　导杆机构的演变
a）曲柄滑块机构　b）转动导杆机构
1—导杆　2—机架　3—主动件　4—滑块

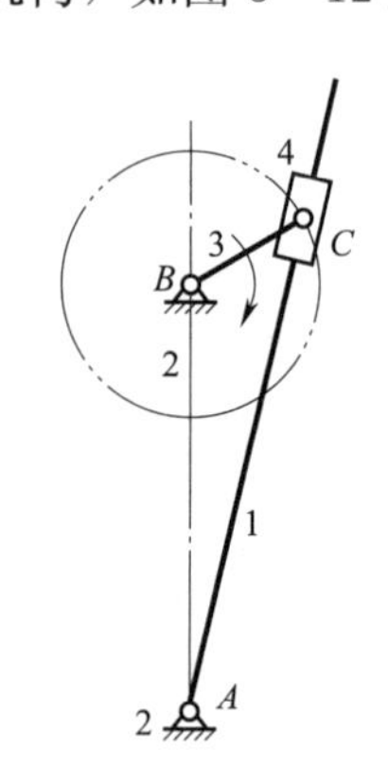

图 3—12　摆动导杆机构
1—导杆　2—机架　3—曲柄　4—滑块

3. 固定滑块机构

若将曲柄滑块机构（见图 3—11a）中的滑块固定不动，就得到固定滑块机构，如图 3—13 所示。滑块 4 作为机架固定不动，BC 作为曲柄绕 C 点转动，导杆 AC 做往复移动。

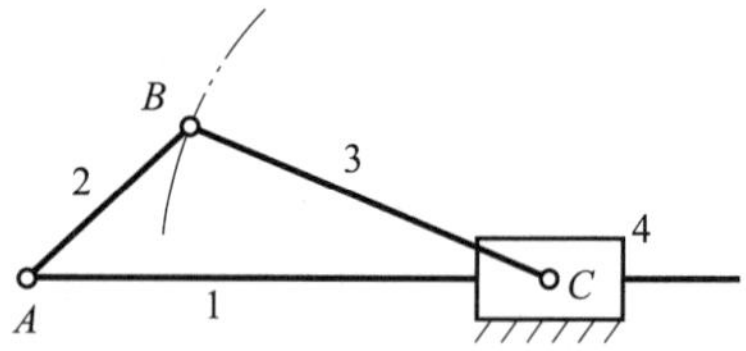

图 3—13　固定滑块机构

4. 曲柄摇块机构

若将曲柄摇块机构（见图 3—11a）的连杆 BC 作为机架，摇块只能绕 C 点摆动，就得到了曲柄摇块机构，如图 3—14 所示。当曲柄 AB 绕着 B 点做整周回转运动时，摇块做摆动。这种装置广泛应用于液压驱动装置中，如图 3—15 所示的吊车升降机构，液压缸的缸体相当于摇块，活塞杆相当于导杆。当液压油推动活塞杆向上移动时，使起重臂 AB 绕 B 点旋转，吊钩上升，吊起重物。

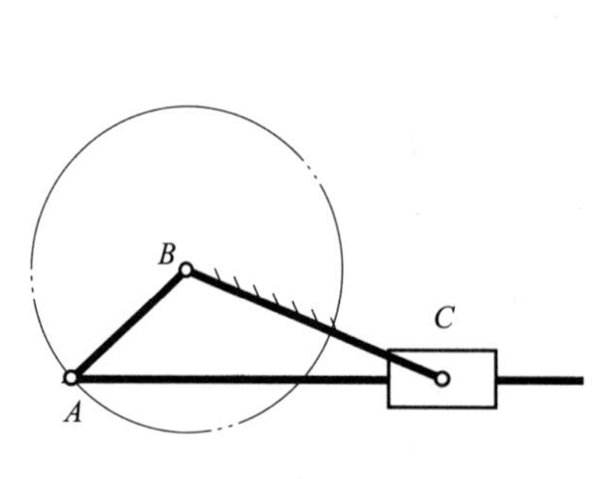

图 3—14　曲柄摇块机构

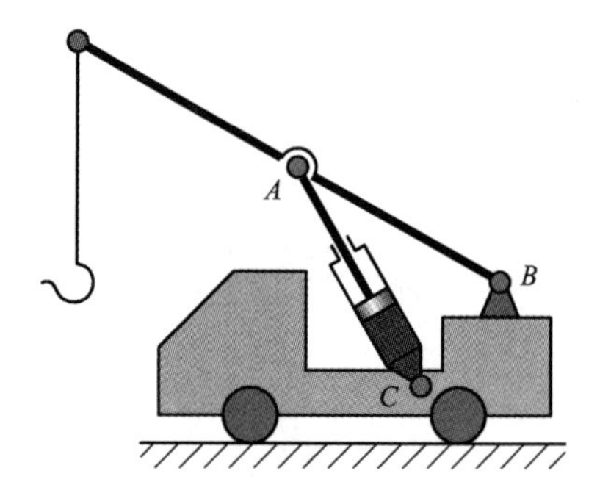

图 3—15　吊车升降机构

五、铰链四杆机构的基本性质

1. 曲柄存在的条件

曲柄是能做整周旋转的连架杆，只有这种能做整周旋转的构件才能用电动机等连续转动的装置来带动，所以能做整周旋转的构件在机构中具有重要地位，即曲柄是机构中的关键构件。

铰链四杆机构中是否存在曲柄，主要取决于机构中各杆的相对长度和机架的选择。铰链四杆机构中存在曲柄，必须同时满足以下两个条件：

（1）最短杆与最长杆的长度之和小于或等于其他两杆长度之和。

（2）连架杆和机架中必有一杆是最短杆。

根据曲柄存在的条件，可以推论出铰链四杆机构三种基本类型的判别方法，见表 3—2。

表 3—2　铰链四杆机构三种基本类型的判别方法（L_{AD}为最长杆，L_{AB}为最短杆）

类型	说明	条件	图示
曲柄摇杆机构	连架杆之一为最短杆	$L_{AD}+L_{AB}\leqslant L_{BC}+L_{CD}$	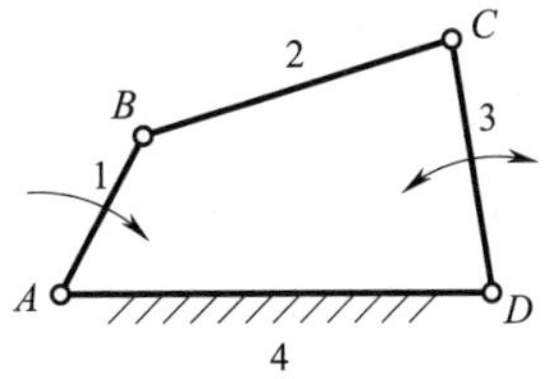 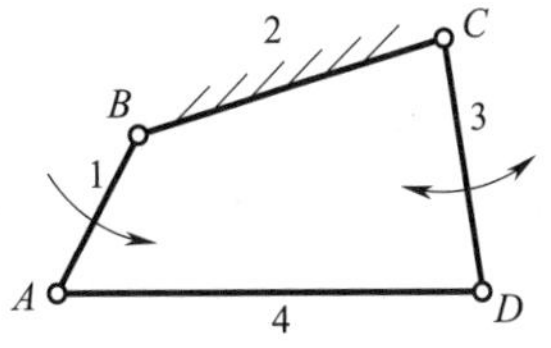
双曲柄机构	机架为最短杆		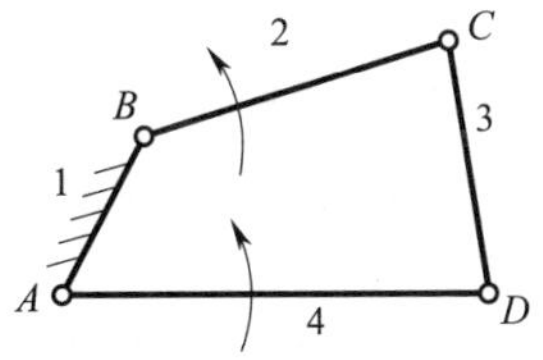
双摇杆机构	连杆为最短杆	$L_{AD}+L_{AB}\leqslant L_{BC}+L_{CD}$	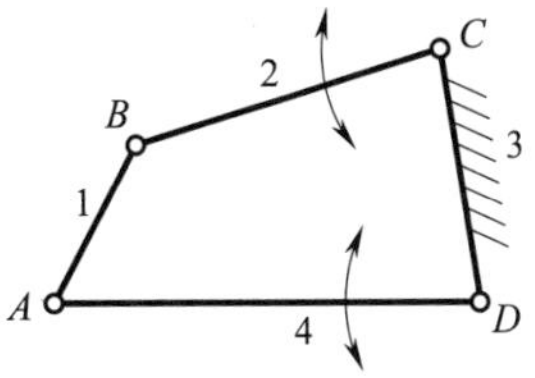
双摇杆机构	不论哪个杆为机架，都无曲柄存在	$L_{AD}+L_{AB}>L_{BC}+L_{CD}$	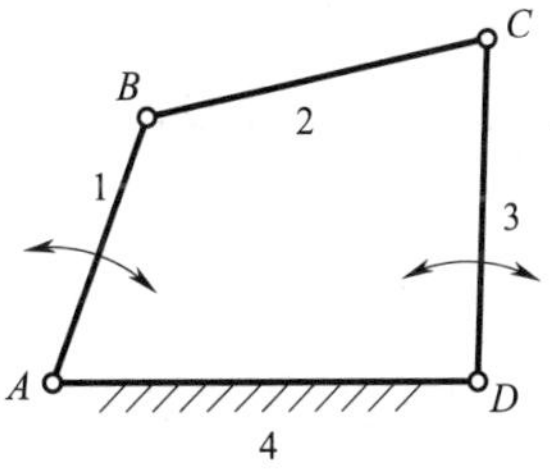

2. 急回特性

如图 3—16 所示曲柄摇杆机构，当曲柄 AB 整周回转时，摇杆在 C_1D 和 C_2D 两极限位置之间做往复摆动。当摇杆处于 C_1D 和 C_2D 两极限位置时，曲柄与连杆共线，曲柄的两个对应位置所夹的锐角称为极位夹角，用 β 表示。

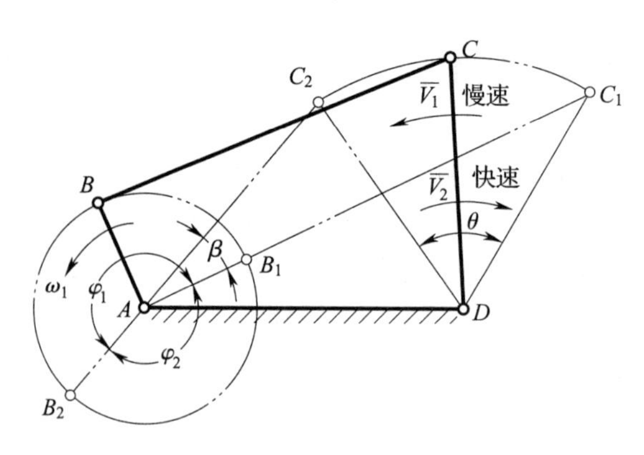

图 3—16　曲柄摇杆机构的急回特性

当曲柄（主动件）沿逆时针方向等角速度连续转动，由 AB_1 位置转到 AB_2 位置时，转角 φ_1 为 $180°+\beta$，摇杆由 C_1D 摆到 C_2D，所用时间为 t_1；当曲柄由 AB_2 位置转到 AB_1 位置时，转角 φ_2 为 $180°-\beta$，摇杆由 C_2D 摆到 C_1D，所用时间为 t_2。摇杆往复摆动所用的时间不等（$t_1>t_2$），平均速度也不等。通常情况下，摇杆由 C_1D 摆到 C_2D 的过程被用作机构中从动件的工作行程，摇杆由 C_2D 摆到 C_1D 的过程被用作从动件的空回行程。空回行程时的平均速度（$\overline{v}_2$）大于工作行程时的平均速度（$\overline{v}_1$），机构的这种性质称为急回特性。利用铰链四杆机构的急回特性设计的机构，可以节省非工作时间，提高生产效率。

3. 死点位置

如图 3—17 所示曲柄摇杆机构中，如果摇杆 CD 为主动件，当摇杆摆动到极限位置 C_1D 或 C_2D 时，连杆 BC 与从动曲柄 AB 共线，则主动摇杆 CD 通过连杆 BC 加于从动曲柄 AB 上的力将经过从动件的铰链中心 A，从而使驱动力对从动曲柄 AB 的回转力矩为零，此时无论施加多大的驱动力，都不能使从动件曲柄 AB 转动。机构的这个位置称为死点位置。如图 3—18 所示的曲柄滑块机构，当以滑块为主动件时，如果连杆与从动曲柄共线，则机构同样处于死点位置。

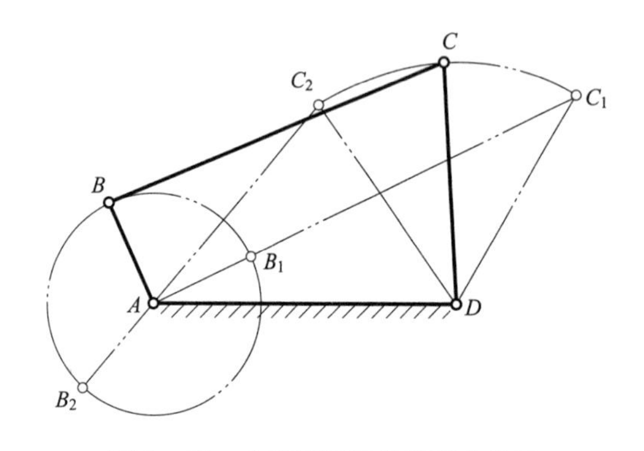

图 3—17　曲柄摇杆机构的死点位置

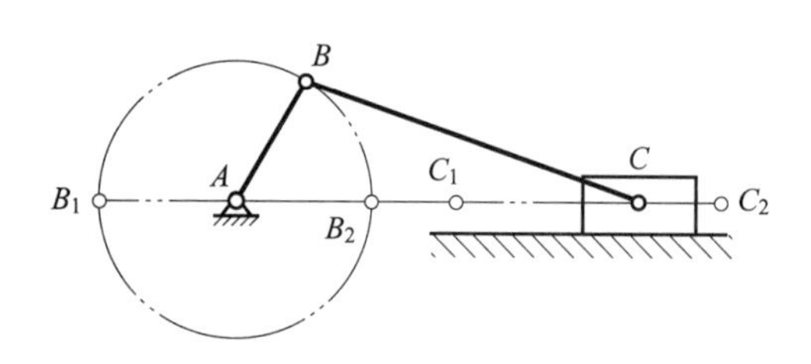

图 3—18　曲柄滑块机构的死点位置

死点位置将使机构的从动件出现卡死或运动不确定现象。对于传动机构来说，死点是应该设法克服的，通常可以利用惯性来保证机构顺利通过死点，以避免死机。内燃机是曲柄滑块机构的一个具体应用实例，内燃机在驱动过程中也有两个死点位置。为了使机构能顺利地通过死点而正常运转，必须采取适当的措施。如采用将两组以上的机构组合使用，从而使各组机构的死点相互错开排列的方法，也可使用安装飞轮加大惯性的方法，借惯性作用闯过死点等。如图 3—19 所示的内燃机中，在曲柄上安装了一个飞轮，以增加曲柄的惯性，从而克服死点位置。

在工程实际中，也常常利用机构的死点来实现特定的工作要求。如图 3—20 所示的折叠桌，桌腿的收放机构就是利用了死点的自锁性，当桌腿放开时，曲柄 *CD* 和连杆 *BC* 共线，机构处于死点位置。

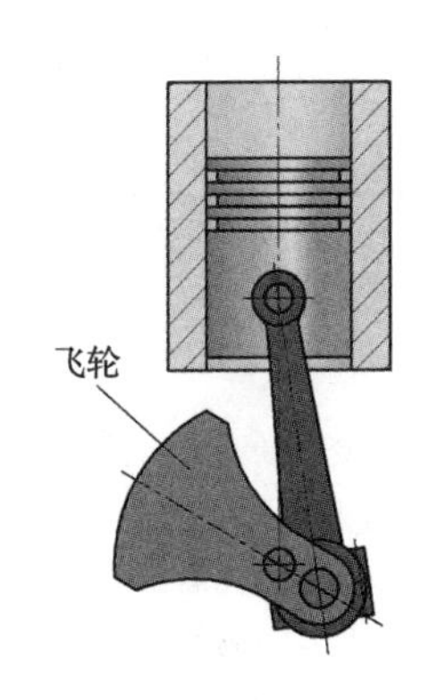

图 3—19　内燃机上的飞轮

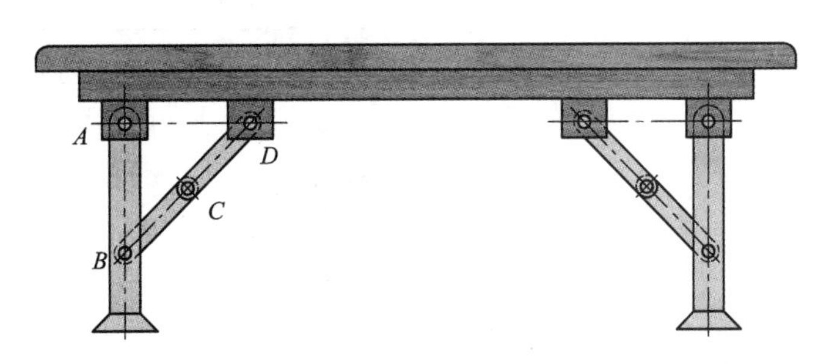

图 3—20　折叠桌腿的收放机构

第 2 节　凸 轮 机 构

在机器或机械装置中，许多场合需要做一些特殊的运动，如图 3—21 所示的凸轮机构，就需要阀杆有规律地开启或关闭通道，实现这一运动则需要用到凸轮机构。当凸轮 1 回转时，其轮廓迫使推杆 2 往复摆动，从而使阀杆 4 往复移动。

一、凸轮机构的组成

凸轮机构由凸轮、从动件和机架三个基本构件组成（见图 3—22）。其中，凸轮是一个

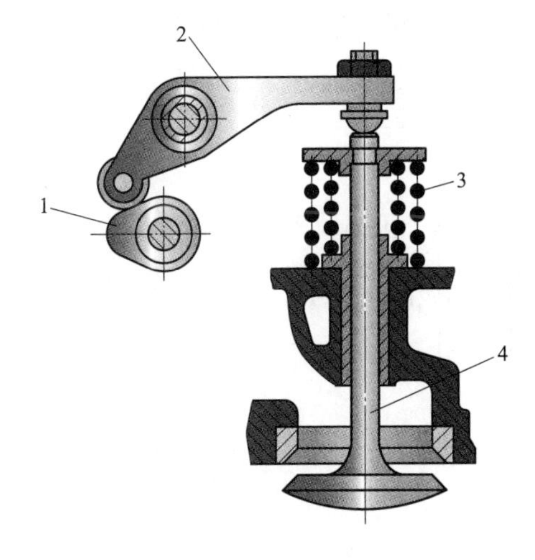

图 3—21　凸轮机构

1—凸轮　2—推杆　3—弹簧　4—阀杆

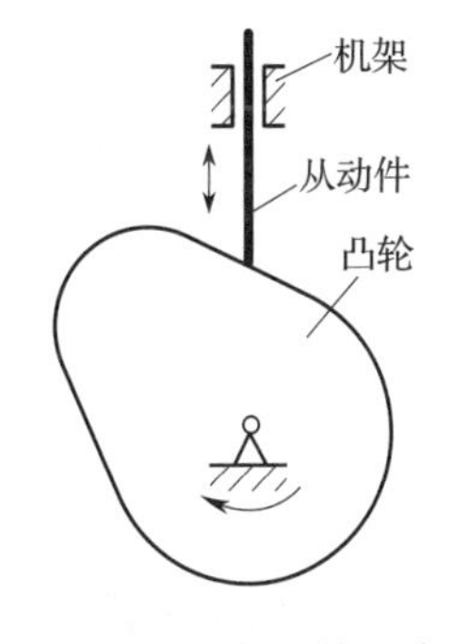

图 3—22　凸轮机构示意图

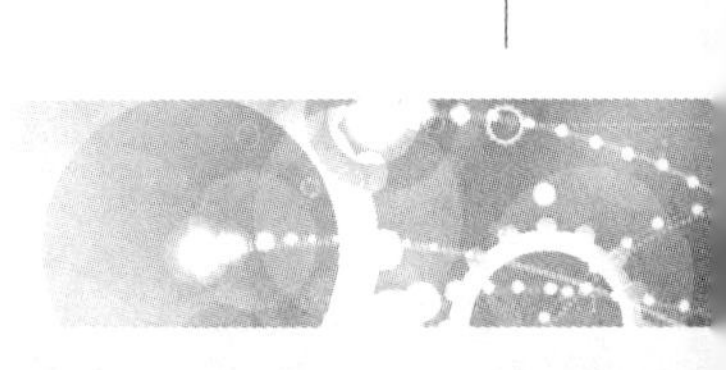

具有曲线轮廓或凹槽的构件，主动件凸轮通常做等速转动或移动，从动件可以得到所预期的运动规律。它广泛应用于各种机械，特别是自动机械、自动控制装置和装配生产线中。

二、凸轮的类型

凸轮的种类很多，按凸轮形状可分为盘形凸轮、移动凸轮、圆柱凸轮和端面圆柱凸轮，见表 3—3。

表 3—3　凸轮的类型

名称	简图	特点及应用
盘形凸轮		凸轮为径向尺寸变化的盘形构件，它绕固定轴做旋转运动。从动件在垂直于回转轴的平面内做往复直线运动或往返摆动。这种机构是凸轮最基本的形式，应用广泛
移动凸轮		凸轮为一个有曲面的直线运动构件，在凸轮往返移动作用下，从动件可做往复直线运动或往返摆动。这种机构在机床上应用较多
圆柱凸轮		凸轮为一个有沟槽的圆柱体，它绕中心轴做回转运动。从动件在平行于凸轮轴线的平面内做直线移动或摆动。常用于自动机床
端面圆柱凸轮		凸轮是一端带有曲面的圆柱体，它绕中心轴做旋转运动。从动件在平行于轴线的平面内移动或摆动。常用于金属切削机床的变速箱

三、从动件端部形状

从动件端部形状主要有尖顶、滚子、平底和曲面等，见表 3—4。

表 3—4 **从动件端部形状**

名称	简图	特点及应用
尖顶从动件		凸轮与从动件之间为点接触或线接触，它能准确地实现任意的运动规律，构造最简单，但易磨损，只适用于作用力不大和速度较低的场合，如用于仪表等机构中
滚子从动件		从动件一端装有滚子，凸轮与从动件为滚子接触，利于润滑。滚子与凸轮轮廓之间为滚动摩擦，磨损较小，故可用来传递较大的动力，应用较广
平底从动件		从动件与凸轮的曲线轮廓相切形成楔形缝隙，易于形成楔形油膜，润滑较好，常用于高速传动中
曲面从动件		可避免因安装位置偏斜或不对中而造成的表面应力过大和磨损增大，兼有尖顶和平顶从动件的优点，应用较广

四、凸轮机构的工作过程

凸轮机构中最常用的运动形式为凸轮做等速回转运动，从动件做往复移动。表 3—5 所列为对心外轮廓盘形凸轮机构的工作过程。凸轮回转时，从动件做“升—停—降—停”的运动循环。现以此机构为例，研究从动件的运动规律及特点。

表 3—5 **凸轮机构“升—停—降—停”运动循环**

运动	图示	描述
升		当凸轮逆时针转过 δ_0时，从动件由最低位置被推到最高位置，从动件运动的这一过程称为推程，凸轮转角 δ_0 称为推程运动角 从动件上升或下降的最大位移 h 称为行程

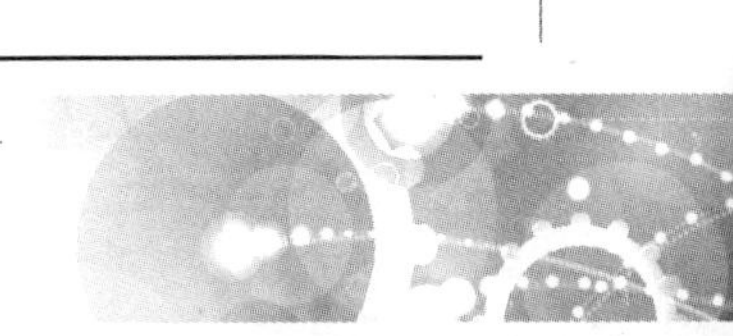

续表

运动	图示	描述
停	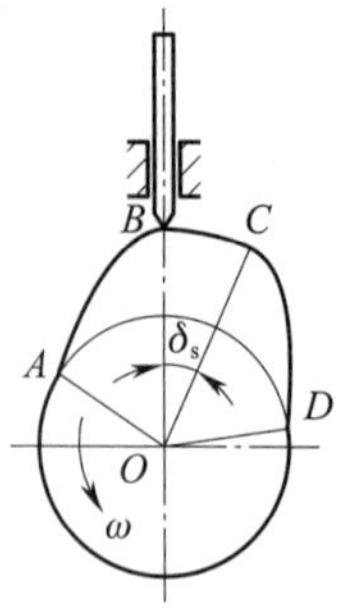	因凸轮的 BC 段轮廓为以 O 为圆心的圆弧，故凸轮转过 δ_s时，从动件静止不动，且停在最高位置，这一过程称为远停程，凸轮转角 δ_s称为远停程角
降	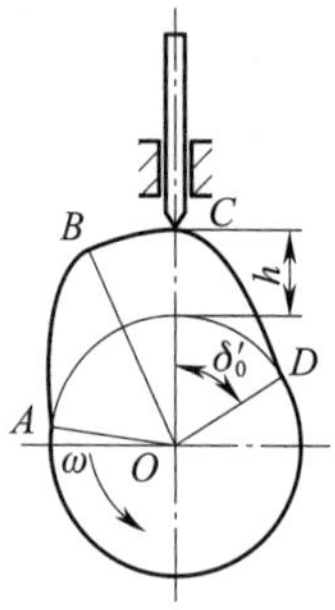	凸轮继续转过δ'_0，从动件由最高位置回到最低位置，这一过程称为回程，凸轮转角δ'_0称为回程运动角
停	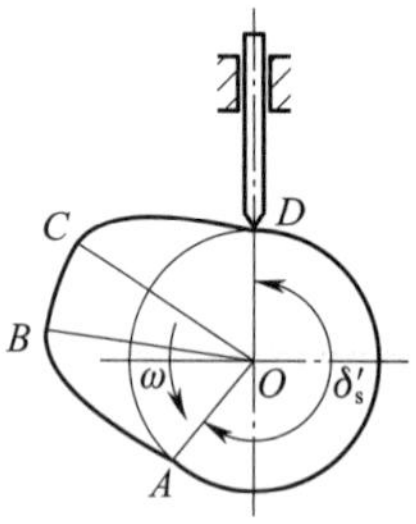	凸轮转过δ'_s时，从动件处于最低位置且静止不动，这一过程称为近停程，凸轮转角δ'_s称为近停程角

五、从动件常用的运动规律

从动件的运动规律取决于凸轮的轮廓形状。因此，在设计凸轮轮廓时，必须首先确定从动件的运动规律。常用的从动件运动规律有等速运动规律和等加速、等减速运动规律。

1. 等速运动规律

以从动件的位移 s 为纵坐标，对应凸轮的转角 δ 或时间 t（凸轮匀速转动时，转角 δ 与时间 t 成正比）为横坐标，可以绘制出一个运动循环周期的从动件位移线图，如图 3—23 所示为等速运动规律的凸轮机构与从动件位移曲线图。该凸轮机构的凸轮做等角速度转动时，从动件上升或下降的速度为一常数，这种运动规律称为从动件的等速运动规律。

由图 3—23b 的位移曲线可以看出，位移和转角成正比关系，所以从动件等速运动的位移曲线为一斜直线。

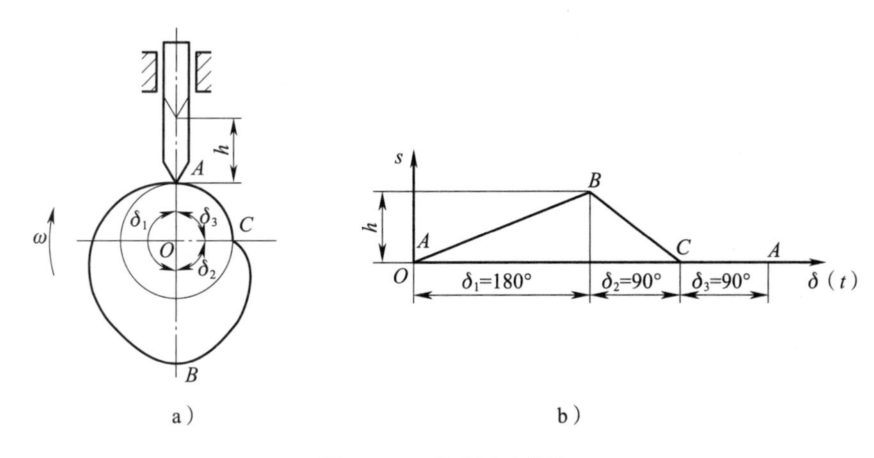

图 3—23 等速运动规律

a）等速运动的凸轮机构 b）位移曲线

从动件由静止开始，然后以速度 v 上升运动，会产生一次突然冲击；从动件上升到最高点立即转为下降运动，会再次使凸轮机构产生强烈的刚性冲击，因此等速运动规律只适用于凸轮做低速回转、轻载的场合。

2. 等加速、等减速运动规律

从动件运动的整个升程在前半段做等加速上升，后半段做等减速继续上升，这种运动规律称为等加速、等减速运动规律（见图 3—24)。

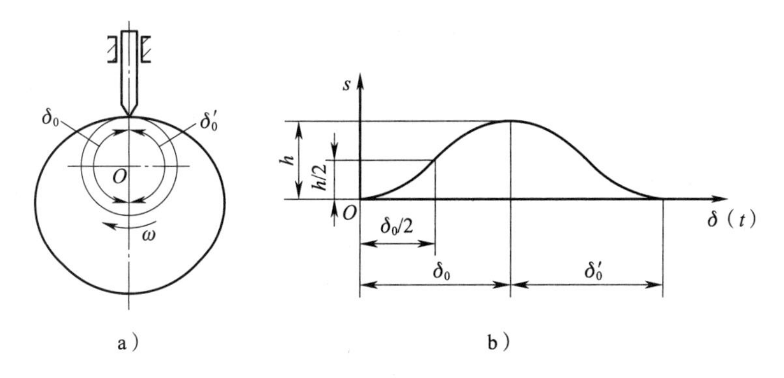

图 3—24 等加速、等减速运动规律

a）凸轮机构等加速、等减速运动 b）位移曲线

它的位移曲线如图 3—24b 所示，位移与转角是二次函数关系，所以位移曲线为一抛物线。如果把前半段（$h/2$）的等加速抛物线与后半段的等减速抛物线结合起来（升程相同)，就是从动件的等加速、等减速运动规律的位移曲线。

当凸轮顺时针转动时，从动件等加速上升（$h/2$）后变为等减速运动上升（$h/2$)，到达全升程最高点时上升的速度趋于零，而后转入回程。在从动件的整个运动过程中，速度没有发生突变，避免了刚性冲击。

等加速、等减速运动规律具有冲击小、运动平稳的优点，适用于凸轮转速较高和从动件质量较大的场合。

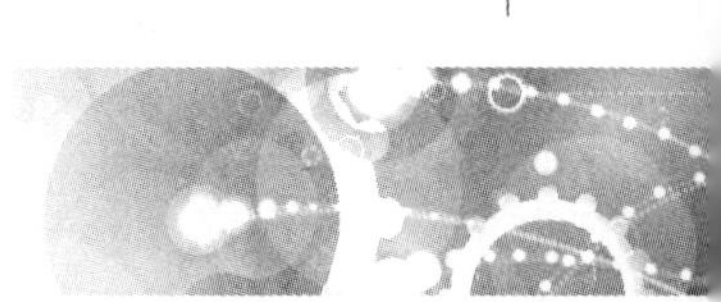

第 3 节　其他常用机构

一、变速机构

在输入转速不变的条件下，使输出轴获得不同转速的传动装置称为变速机构。汽车、机床、起重机等都需要变速机构。变速机构分为有级变速机构和无级变速机构。

1. 有级变速机构

有级变速机构是在输入转速不变的条件下，使输出轴获得一定的转速级数。常用的变速机构有塔轮变速机构、滑移齿轮变速机构、离合式齿轮变速机构和挂轮变速机构等。

（1）塔轮变速机构

塔轮变速机构有塔带轮变速机构、塔齿轮变速机构和塔链轮变速机构。图 3—25 所示为塔带轮变速机构，两个塔带轮分别固定在轴Ⅰ、Ⅱ上，传动带可以在塔带轮上转换 3 个不同的位置。由于两个塔带轮对应各级的直径比值不同，所以当轴Ⅰ以固定不变的转速旋转时，通过转换带的位置可使轴Ⅱ得到 3 级不同的转速。这种变速机构大多采用平带传动，也可以用 V 带传动。其优点是结构简单，传动平稳；缺点是尺寸较大，变速不方便。

（2）滑移齿轮变速机构

滑移齿轮变速机构如图 3—26 所示，在主动轴Ⅰ上固定了两个或三个齿轮，相互保持一定距离，双联或三联滑移齿轮用花键与从动轴Ⅱ相连。移动滑移齿轮可以实现不同齿轮副的啮合，从而使轴Ⅱ得到 2 级或 3 级转速。这种变速机构的特点是：改变滑移齿轮的啮合位置，就可改变轮系的传动比。这种机构具有变速可靠、传动比准确等优点，但零件种类和数量多，变速有噪声。

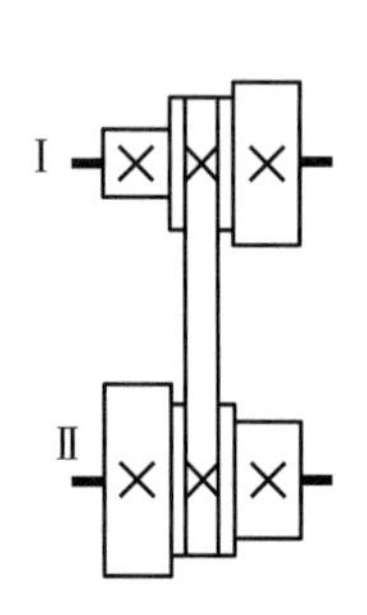

图 3—25　塔带轮变速机构

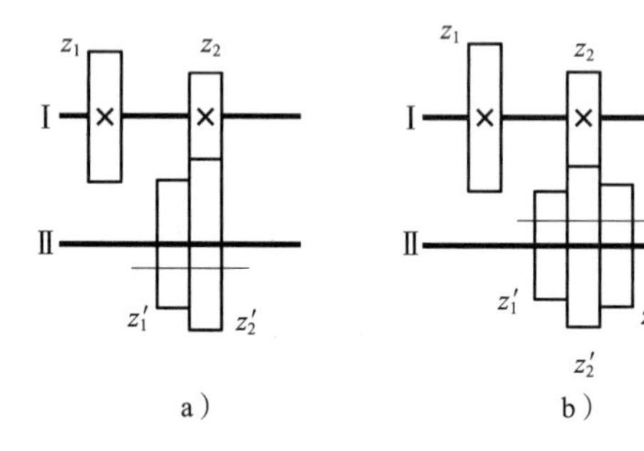

图 3—26　滑移齿轮变速机构

a）双联滑移齿轮变速机构　b）三联滑移齿轮变速机构

滑移齿轮变速机构在机床变速中得到广泛应用，图 3—27 所示为某车床主轴变速箱的传动系统。在轴Ⅱ上安装了一个三联滑移齿轮和一个双联滑移齿轮，在轴Ⅲ上安装了一个双联滑移齿轮，其传动机构可以实现 12 级变速。第一变速组由轴Ⅱ上的三联滑移齿轮分别与轴Ⅰ上的固连齿轮啮合实现，可以实现 3 级传动比；第二变速组由轴Ⅱ上的双联滑移齿轮与轴Ⅲ上的两个固定齿轮啮合实现，可以实现 2 级传动比；第三变速组由轴Ⅲ上的双联滑移齿轮与轴Ⅳ上的固连齿轮实现，可以实现2级传动比。因此，轴Ⅳ的转速共有3×2×2=12级。

（3）离合式齿轮变速机构

如图3—28所示，固定在轴Ⅰ上的两个齿轮与空套在轴Ⅱ上的两个齿轮保持啮合状态。轴Ⅱ装有双向牙嵌式离合器（用导向型平键或花键与轴相连），空套在轴上的两齿轮在靠近离合器一端的端面上有能与离合器相啮合的齿形。当轴Ⅰ转速不变时，通过双向离合器的中间滑块向左或向右移动并与齿轮上的半离合器结合，轴Ⅱ即可得到两种不同的转速。

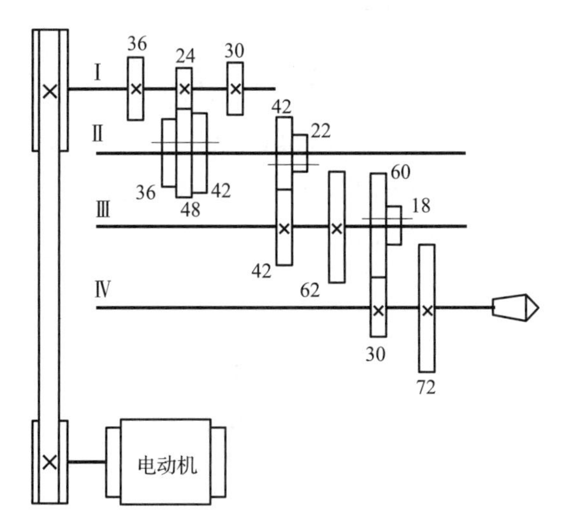

图3—27　车床主轴变速箱的传动系统

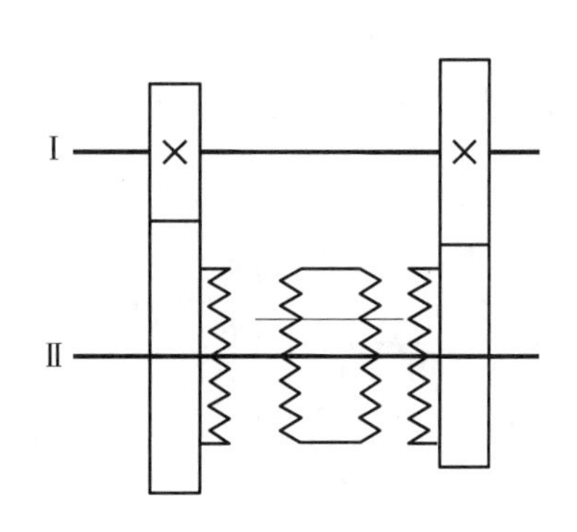

图3—28　离合式齿轮变速机构

这种变速机构的特点是可以采用斜齿轮或人字齿轮，使传动平稳。若采用摩擦式离合器，则可以在运转中变速。其缺点是齿轮处在经常啮合的状态，磨损较快，离合器所占空间较大。

（4）挂轮变速机构

图3—29所示为挂轮变速传动机构，其工作原理是：轴Ⅰ、轴Ⅱ上装有一对可以拆卸更换的齿轮（也称挂轮或交换齿轮、配换齿轮）A和B，从设备的备用齿轮中挑选不同齿数的两个挂轮换装在轴Ⅰ和轴Ⅱ上，就得到不同的传动比。变速级数取决于备用齿轮中能相互啮合且满足中心距要求的齿轮副的对数。在模数相同时，要求配换的各对挂轮的齿数和应相等。

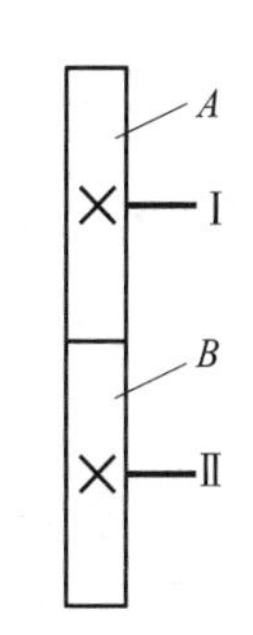

图3—29　挂轮变速传动机构

挂轮变速机构的优点是结构简单、紧凑。由于用作主、从动轮的齿轮可以颠倒其位置，所以用较少的齿轮即可获得较多的变速级数。

挂轮变速机构的缺点是变速麻烦，调整齿轮费时费力。主要用于不需要经常变速的场合，如加工齿轮的插齿机、车床车削螺纹时的丝杠变速机构、铣床万能分度头等。

2. 无级变速机构

有些机械为了适应工作条件的变化，需要连续地改变其工作速度，这就需要无级变速机构。无级变速机构有机械式、电动式、电磁式和液压式多种形式，机械式无级变速机构具有结构简单、传动性能好、实用性强、维护方便和效率高等优点，所以应用广泛。机械式无级变速机构的常用类型有滚子平盘式无级变速机构、分离锥轮式无级变速机构等。

（1）滚子平盘式无级变速机构

如图 3—30 所示为滚子平盘式无级变速机构，主、从动轮靠接触处产生的摩擦力传动，传动比 $i=R_2/R_1$。若将滚子沿轴向移动，R_2改变，传动比也随之改变。由于 R_2可在一定范围内任意改变，所以从动轴Ⅱ可以获得无级变速。该机构的优点是结构简单、制造方便，但存在较大的相对滑动，磨损严重。

（2）分离锥轮式无级变速机构

分离锥轮式无级变速机构如图 3—31 所示，在主动轴Ⅰ和从动轴Ⅱ上分别装有锥轮 1a、1b 和 2a、2b，其中锥轮 1b 和 2a 分别固定在轴Ⅰ、Ⅱ，锥轮 1a 和 2b 可以沿轴Ⅰ、Ⅱ同步同向移动。宽 V 带 3 套在两对锥轮之间，工作时如同 V 带传动。通过轴向同步移动锥轮 1a 和 2b，可改变传动半径的大小，从而实现无级变速。这种变速机构的优点是结构简单，容易进行无级变速，工作平稳，能吸收振动和具有过载保护作用，传动带虽易磨损，但其更换方便，价格低廉。缺点是外形尺寸较大，变速范围相对较小。

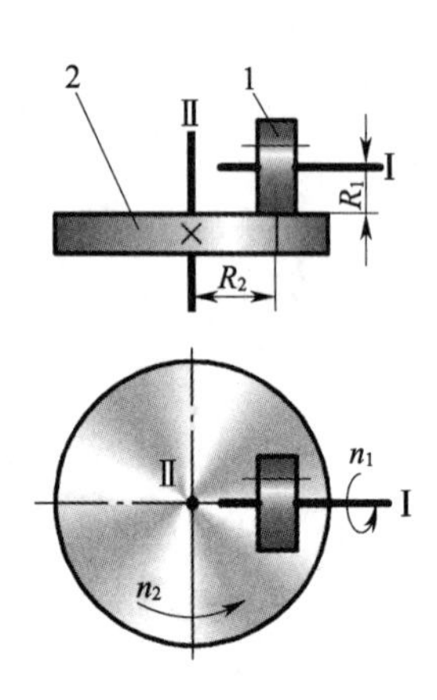

图 3—30　滚子平盘式无级变速机构
1—滚子　2—平盘

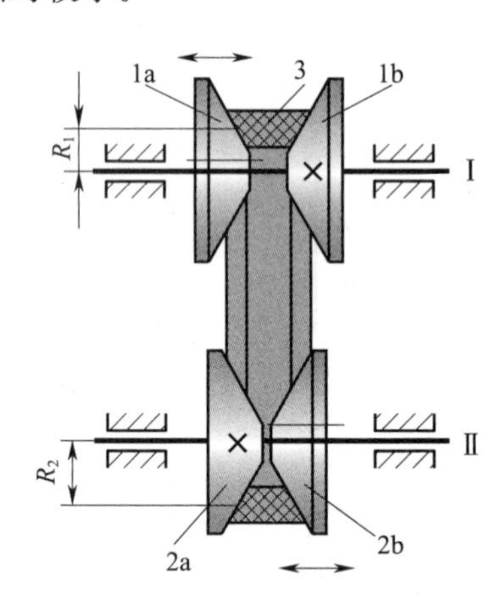

图 3—31　分离锥轮式无级变速机构
1a、1b、2a、2b—锥轮　3—宽 V 带

机械无级变速机构变速的优点是结构简单，过载时传动单元间打滑，可避免损坏机器，传动平稳，无噪声，易于平缓连续地变速。主要缺点是不能保证准确的传动比，传动效率较低，外形尺寸较大，变速范围较小。

二、换向机构

汽车不但能前进而且能倒退，机床主轴既能正转也能反转，这些运动形式的改变通常是由换向机构来完成的。换向机构是在输入轴转向不变的条件下，可使输出轴转向改变的机构。其常见类型有三星轮换向机构和离合器锥齿轮换向机构等。

1. 三星轮换向机构

三星轮换向机构是利用惰轮来实现从动轴回转方向的变换，如图 3—32 所示。转动手柄可使三角形杠杆架绕从动齿轮 4 的轴线Ⅱ回转。处于图 3—32a 的位置时，惰轮 2 参与啮合，从动齿轮 4 与主动齿轮 1 的回转方向相同。处于图 3—32b 位置时，惰轮 2、惰轮 3 参与啮合，从动齿轮 4 与主动齿轮 1 的回转方向相反。卧式车床进给系统就是采用了三星轮换向机构进行换向的。

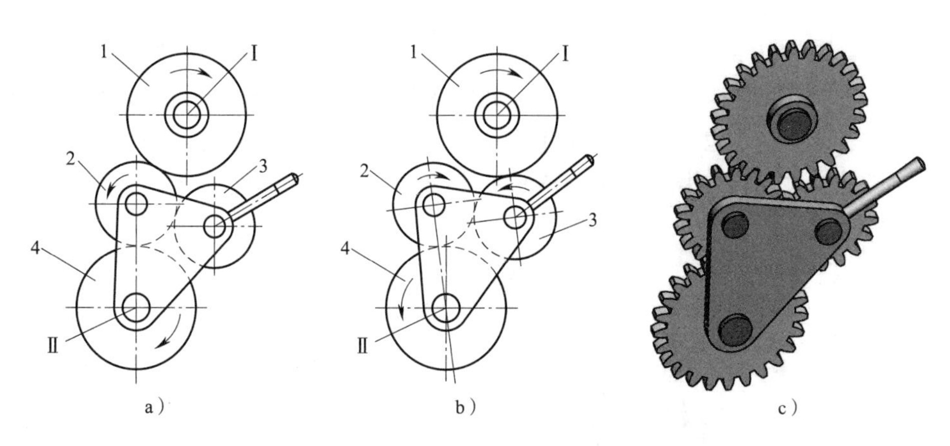

图 3—32　三星轮换向机构

a）从、主动齿轮转向相同　b）从、主动齿轮转向相反　c）实体图

1—主动齿轮　2、3—惰轮　4—从动齿轮

2. 离合锥齿轮换向机构

离合锥齿轮换向机构有离合器锥齿轮换向机构和滑移锥齿轮套换向机构两种形式。离合器锥齿轮换向机构如图 3—33a 所示，主动锥齿轮 1 与空套在轴Ⅱ上的从动锥齿轮 2、4 啮合，离合器 3 与轴Ⅱ用花键连接。当离合器向左移动与齿轮 4 接合时，从动轴的转向与齿轮 4 相同；当离合器向右移动与齿轮 2 接合时，从动轴的转向与齿轮 2 相同。图 3—33b 所示为滑移锥齿轮套换向机构，两个锥齿轮与套连接为一体组成锥齿轮套，并用滑键与轴相连。通过向左或向右滑移锥齿轮套，从动轴上左右两个锥齿轮分别与主动轴上锥齿轮的左右侧轮齿啮合，从而实现换向。

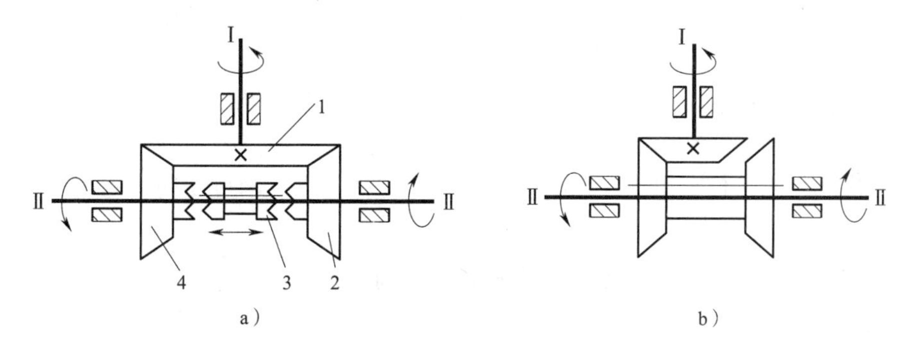

图 3—33　离合锥齿轮换向机构

a）离合器锥齿轮换向机构　b）滑移锥齿轮套换向机构

1—主动锥齿轮　2、4—从动锥齿轮　3—离合器

三、间歇运动机构

在某些机器中，当主动件做连续运动时，常常需要从动件做周期性的运动或停歇，实现这种运动的机构称为间歇运动机构。

1. 棘轮机构

（1）棘轮机构的工作原理

如图 3—34 所示为机械中常用的齿式棘轮机构，它由棘轮、驱动棘爪和止回棘爪等组成。当主动摇杆逆时针方向摆动时，驱动棘爪便插入棘轮的齿槽中，使棘轮跟着转过一定角度，此时止回棘爪在棘轮齿背上滑过；当主动摇杆顺时针方向摆动时，止回棘爪阻止棘轮发生顺时针方向转动，而驱动棘爪则只能在棘轮齿背上滑过，这时棘轮静止不动。因此，当主动件做连续的往复摆动时，棘轮做单向的间歇运动。

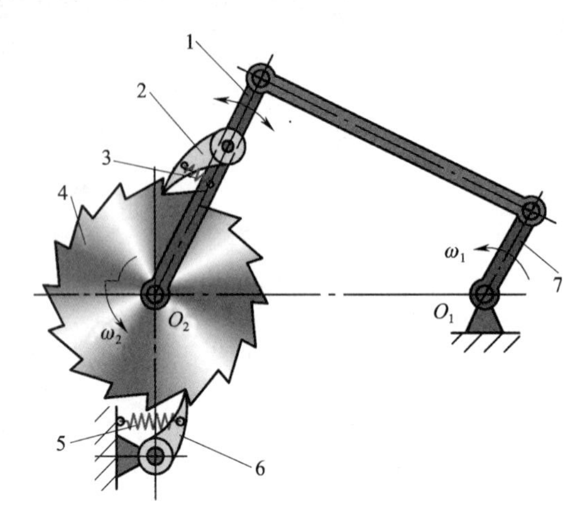

图 3—34　齿式棘轮机构

1—摇杆　2—驱动棘爪　3、5—弹簧　4—棘轮　6—止回棘爪　7—曲柄

(2) 常见棘轮机构

棘轮机构的类型很多，按照工作原理可分为齿式棘轮机构和摩擦式棘轮机构，按照结构特点可分为外啮合式棘轮机构和内啮合式棘轮机构，按从动件运动形式可分为单动式棘轮机构、双动式棘轮机构和可变向棘轮机构。下面介绍几种常用的棘轮机构。

1) 齿式棘轮机构

齿式棘轮机构是通过装于定轴转动摇杆上的棘爪推动棘轮做一定角度间歇转动的机构。齿式棘轮机构有外啮合式和内啮合式两种。

外啮合齿式棘轮机构有单动式棘轮机构、双动式棘轮机构和可变向棘轮机构几种形式，见表 3—6。

表 3—6　　外啮合齿式棘轮机构常见类型及特点

类型	图示	特点
单动式棘轮机构	主动件 驱动棘爪 棘轮 止动棘爪	它有一个驱动棘爪，当主动件朝着某一方向摆动时，才能推动棘轮转动；而反向摆动则无法驱动棘轮转动

续表

类型	图示	特点
双动式棘轮机构	直棘爪　钩头棘爪	它有两个驱动棘爪，当主动件做往复摆动时，两个棘爪交替带动棘轮朝着同一方向做间歇运动
可变向棘轮机构	棘爪　棘轮	棘爪可以绕销轴翻转，棘爪爪端外形两边对称，棘轮的齿形制成矩形。使用时，如果将棘爪翻转，则棘轮反向转动。这种棘轮机构可以方便地实现两个方向的间歇运动

内啮合齿式棘轮机构如图 3—35 所示，棘轮的轮齿加工在轮子的内壁上，棘爪安装在内部的主动轮上。当主动轮逆时针转动时，棘爪推动棘轮转动；当主动轮顺时针转动时，棘爪在棘轮上滑过，不能推动棘轮转动。

2）摩擦式棘轮机构

摩擦式棘轮机构是用偏心扇形楔块代替齿式棘轮机构中的棘爪，以无齿摩擦轮代替棘轮，如图 3—36 所示。其优点是转角大小的变化不受轮齿的限制，在一定范围内可任意调节转角，传动平稳、无噪声，动程可无级调节。但因靠摩擦力传动，会出现打滑现象，虽然可起到安全保护作用，但是传动精度不高。它适用于低速、轻载的场合。

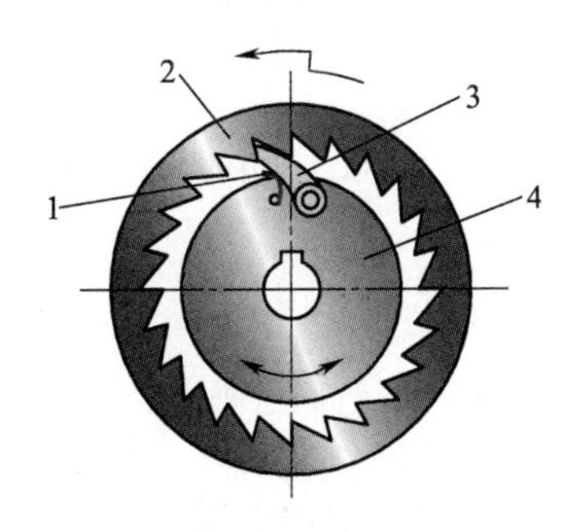

图 3—35　内啮合齿式棘轮机构

1—弹簧　2—棘轮　3—棘爪　4—主动轮

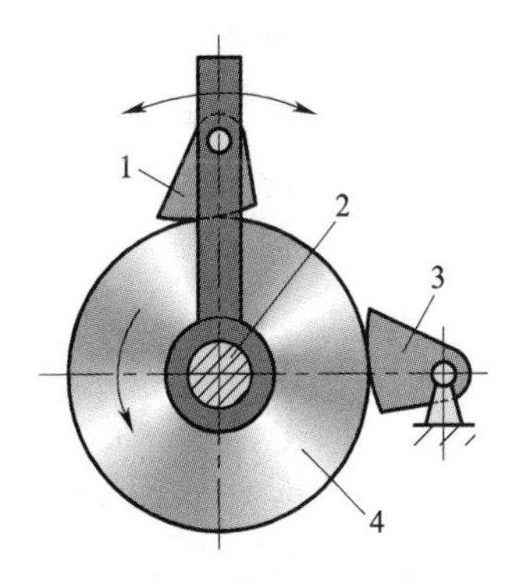

图 3—36　摩擦式棘轮机构

1—棘爪　2—传动轴　3—止退棘爪　4—棘轮

（3）棘轮机构的应用

棘轮机构的主要用途有间歇送进、制动和超越等。

牛头刨床（见图 3—37a）在工作时，装有刀架的滑枕做直线往复运动，带动刀具对工件进行切削。在刨刀进行刨削时（工作行程），装夹着工件的工作台不动；在刨刀回程时，工作台横向移动，实现进给运动。如图 3—37b 所示，滑枕的直线往复运动通过由曲柄、滑块和导杆等组成的摆动导杆机构完成。工作台的间歇运动由凸轮通过双摇杆（由摇杆 1、连杆和摇杆 2 等组成）机构带动棘轮机构实现，棘轮机构带动螺旋机构（图中未画出）使工作台在垂直纸面方向做一次进给运动，以便刨刀继续切削。

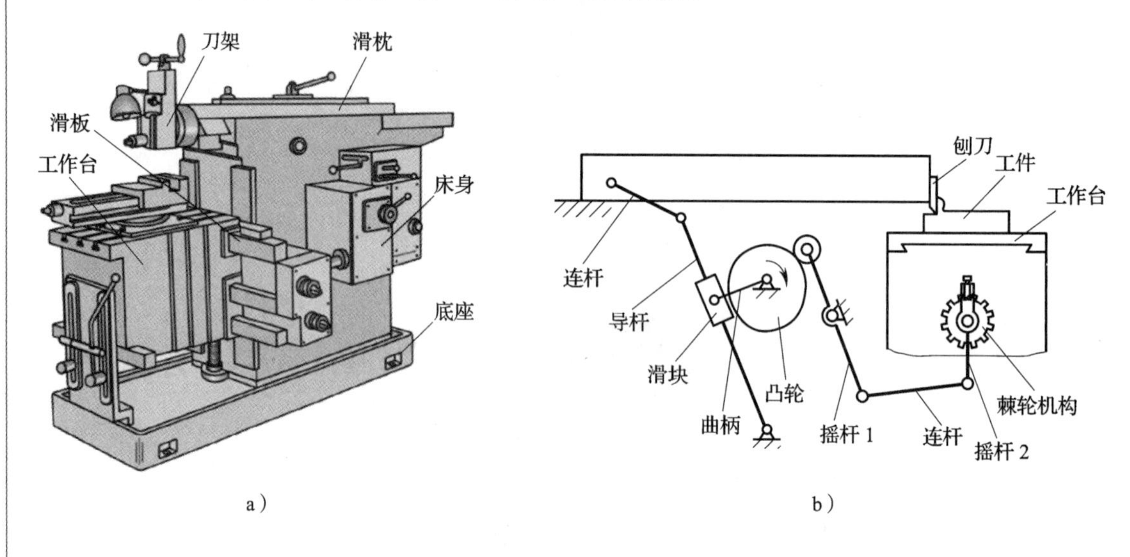

图 3—37 牛头刨床

a）外形图 b）执行机构运动简图

图 3—38 所示为提升机棘轮停止机构，可以有效地防止卷筒倒转。图 3—39 所示为自行车上的飞轮机构，自行车后轴上安装的飞轮机构为内啮合式棘轮机构。链轮内圈具有棘齿，棘爪安装在后轴上。当链条带动链轮转动时，链轮内侧的棘齿通过棘爪带动后轴转动，驱动自行车前行；当自行车下坡或脚不蹬踏板时，链轮不动，但后轴由于惯性仍按原方向飞速转动，此时棘爪在棘轮齿背上滑过，自行车继续前行。

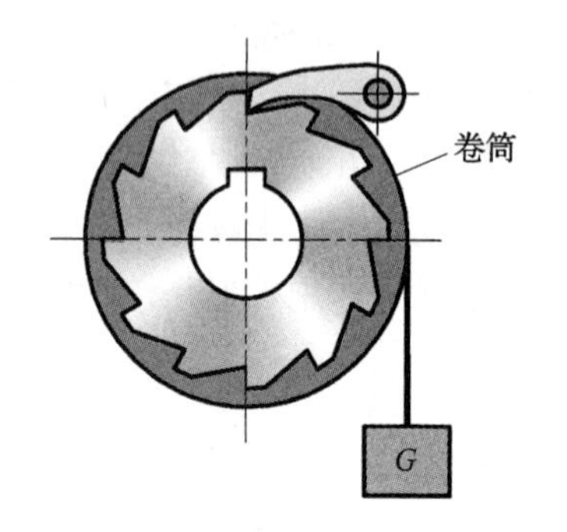

图 3—38 提升机棘轮停止机构

2. 槽轮机构

（1）槽轮机构的组成和工作原理

槽轮机构如图 3—40 所示，它由主动拨盘 1、从动槽轮 2、圆销 3 和机架组成。主动拨盘 1 以等角速度做连续回转，当拨盘上的圆销 3 未进入槽轮的径向槽时，由于槽轮的内凹锁止弧被主动拨盘 1 的外凸锁止弧卡住，故槽轮不动。图示为圆销 3 刚进入槽轮径向槽时的位置，此时锁止弧也刚被松开。此后，槽轮受圆销 3 的驱使而转动。而圆销 3 在另一边离开径向槽时，锁止弧又被卡住，槽轮又静止不动。直至圆销 3 再次进入槽轮的另一个径向槽时，又重复上述运动。所以，槽轮做时动时停的间歇运动。

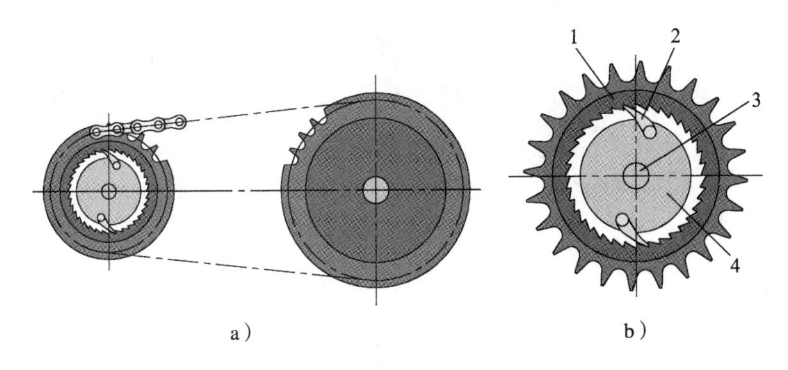

图 3—39　自行车飞轮机构

a）自行车传动系统　b）自行车后轴飞轮结构

1—链轮（棘轮）　2—棘爪　3—后轴　4—飞轮

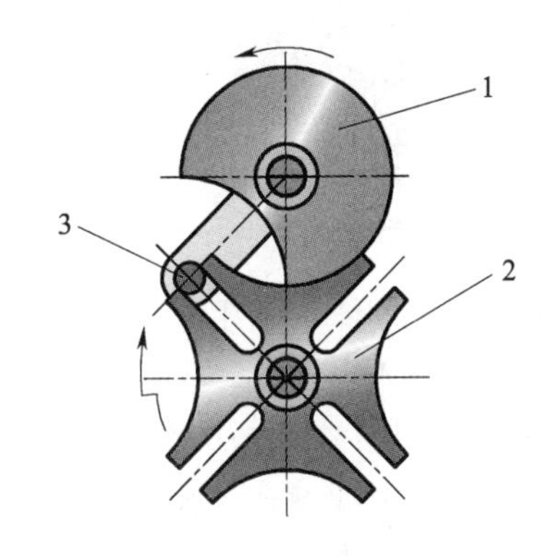

图 3—40　槽轮机构

1—主动拨盘　2—从动槽轮　3—圆销

（2）槽轮机构的常见类型及特点

槽轮机构的常见类型及特点见表 3—7。

表 3—7　　槽轮机构的常见类型及特点

类型	图示	特点
单圆销外槽轮机构		主动拨盘每回转一周，圆销拨动槽轮运动一次，且槽轮与主动拨盘的转向相反。槽轮静止不动的时间很长

续表

类型	图示	特点
双圆销外槽轮机构		主动拨盘每回转一周，槽轮运动两次，减少了静止不动的时间。槽轮与主动拨盘的转向相反。增加圆销个数，可使槽轮运动次数增多，但圆销数目不宜太多
内啮合槽轮机构		主动拨盘匀速转动一周，槽轮间歇地转过一个槽口，槽轮与主动拨盘的转向相同。内啮合槽轮机构结构紧凑，传动较平稳，槽轮停歇时间较短

槽轮机构的优点是结构简单，转位方便，工作可靠，传动平稳性好，能准确控制槽轮转角。

槽轮机构的缺点是转角的大小受到槽数限制，不能调节。在槽轮转动的始末位置处，机构存在冲击现象，且随着转速的增加或槽轮槽数的减少而加剧，故不适用于高速场合。

3. 不完全齿轮机构

如图 3—41 所示为外啮合式不完全齿轮机构，该机构的主动齿轮齿数较少，只保留 3 个齿，从动齿轮上制有与主动齿轮轮齿相啮合的齿间。主动齿轮转 1 周，从动齿轮转 1/6 周，从动齿轮转一周停歇 6 次。这种主动齿轮做连续转动，从动齿轮做间歇运动的齿轮传动机构称为不完全齿轮机构。不完全齿轮机构是由普通渐开线齿轮机构演变而成的一种间歇运动机构。

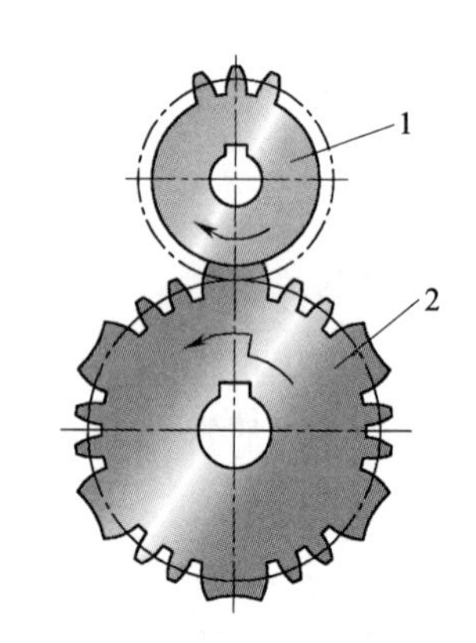

图 3—41　外啮合式不完全齿轮机构

1—主动齿轮　2—从动齿轮

不完全齿轮机构的特点是结构简单、工作可靠、传递力大，但工艺复杂，从动轮在运动的开始与终止位置有较大冲击，一般适用于低速、轻载的场合。

课 后 练 习

1. 什么是曲柄摇杆机构？试列举出它在生产或日常生活中的应用实例。
2. 什么是曲柄滑块机构？试列举出它在生产或日常生活中的应用实例。

3. 什么是急回特性？它有什么用途？

4. 什么是死点位置？它在设备中是有害还是有益？

5. 凸轮机构由哪几部分组成？分为哪几类？

6. 对心外轮廓盘形凸轮机构的运动循环分为哪几步？

7. 用等加速、等减速运动规律设计的凸轮机构的从动件有何运动规律？这种凸轮机构有何优点？适用于什么场合？

8. 什么是变速机构？分为哪几种？

9. 什么是换向机构？常用的有哪些？

10. 什么是棘轮机构？分为哪几种？

11. 槽轮机构是如何实现间歇运动的？

12. 不完全齿轮机构是如何工作的？

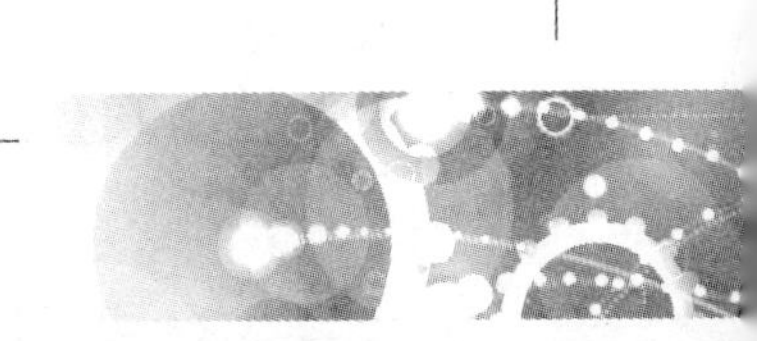

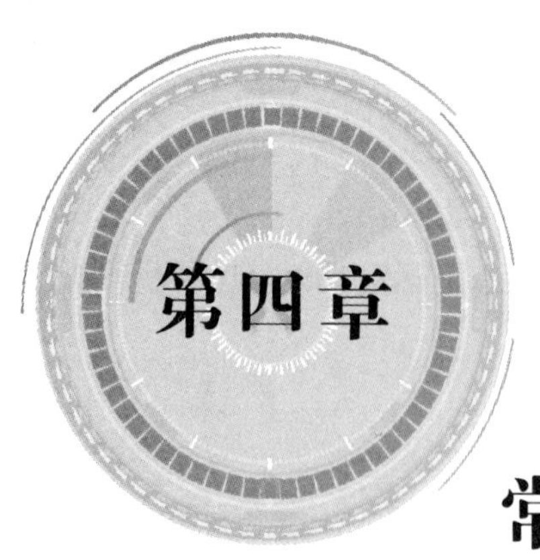

第四章 常用零部件及机械润滑

【学习目标】

1. 了解键连接的功用，掌握平键连接、半圆键连接、花键连接和楔键连接的结构并了解其应用。

2. 了解滚动轴承的一般结构；掌握常见滚动轴承的类型及结构并了解其基本特性；了解滚动轴承的安装与密封方法。

3. 了解联轴器、离合器和制动器的功用，掌握常用联轴器、离合器和制动器的结构和工作原理。

4. 了解润滑的作用、方式及常用机械零部件的润滑。

第1节　键、销及其连接

机器都是由各种零件装配而成的，零件与零件之间存在着各种不同形式的连接。键连接和销连接是两种常用的连接形式，如图4—1所示为在轴上安装了V带轮，带轮的周向固定用键连接，套的固定用销连接。

一、键连接

键连接可以实现轴与轴上零件（如齿轮、带轮等）之间的周向固定，并传递运动和转矩。键连接具有结构简单、拆装方便、工作可靠及可实现标准化等特点，故在机械中应用极为广泛。键连接主要有平键连接、半圆键连接、花键连接和楔键连接等。

1. 平键连接

平键连接的特点是靠平键的两侧面传递转矩，因此，键的两侧面是工作面，对中性好；而键的上表面与轮毂上的键槽底面留有间隙，以便于装配。根据用途不同，平键分为普通型平键、导向型平键和滑键等。

（1）普通型平键连接

普通型平键连接用于轴和轴上零件的周向固定，其连接图如图4—2所示。普通型平键的两侧面是工作表面，连接时与键槽接触，键的顶端与孔上的键槽顶面之间有间隙。

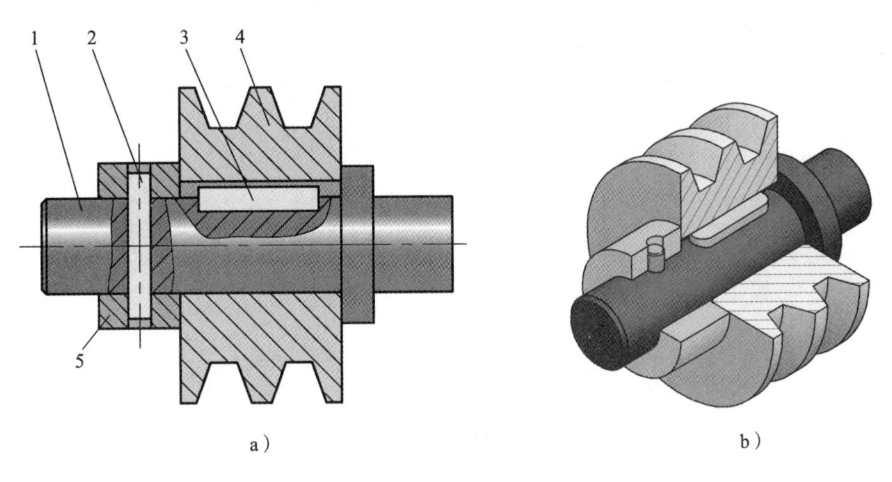

图 4—1　键、销连接

a）视图　b）立体图

1—轴　2—销　3—键　4—V 带轮　5—套

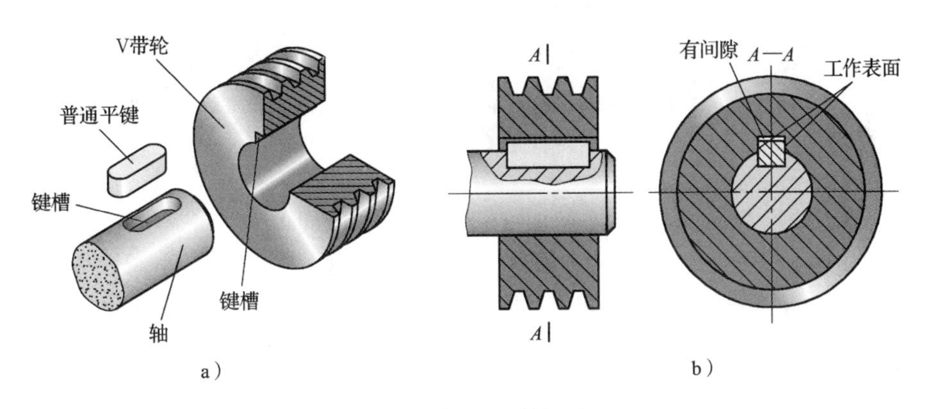

图 4—2　普通型平键连接

a）分解图　b）连接图

普通型平键按键的端部形状不同，分为圆头（A 型）、方头（B 型）和单圆头（C 型）三种形式，如图 4—3 所示。圆头普通型平键（A 型）在键槽中不会发生轴向移动，因而应用最广，单圆头普通型平键（C 型）则多应用于轴的端部。

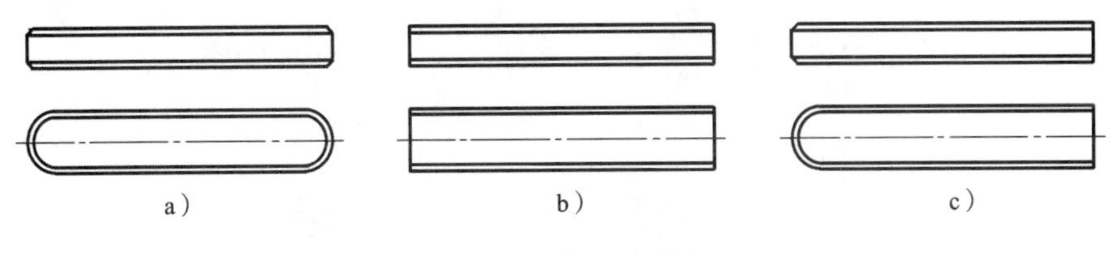

图 4—3　普通型平键

a）A 型　b）B 型　c）C 型

普通型平键的材料通常选用 45 钢。当轮毂为有色金属或非金属时，键可用 20 钢或 Q235 钢制造。普通型平键工作时，轴和轴上零件沿轴向不能有相对移动。

普通型平键是标准件，只需根据用途、轮毂长度等选取键的类型和尺寸。

(2) 导向型平键和滑键连接

当被连接齿轮等零件的轮毂需要在轴上沿轴向移动时，可采用导向型平键或滑键连接。

1) 导向型平键连接

导向型平键及连接如图 4—4 所示。导向型平键（GB/T 1097—2003）比普通型平键长，为防止松动，通常用螺钉固定在轴上的键槽中，键与轮毂槽采用间隙配合，因此，轴上零件能做轴向滑动。为便于拆卸，键上设有起键螺孔。导向型平键常用于轴上零件移动量不大的场合，如机床变速箱中的滑移齿轮。

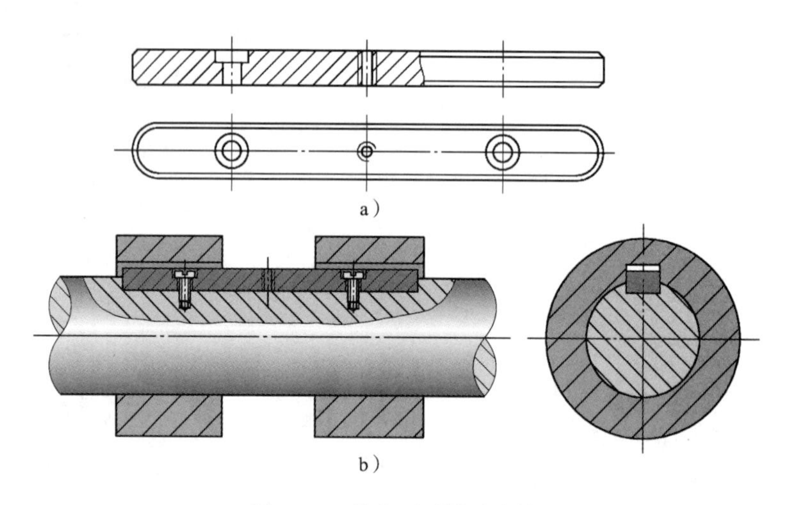

图 4—4　导向型平键及连接

a）导向型平键　b）导向型平键连接

2) 滑键连接

滑键连接一般有两种形式，如图 4—5 所示。滑键的侧面为工作面，靠侧面传递动力，对中性好，拆装方便。滑键固定在轮毂上，轮毂带动滑键在轴上的键槽中做轴向滑移。键长不受滑动距离的限制，只需在轴上铣出较长的键槽，而且滑键可长可短。

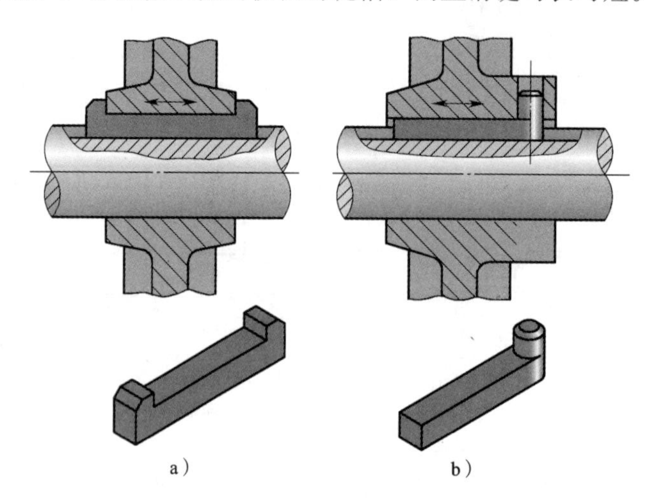

图 4—5　滑键连接

a）钩头滑键连接　b）圆柱头滑键连接

2. 其他键连接

(1) 半圆键连接

半圆键连接如图 4—6 所示。半圆键（GB/T 1099.1—2003）的工作面是键的两侧面，因此与平键一样，具有较好的对中性。半圆键可在轴上的键槽中绕槽底圆弧摆动，可用于锥形轴与轮毂的连接。它的缺点是键槽对轴的强度削弱较大，只适用于轻载连接。

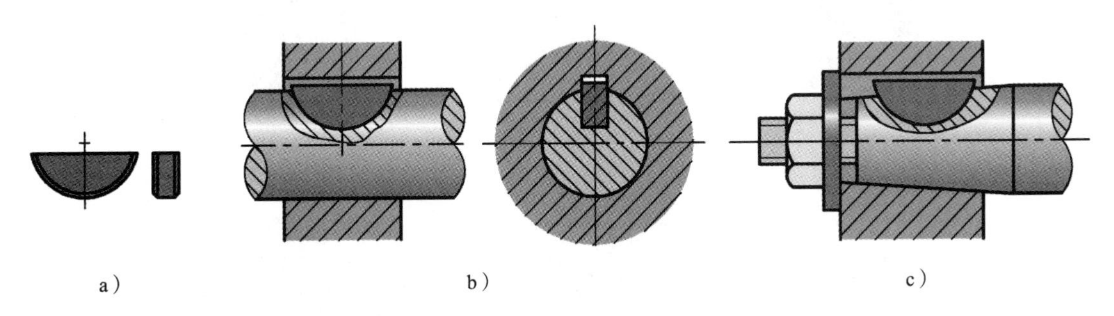

图 4—6　半圆键连接

a）半圆键　b）连接圆柱轴　c）连接圆锥轴

(2) 花键连接

如图 4—7 所示，由沿轴和轮毂孔周向均布的多个键齿相互啮合而形成的连接称为花键连接，花键连接包括外花键和内花键。

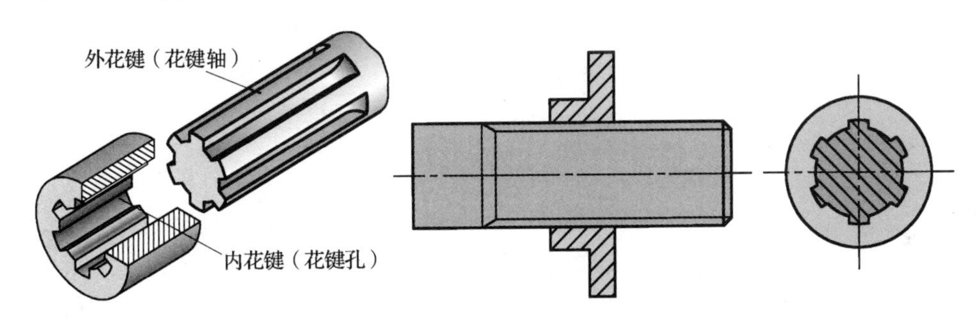

图 4—7　花键连接

花键连接的特点如下：

1）花键连接是多齿传递载荷，故承载能力高。

2）花键的齿浅，对轴的强度削弱较小。

3）对中性及导向性好。

4）加工需用专用设备，成本高。

花键连接多用于重载和要求对中性好的场合，尤其适用于经常滑动的连接。按齿形不同，花键连接一般分为矩形花键连接（见图 4—8）和渐开线花键连接（见图 4—9）。

(3) 楔键连接

楔键分为普通型楔键（GB/T 1564—2003）和钩头型楔键（GB/T 1565—2003），如图 4—10 所示。普通型楔键连接用于可以从小端将楔键打出的场合，钩头型楔键连接用于不能从一端将楔键打出的场合，钩头供拆卸用。键的上表面和毂槽都有 1∶100 的斜度，安装时打入、楔紧。楔键的上下表面与轴和轮毂接触，是工作表面；楔键与键槽的两个侧面不相接

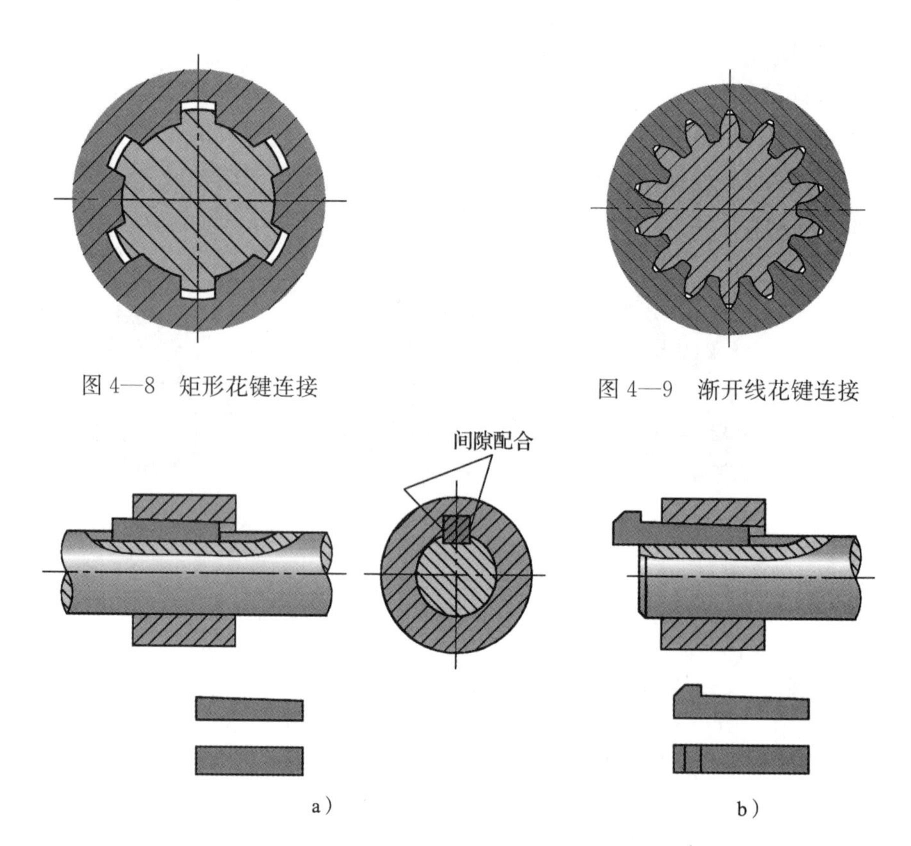

图 4—8　矩形花键连接

图 4—9　渐开线花键连接

图 4—10　楔键连接

a）普通型楔键连接　b）钩头型楔键连接

触（采用公称尺寸相同的间隙配合），为非工作面。楔键连接能使轴上零件周向固定，并能使零件承受单方向的轴向力。由于楔键侧面为非工作面，因此，楔键连接的对中性差，在冲击和变载荷的作用下容易发生松脱现象。楔键连接常用于定心精度要求不高、载荷平稳和低速的场合。根据国家标准的规定，由于槽和键宽度方向为间隙配合，其公称尺寸相同，所以在图样上间隙表现不出来。

二、销连接

1. 销的用途

销连接主要用于定位（作为组合加工和装配时的辅助零件，用于确定零件间的相对位置，见图 4—11a），也可用于轴与毂的连接或其他零件的连接（见图 4—11b），还可以作为安全装置中的过载保护零件（见图 4—11c）。

安全销在机器过载时应被剪断，因此，销的直径应按过载时被剪断的条件确定。为了确保安全销被剪断而不提前发生挤压破坏，通常可在安全销上安装销套。销套有两个，分别安装在两个被连接件上的孔内，如图 4—11c 所示。

2. 销的类型、结构、特点及应用

销的形式很多，基本类型有圆柱销和圆锥销两种，它们均有带螺纹和不带螺纹两种形式。销的结构和参数已标准化，常用圆柱销和圆锥销的结构、特点及应用见表 4—1。

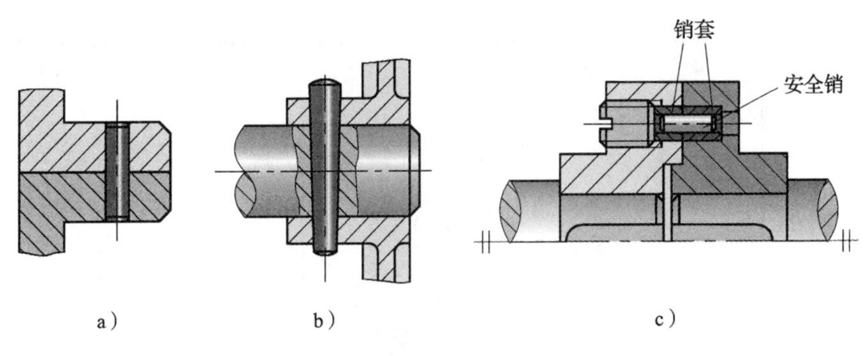

图 4—11　销连接的类型

a）定位　b）连接　c）过载保护

表 4—1　　常用圆柱销和圆锥销的结构、特点及应用

类型	简图	应用图例	特点及应用
圆柱销 （GB/T 119.1—2000、GB/T 119.2—2000）			主要用于定位，也可用于连接。GB/T 119.1—2000 的直径公差带有 m6 和 h8 两种，GB/T 119.2—2000 的直径公差带为 m6。常用的定位或连接孔的加工方法有配钻、铰等
内螺纹圆柱销 （GB/T 120.1—2000）			主要用于定位，也可用于连接。内螺纹供拆卸用。公差带只有 m6 一种，常用的定位或连接孔的加工方法有配钻、铰等
圆锥销 （GB/T 117—2000）			有 1∶50 的锥度，与相同锥度的铰制孔相配。圆锥销安装方便，主要用于定位，也可用于固定零件、传递动力，多用于经常拆卸的场合。定位精度比圆柱销高，在受横向力时能自锁

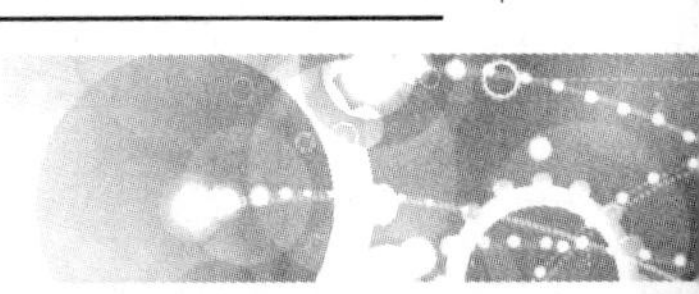

续表

类型	简图	应用图例	特点及应用
内螺纹圆锥销 (GB/T 118—2000)			螺孔用于拆卸，可用于不通孔。有1∶50的锥度，与相同锥度的铰制孔相配。拆装方便，可多次拆装，定位精度比圆柱销高，能自锁
开尾圆锥销 (GB/T 877—1986)			有1∶50的锥度，与相同锥度的铰制孔相配。打入销孔后，末端可稍张开，避免松脱，用于有冲击、振动的场合
螺尾锥销 (GB/T 881—2000)			螺纹用于拆卸，有1∶50的锥度，与相同锥度的铰制孔相配。拆装方便，可多次拆装，定位精度比圆柱销高，能自锁

第2节 轴　　承

在机械中，轴承是支撑转动的轴及轴上零件的部件，用以保证轴的旋转精度，减少轴与轴座之间的摩擦和磨损，轴承性能的好坏直接影响机器的使用性能。根据摩擦性质不同，轴承分为滚动轴承和滑动轴承两大类。

一、滚动轴承

1. 滚动轴承的结构

滚动轴承是将运转的轴与轴座之间的滑动摩擦变为滚动摩擦，从而减少摩擦损失的一种精密的机械元件。滚动轴承的结构如图 4—12 所示，它一般由内圈、外圈、滚动体和保持架组成。一般情况下，内圈装在轴颈上，与轴一起转动；外圈装在机座的轴承孔内固定不动（惰轮、张紧轮、压紧轮等装配的轴承是外圈转，内圈不转）。内、外圈上设置有滚道，当内、外圈相对旋转时，滚动体沿着滚道滚动。常见的滚动体形状如图 4—13 所示。保持架的作用是分隔开两个相邻的滚动体，以减少滚动体之间的碰撞和摩擦。常见的保持架结构形式如图 4—14 所示。

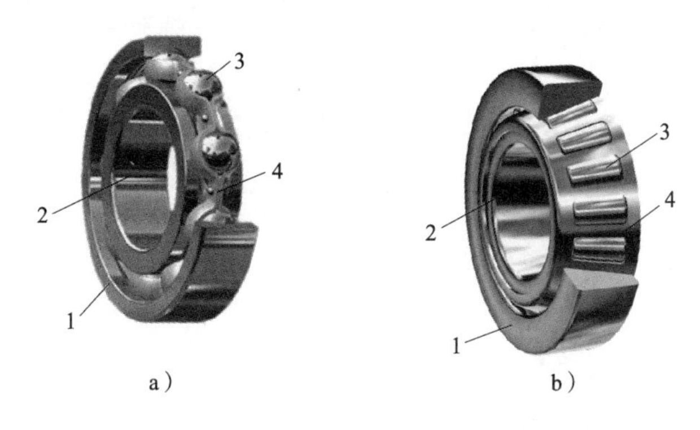

图 4—12　滚动轴承的结构

a）球轴承　b）滚子轴承

1—外圈　2—内圈　3—滚动体　4—保持架

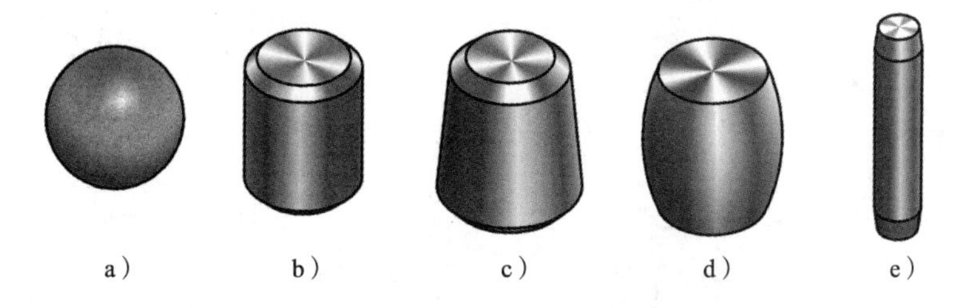

图 4—13　滚动体

a）球　b）圆柱滚子　c）圆锥滚子　d）球面滚子　e）滚针

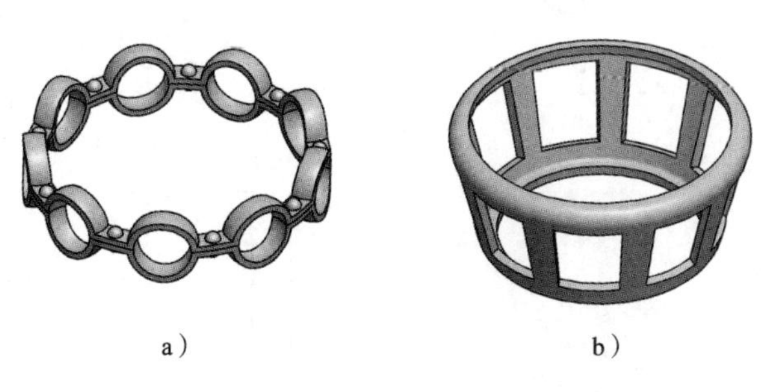

图 4—14　保持架

a）深沟球轴承用保持架　b）圆锥滚子轴承用保持架

2. 滚动轴承的类型

滚动轴承可分为向心轴承和推力轴承。向心轴承又可分为径向接触轴承和向心角接触轴承。径向接触轴承主要承受径向载荷，有些可承受较小的轴向载荷，向心角接触轴承能同时承受径向载荷和轴向载荷。推力轴承又可分为轴向接触轴承和推力角接触轴承。轴向接触轴承只能承受轴向载荷，推力角接触轴承主要承受轴向载荷，也可承受较小的径向载荷。

滚动轴承的种类非常多，以便满足各种不同的工况条件和要求，常用滚动轴承的类型和特性见表4—2。

表4—2　　常用滚动轴承的类型和特性

序号	轴承名称		结构图	结构简图	承载方向	基本特性
1	深沟球轴承（GB/T 276—2013）					主要承受径向载荷，也可同时承受少量双向轴向载荷。摩擦阻力小，极限转速高，结构简单，价格便宜，应用广泛
2	圆锥滚子轴承（GB/T 297—2015）					能同时承受较大的径向载荷和轴向载荷。内、外圈可分离，通常成对使用，对称布置安装
3	推力球轴承（GB/T 301—2015）	单向				只能承受单向轴向载荷，适用于轴向载荷大、转速不高的场合
		双向				可承受双向轴向载荷，适用于轴向载荷大、转速不高的场合

续表

序号	轴承名称	结构图	结构简图	承载方向	基本特性
4	圆柱滚子轴承（GB/T 283—2007）				有内圈无挡边、外圈无挡边等形式，图示为外圈无挡边圆柱滚子轴承，它只能承受纯径向载荷。与球轴承相比，承受载荷的能力较大，尤其是承受冲击载荷的能力大，但极限转速较低
5	调心球轴承（GB/T 281—2013）				主要承受径向载荷，同时可承受少量双向轴向载荷。外圈内滚道为球面，能自动调心，允许角偏差<3°。适用于弯曲刚度小的轴
6	调心滚子轴承（GB/T 288—2013）				主要承受径向载荷，同时能承受少量双向轴向载荷，其承载能力比调心球轴承大；具有自动调心性能，允许角偏差<2.5°。适用于重载和冲击载荷的场合
7	推力调心滚子轴承（GB/T 5859—2008）				可以承受很大的轴向载荷和不大的径向载荷，允许角偏差<3°。适用于重载和要求调心性能好的场合
8	角接触球轴承（GB/T 292—2007）				能同时承受径向载荷与轴向载荷。适用于转速较高，同时承受径向载荷和轴向载荷的场合

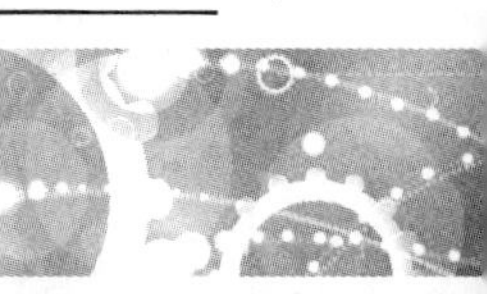

续表

序号	轴承名称	结构图	结构简图	承载方向	基本特性
9	推力圆柱滚子轴承(GB/T 4663—2017)		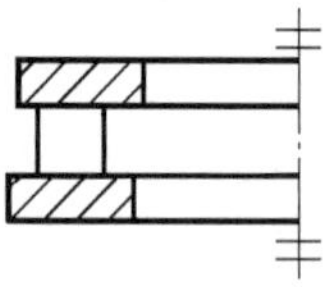		能承受很大的单向轴向载荷，承载能力比推力球轴承大得多，不允许有角偏差

3. 滚动轴承的标记

滚动轴承的标记由三部分组成，即：

轴承名称　轴承代号　标准编号

滚动轴承的标记示例：滚动轴承　6208　GB/T 276—1994。

根据 GB/T 276—1994 可知该滚动轴承为深沟球轴承，6208 是滚动轴承的代号，查阅标准可得该深沟球轴承的有关尺寸，如：轴承的宽度 $\boldsymbol{B}$=18 mm、内径 $\boldsymbol{d}$=40 mm、外径 $\boldsymbol{D}$=80 mm。

4. 滚动轴承的固定

一般情况下，滚动轴承的内圈装在被支承轴的轴颈上，外圈装在轴承座（或机座）孔内。安装滚动轴承时，对其内、外圈都要进行必要的轴向固定，以防运转中产生轴向窜动。

（1）滚动轴承内圈的轴向固定

轴承内圈在轴上通常用轴肩或套筒定位，定位端面与轴线要保持良好的垂直度。轴承内圈的轴向固定应根据所受轴向载荷的情况，适当选用轴端挡圈、圆螺母或轴用弹性挡圈等固定形式。常用的轴承内圈的轴向固定形式见表 4—3。

表 4—3　　常用的轴承内圈的轴向固定形式

形式	1. 利用轴肩的单向固定	2. 利用轴肩和弹性挡圈的双向固定
图示	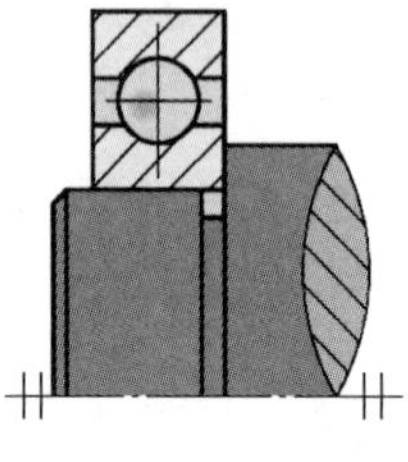	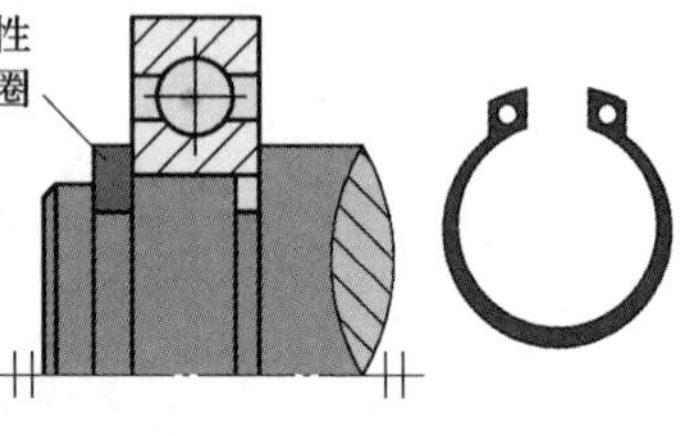 弹性挡圈
形式	3. 利用轴肩和轴端挡圈的双向固定	4. 利用轴肩和圆螺母的双向固定
图示	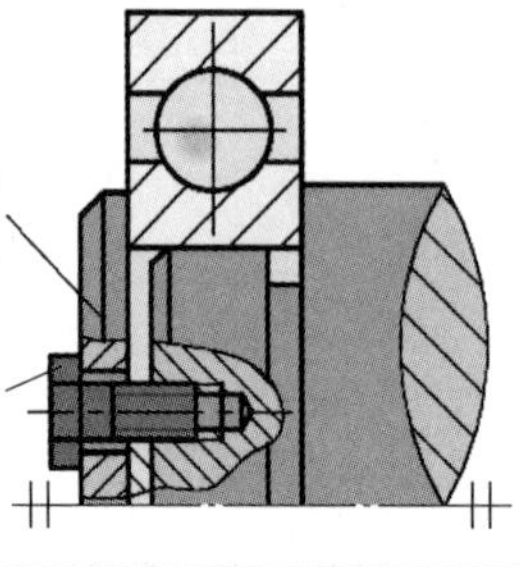 轴端挡圈 螺栓	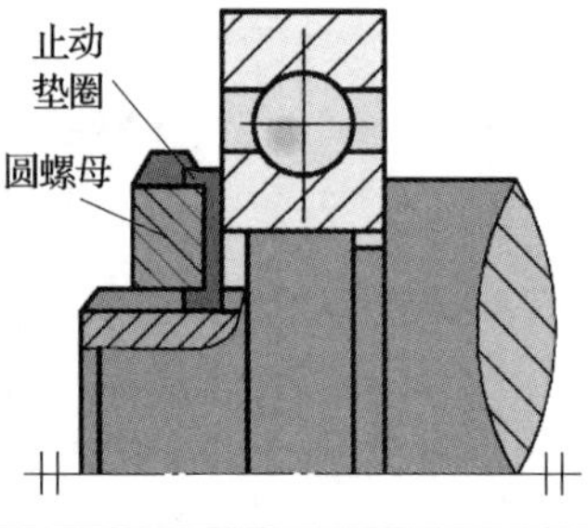 止动垫圈 圆螺母

(2) 滚动轴承外圈的轴向固定

轴承外圈在机座孔中一般用座孔的台阶定位，定位端面与轴线也需保持良好的垂直度。轴承外圈的轴向固定可采用轴承盖或孔用弹性挡圈等。常用的轴承外圈的轴向固定形式见表4—4。

表4—4　　常用的轴承外圈的轴向固定形式

形式	1. 利用轴承盖的单向固定	2. 利用轴承盖和座孔台阶的双向固定	3. 利用弹性挡圈和座孔台阶的双向固定
图示	调整垫片 轴承盖	调整垫片 轴承盖	弹性挡圈

5. 滚动轴承的密封

密封的目的是防止灰尘、水分、杂质等侵入轴承内部和阻止润滑剂的流失。良好的密封可保证机器正常工作，降低噪声并延长轴承的使用寿命。常用的密封方式有接触式密封和非接触式密封两类，见表4—5。

表4—5　　滚动轴承常用密封方式

类型		图示	说明	适用场合
接触式密封	毛毡圈密封		矩形断面的毛毡圈被安装在梯形槽内，它对轴产生一定的压力而起到密封作用	用于润滑脂润滑。要求环境清洁，轴颈圆周速度不高于4～5 m/s，工作温度不高于90℃
	皮碗密封		皮碗（又称油封）是标准件，其主要材料为耐油橡胶。安装时，如果皮碗密封唇朝里，则主要防止润滑剂泄漏；如果皮碗密封唇朝外，则主要防止灰尘、杂质侵入	用于润滑脂润滑或润滑油润滑。要求轴颈圆周速度小于7 m/s，工作温度不高于100℃

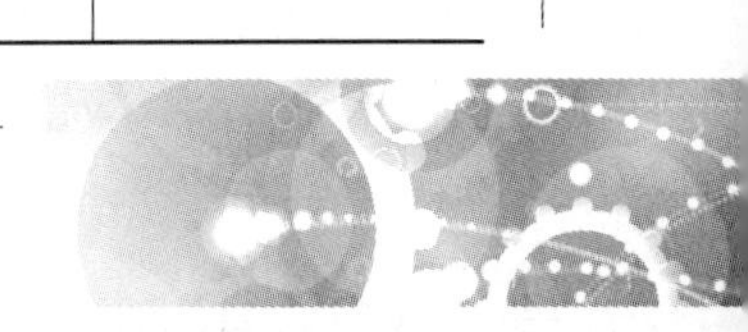

续表

类型			图示	说明	适用场合
非接触式密封	间隙密封		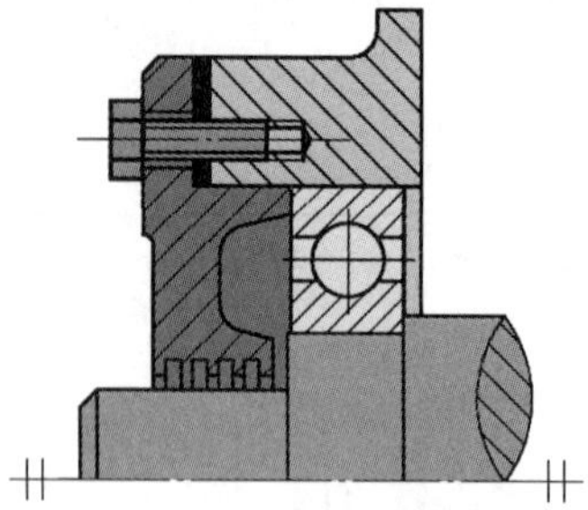	靠轴与轴承盖孔之间的细小间隙密封，间隙越小越长，效果越好，间隙一般取 0.1～0.3 mm，油沟能增强密封效果	用于润滑脂润滑。要求环境干燥、清洁
	曲路密封	径向	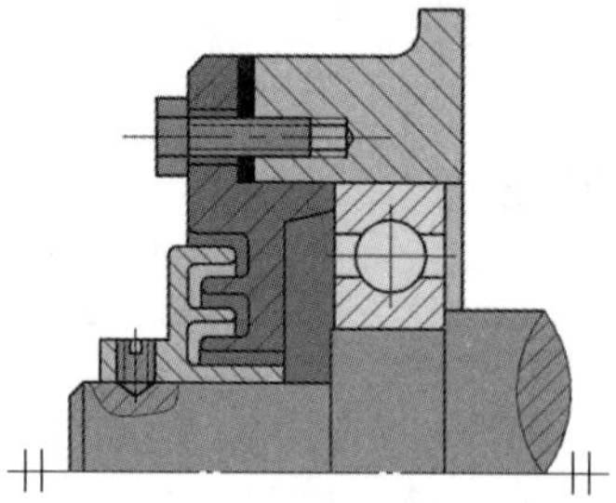	将旋转件与静止件之间的间隙做成曲路形式，在间隙中填充润滑油或润滑脂以增强密封效果	用于润滑脂润滑或润滑油润滑。要求密封效果可靠
		轴向			

二、滑动轴承

滑动轴承是指在滑动摩擦下工作的轴承，与滚动轴承相比，滑动轴承的主要优点是运转平稳可靠，径向尺寸小，承载能力大，抗冲击能力强，能获得很高的旋转精度，可实现液体润滑，并能在较恶劣的条件下工作。滑动轴承适用于低速、重载或转速特别高、对轴的支撑精度要求较高以及径向尺寸受限制的场合。

1. 滑动轴承的主要结构形式

滑动轴承一般由轴承座、轴瓦、润滑装置和密封装置等部分组成。滑动轴承按承载方向分为径向滑动轴承和止推滑动轴承。

（1）径向滑动轴承

径向滑动轴承是指承受径向载荷的滑动轴承，主要有整体式径向滑动轴承、剖分式径向滑动轴承和调心式径向滑动轴承等。

1）整体式径向滑动轴承

整体式径向滑动轴承的结构形式如图 4—15 所示，它由轴承座、整体轴瓦等组成。

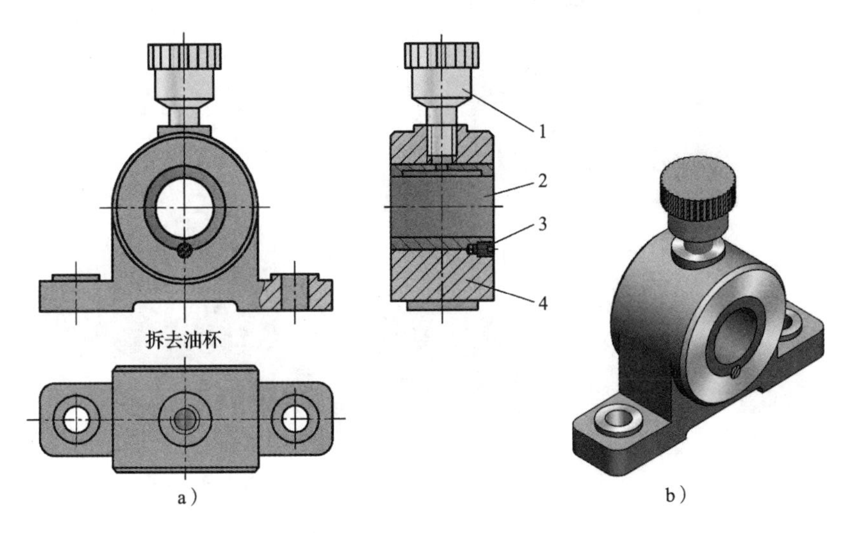

图 4—15 整体式径向滑动轴承

a）结构图 b）实体图

1—油杯 2—整体轴瓦 3—紧定螺钉 4—轴承座

轴承座上面设有安装润滑油杯的螺纹孔，在轴瓦上开有油孔，并在轴瓦的内表面上开有油槽。

整体式径向滑动轴承的优点是结构简单，成本低廉。它的缺点是轴瓦磨损后，轴承间隙过大时无法调整；另外，只能从轴径端部装拆，对于重型机械的轴或具有中间轴颈的轴，装拆很不方便。所以，它多用于低速、轻载或间歇性工作的机器中。

2）剖分式径向滑动轴承

剖分式径向滑动轴承的结构如图 4—16 所示，它由轴承座、轴承盖、剖分式轴瓦和连接螺栓等组成。轴承盖和轴承座的剖分面常做成阶梯形，以便于对中定位。轴承盖上有螺孔，用于安装油杯或油管。剖分式轴瓦由上下两部分组成，在上轴瓦上开设油孔和油槽，润滑油通过油孔和油槽流入轴承间隙。

剖分式径向滑动轴承装拆方便，磨损后轴承的径向间隙可以通过减少剖分面处的垫片厚度来调整，因此应用较广。

3）调心式径向滑动轴承

若轴承的宽度较大（宽度∶直径＞1.5）时，常把轴瓦的支承面做成球面，与轴承盖及轴承座的球形内表面配合，如图 4—17 所示。轴瓦可以自动调位，以适应轴受力弯曲时轴线产生的倾斜，避免轴与轴承两端局部接触而产生的磨损。但球面不易加工。

（2）止推滑动轴承

止推滑动轴承是指用来承受轴向载荷的滑动轴承，又称为推力滑动轴承。图 4—18 所示为一种立式止推滑动轴承，由轴承座 1、衬套 3、径向轴瓦 5、止推轴瓦 2、销钉 6 等组成，止推轴瓦 2 的底部为球面，以便于对中和保证工作表面受力均匀；销钉 6 用来防止止推轴瓦随轴转动。润滑油由下部油管注入，从上部油管导出。

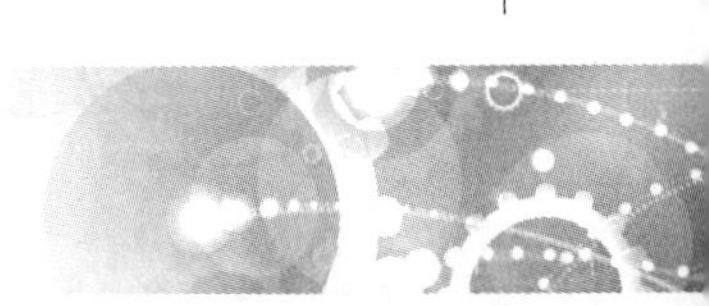

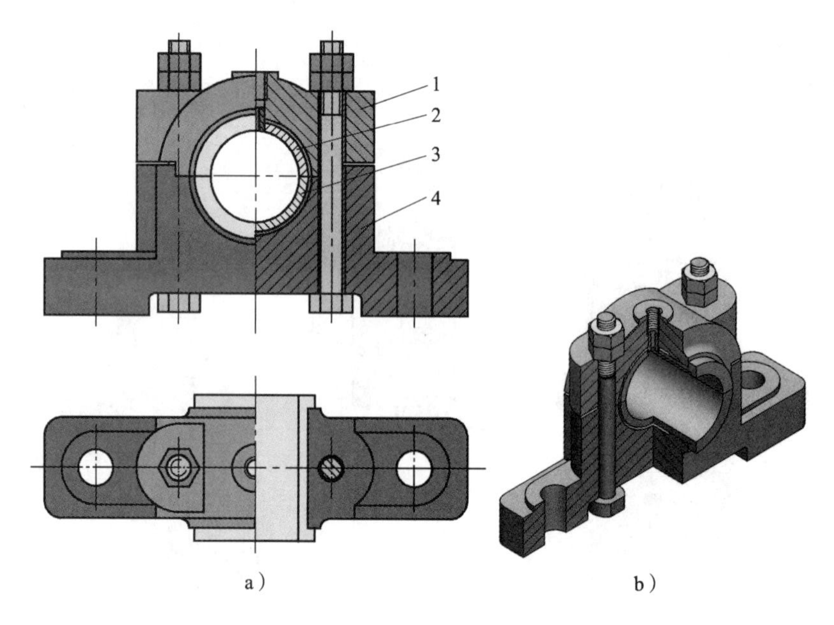

图 4—16　剖分式径向滑动轴承

a）结构图　b）实体图

1—轴承盖　2—上轴瓦　3—下轴瓦　4—轴承座

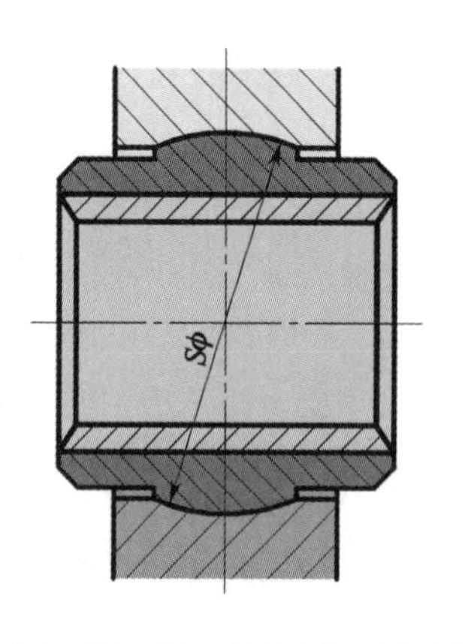

图 4—17　调心式径向滑动轴承

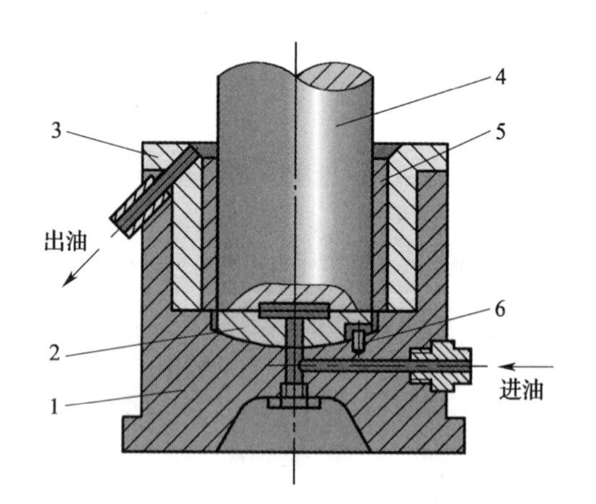

图 4—18　止推滑动轴承

1—轴承座　2—止推轴瓦　3—衬套

4—轴　5—径向轴瓦　6—销钉

2. 轴瓦的结构及材料

（1）轴瓦的结构

径向滑动轴承的轴瓦有整体式和对开式两种。整体式轴瓦（又称轴套）用于整体式滑动轴承，对开式轴瓦用于对开式滑动轴承。

1）整体式轴瓦

整体式轴瓦的结构如图 4—19 所示，有整体轴瓦和卷制轴瓦等结构。图 4—19b 的轴瓦制有油孔与油沟，以便于给轴承注入润滑油。卷制轴瓦是用轴承材料或敷有轴承材料的钢带卷制而成的薄壁轴套。

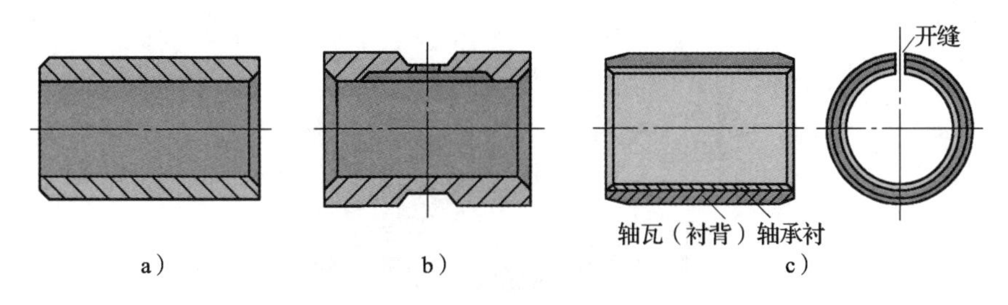

图 4—19　整体式轴瓦
a)、b）整体轴瓦　c）卷制轴瓦

2）对开式轴瓦

对开式轴瓦的结构如图 4—20 所示，主要由上、下两半轴瓦组成，剖分面上开有轴向油槽，轴瓦由单层材料或多层材料制成。双层轴瓦由轴承衬背和减摩层组成，轴承衬背具有一定的强度和刚度，减摩层具有较好的减摩性和耐磨性。

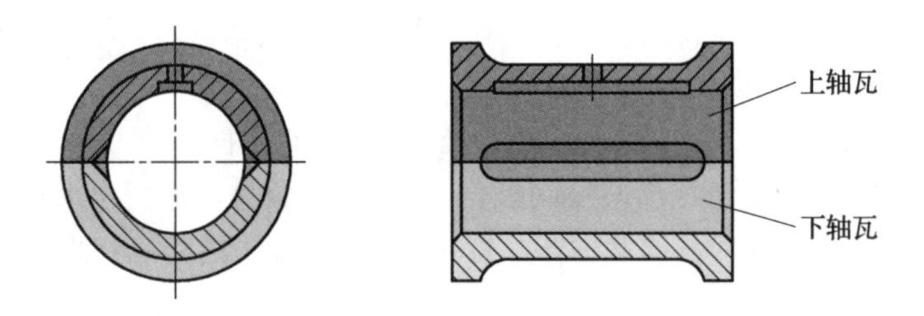

图 4—20　对开式轴瓦

（2）轴瓦的材料

轴瓦的材料应根据轴承的工作情况进行选择。由于轴瓦在使用时会产生摩擦、磨损、发热等问题，因此，要求轴瓦的材料具有良好的减摩性、耐磨性和抗胶合性，以及足够的强度、易跑合、易加工等性能。常用的轴瓦材料有轴承合金、铜合金、铸铁及非金属材料、粉末冶金材料等。

第 3 节　联轴器、离合器和制动器

在生产、生活中，许多机器或设备都需要用到联轴器、离合器和制动器。联轴器和离合器用来连接两轴，使之一同回转并传递运动与转矩，有时也用作安全装置。联轴器在机器停车后用拆卸方法才能把两轴分离或连接。离合器在机械运转过程中，可使两轴随时结合或分离。制动器主要用来降低机械运动速度或使机械停止运转，有时也用作限速装置。

一、联轴器

联轴器是机械传动中的常用部件，用联轴器连接的两根轴属于不同的机器或部件，如图 4—21 所示为离心泵结构简图，电动机与减速器、减速器与泵之间采用了联轴器连接。

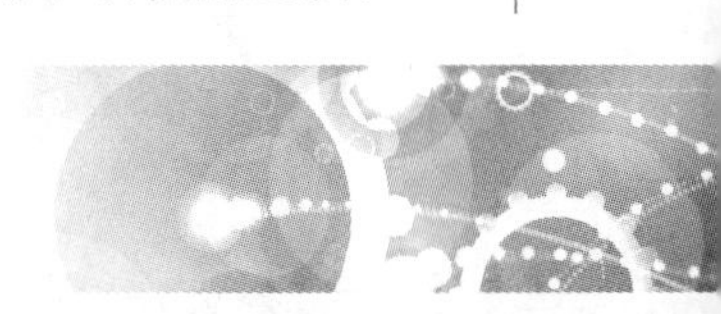

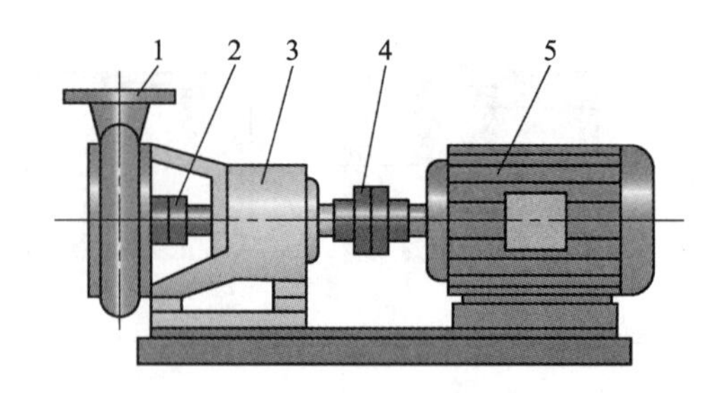

图 4—21　离心泵结构简图

1—离心式水泵　2、4—联轴器　3—减速器　5—电动机

联轴器的类型很多，根据性能可分为刚性联轴器和挠性联轴器两类，其中挠性联轴器又分为无弹性元件挠性联轴器和有弹性元件挠性联轴器。

1. 刚性联轴器

刚性联轴器结构简单、制造容易、不需要维护、成本低，但是不具有补偿功能，要求两轴严格精确对中。常用的刚性联轴器有凸缘联轴器和套筒联轴器等。

（1）凸缘联轴器

凸缘联轴器应用最为广泛，其结构如图 4—22 所示，它由两个半联轴器（凸缘盘）、连接螺栓和键等组成。图 4—22a 所示为凸缘联轴器（基本型），它依靠配合螺栓连接实现两轴对中。图 4—22b 所示为有对中榫凸缘联轴器，通常靠半联轴器上的凸肩和凹槽实现两轴对中。

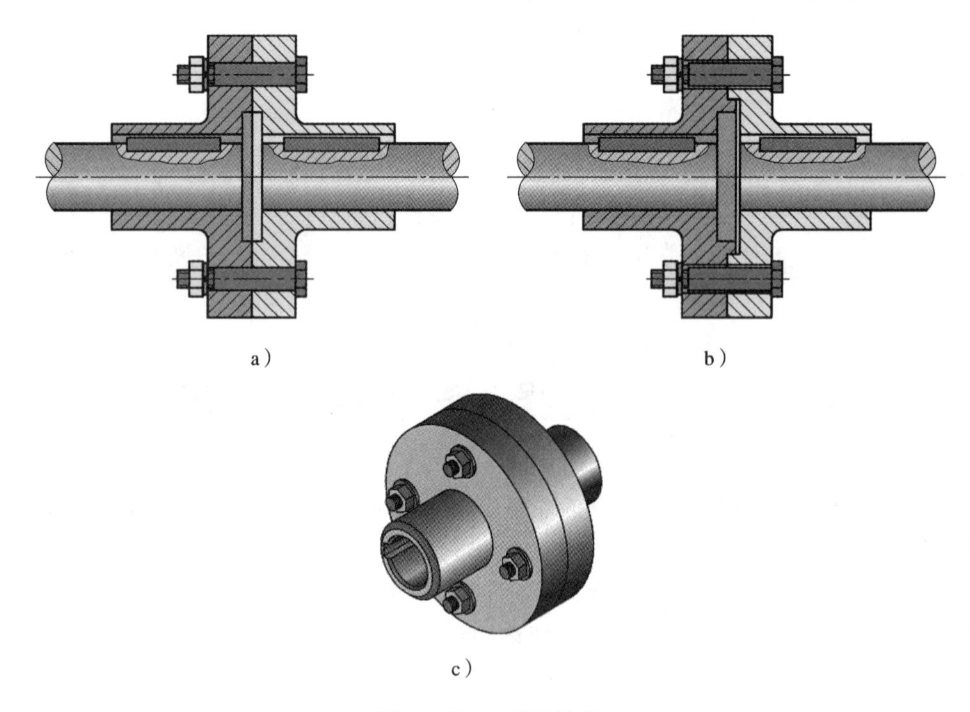

图 4—22　凸缘联轴器

a）凸缘联轴器（基本型）　b）有对中榫凸缘联轴器　c）立体图

凸缘联轴器结构简单，工作可靠，传递转矩大，装拆方便，适用于连接两轴刚性大、对中性好、安装精度高且转速较低、载荷平稳的场合。凸缘联轴器已经标准化，其尺寸可按有

关国家标准选用。

(2) 套筒联轴器

如图 4—23 所示，套筒联轴器由套筒、连接件（键、圆锥销）等组成。图 4—23a 所示套筒联轴器中，用平键将套筒和轴连为一体，可传递较大的转矩，紧定螺钉用作套筒的轴向固定。图 4—23b 所示套筒联轴器是用圆锥销将套筒和轴连为一体，传递转矩较小。

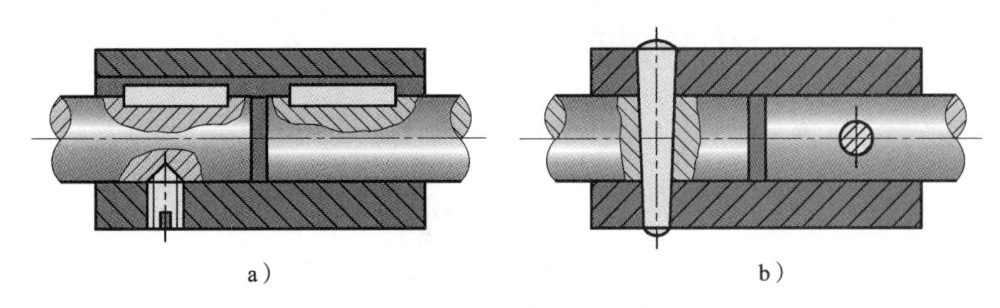

图 4—23　套筒联轴器

a）用平键连接套筒和轴　b）用圆锥销相连套筒和轴

套筒联轴器制造容易，零件数量较少，结构紧凑，径向外形尺寸较小，但装拆时被连接件需要沿轴向移动较大距离。套筒联轴器适用于两轴能严格对中、载荷不大且较为平稳、并要求联轴器径向尺寸小的场合。此种联轴器目前尚无标准，需要自行设计。

2. 无弹性元件挠性联轴器

无弹性元件挠性联轴器是利用自身具有的相对可动元件或间隙，使联轴器具有一定的位置补偿能力。因此允许相连两轴间存在一定的相对位移，这类联轴器适用于调整和运转时很难达到两轴完全对中的情况，常用的有滑块联轴器、齿式联轴器等。

(1) 滑块联轴器

如图 4—24 所示，滑块联轴器是利用滑块 4 在其两侧半联轴器 3、5 端面的相应径向槽内的滑动，以实现两半联轴器的连接，并获得补偿两相连轴相对位移的能力。这种联轴器的主要优点是允许两轴有较大的位移。由于滑块偏心运动产生离心力，使这种联轴器只适用于低速运转、轴的刚度较大、无剧烈冲击的场合。

(2) 齿式联轴器

如图 4—25 所示，齿式联轴器由两个带内齿的外壳和两个带外齿的内套筒组成，两个内套筒分别用键和两轴连接，两个外套筒用螺栓连为一体，利用内、外轮齿的啮合传递转矩。

齿式联轴器同时啮合的齿数多，承载能力强，结构紧凑，使用的速度范围广，工作可靠，且又具有较大的位移补偿能力，因而被广泛应用于重载下工作或高速运转的水平轴连接。这种联轴器的缺点是结构较为复杂、笨重，造价高。

3. 有弹性元件挠性联轴器

常用的有弹性元件挠性联轴器有弹性柱销联轴器和弹性套柱销联轴器等。

(1) 弹性柱销联轴器

弹性柱销联轴器也称为尼龙柱销联轴器，如图 4—26 所示，它是利用若干个由非金属材料制成的柱销置于两个半联轴器的凸缘上的孔中，以实现两轴的连接。为了防止柱销滑出，在柱销两端配置挡板。柱销通常用尼龙制成，而尼龙具有一定的弹性和较好的耐磨性。

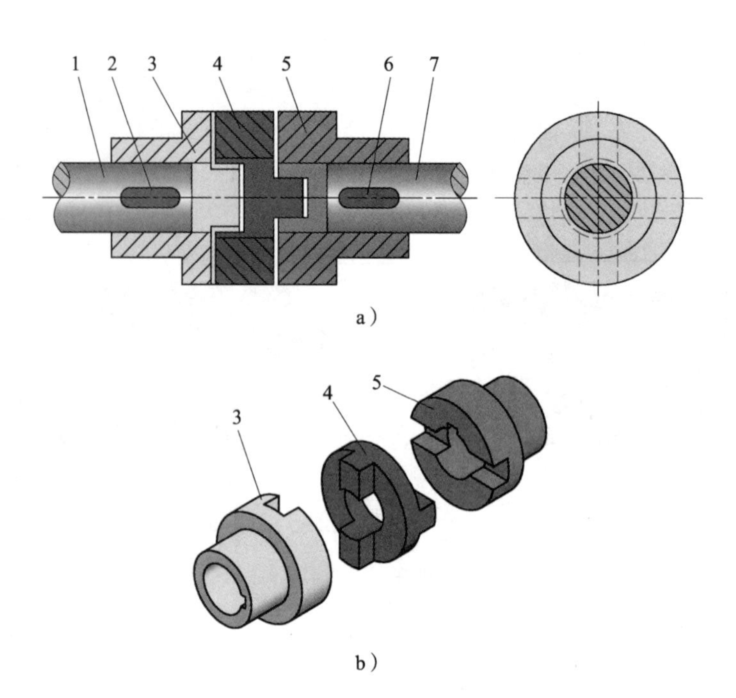

图 4—24　滑块联轴器

a）视图　b）立体图

1、7—轴　2、6—平键　3、5—半联轴器　4—滑块

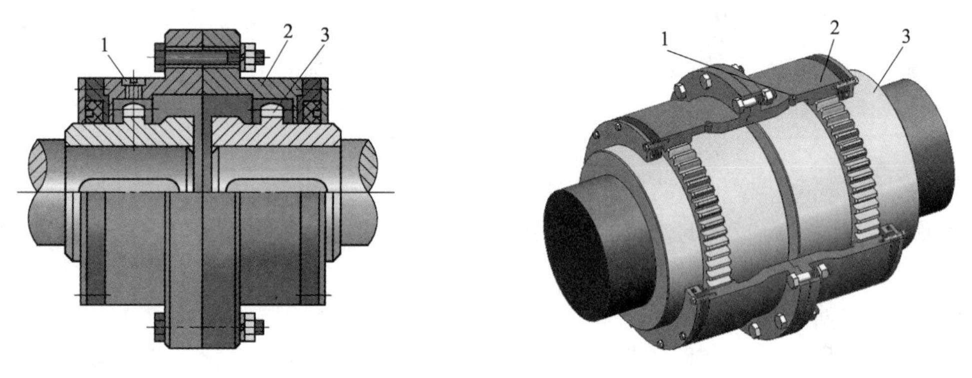

图 4—25　齿式联轴器

1—注油孔　2—有内齿的外壳　3—有外齿的套筒

这种联轴器的结构简单，制造、安装和维修方便，可以补偿两轴偏移、吸振和缓冲，多用于双向运转、启动频繁、转速较高、转矩不大的场合。尼龙对温度较敏感，一般在－20～60℃的环境温度下工作。

（2）弹性套柱销联轴器

如图 4—27 所示，弹性套柱销联轴器与凸缘联轴器很相似，所不同的是用套有弹性套的柱销代替螺栓，工作时通过弹性套传递转矩。利用弹性套，不仅可以补偿偏移，而且还可以缓冲和吸振，但弹性套容易损坏，通常用于转速较高、频繁启动和旋转方向需要经常改变的场合。

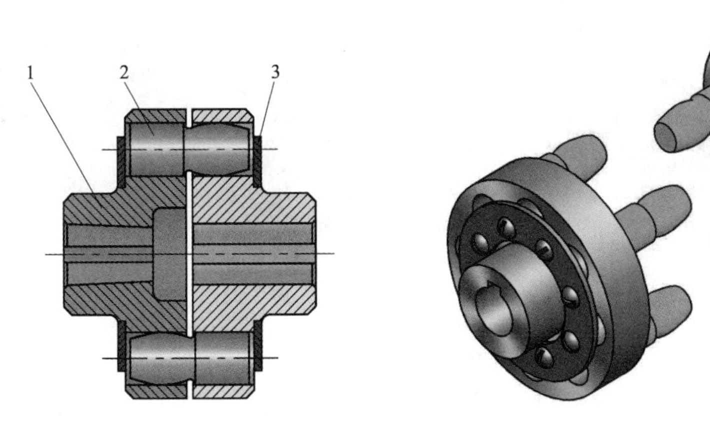

图 4—26　弹性柱销联轴器

1—半联轴器　2—弹性柱销　3—挡板

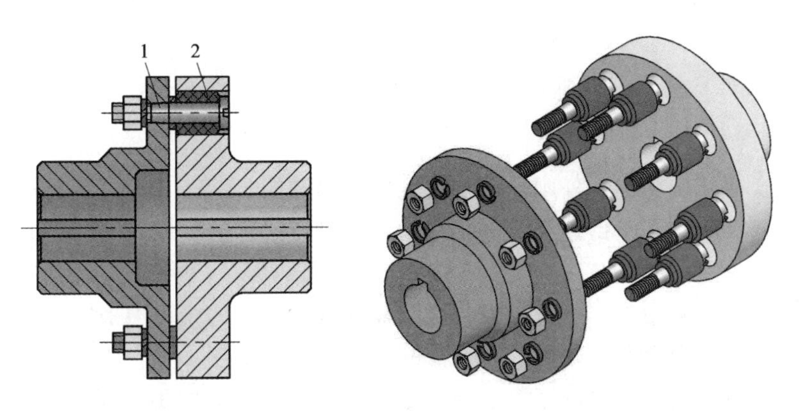

图 4—27　弹性套柱销联轴器

1—柱销　2—弹性套

二、离合器

离合器是一种可以通过各种操纵方式，实现从动轴与主动轴在运转过程中进行接合或分离的装置。离合器按其接合元件传动的工作原理，可分为摩擦式离合器和牙嵌式离合器；按控制方式可分为操纵离合器和自控离合器。操纵离合器需要借助人力或动力进行操纵，又分为电磁离合器、气压离合器、液压离合器和机械离合器；自控离合器不需要外来操纵即可在一定条件下自动实现离合器的分离或结合，又分为安全离合器、离心离合器和超越离合器。下面介绍几种常见的离合器。

1. 牙嵌式离合器

牙嵌式离合器由两个端面带牙的半离合器组成，如图 4—28 所示。左半离合器 1 用普通型平键和紧定螺钉固定在主动轴上，右半离合器 2 则用导向键（或花键）与从动轴构成可滑动的连接。通过操纵机构可使右半离合器 2 沿导向键轴向移动，以实现两半离合器的接合和分离。为了保证两轴的对中，在主动轴上的左半离合器 1 上装有一个对中环 5，从动轴的轴端始终置于对中环的内孔中。当离合器接合时，从动轴与对中环同步旋转；当离合器分离时，对中环继续旋转而从动轴不转。牙嵌式离合器常用的牙型有三角形、梯形和矩形等，如图 4—29 所示。

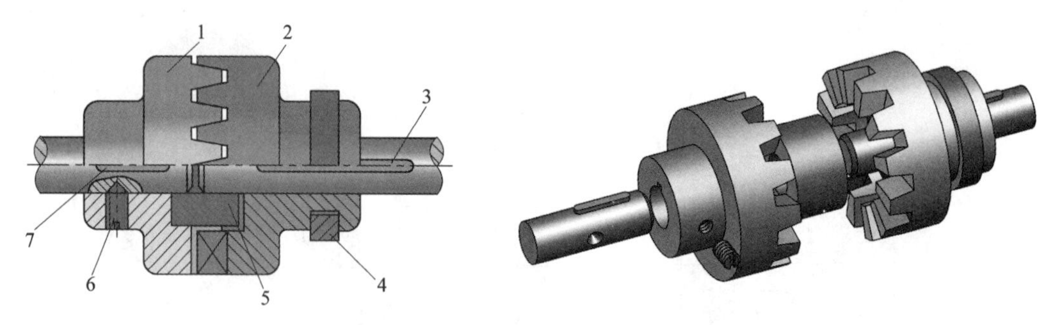

图 4—28　牙嵌式离合器

1—左半离合器　2—右半离合器　3—导向键　4—滑环
5—对中环　6—紧定螺钉　7—平键

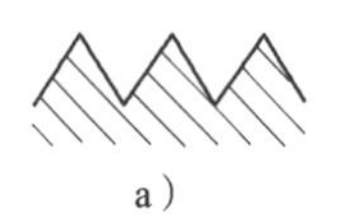

a）

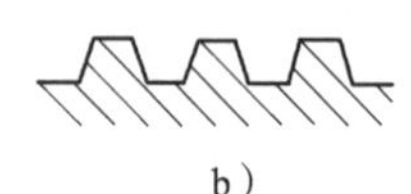

b）

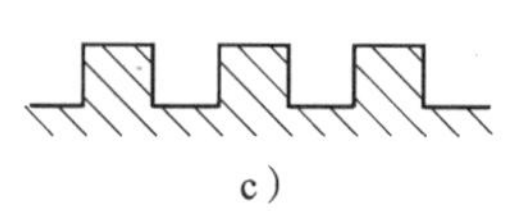

c）

图 4—29　常用牙嵌式离合器的牙型

a）三角形　b）梯形　c）矩形

牙嵌式离合器结构简单、外廓尺寸小，能保证两轴同步运转，但只能在停车或低速转动时才能进行接合，故常用于低速和不需要在运转中进行接合的机械。

2. 单圆盘摩擦式离合器

摩擦式离合器是利用主、从动半离合器摩擦片接触面间的摩擦力来传递转矩的，它是能在高速下离合的机械离合器。摩擦式离合器的形式很多，如图 4—30 所示为单圆盘摩擦式离合器，主动摩擦盘 2 与主动轴 1 用普通型平键连接，从动摩擦盘 3 与从动轴 4 通过导向型平键连接。工作时，利用操纵装置对从动摩擦盘 3 上的滑环 7 施加一个轴向压力，使从动摩擦盘 3 向右移动，与主动摩擦盘 2 接触并压紧，从而在两圆盘的结合面间产生摩擦力以传递转矩。单圆盘摩擦式离合器结构简单、散热性好，但传递的转矩较小。

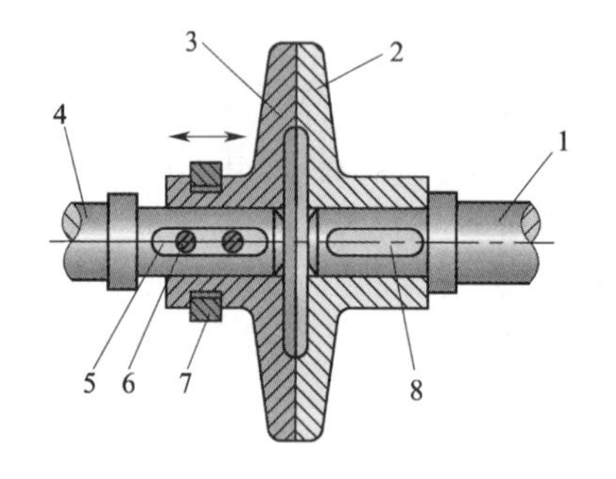

图 4—30　单圆盘摩擦式离合器

1—主动轴　2—主动摩擦盘　3—从动摩擦盘　4—从动轴
5—导向型平键　6—螺钉　7—滑环　8—普通型平键

3. 多片摩擦式离合器

如图 4—31 所示，多片摩擦式离合器有两组摩擦片，一组外摩擦片 4（见图 4—31c）的外缘上有三个凸齿，被镶插在毂轮 2 内缘的纵向凹槽中，外摩擦片的内孔壁不与任何零件接触，故可随主动轴 1 一起转动；另一组内摩擦片 5（见图 4—31d）的内孔壁上有三个凸齿与内套筒 10 外缘上的纵向凹槽配合，内摩擦片的外缘不与任何零件接触，故可随从动轴 11 一起转动。内、外两组摩擦片均可沿轴向移动。另外，在内套筒 10 上开有三个纵向槽，槽中装有可绕轴销转动的曲臂压杆 9，当滑环 8 向左移动时，曲臂压杆 9 可通过压板 3，将所有内、外摩擦片压在调节螺母 7 上，使离合器处于接合状态；当滑环 8 向右移动时，曲臂压杆 9 由弹簧片顶起，此时主动轴 1 与从动轴 11 的传动被分离。多片摩擦式离合器可以通过增加摩擦片的数目提高传递转矩的能力。

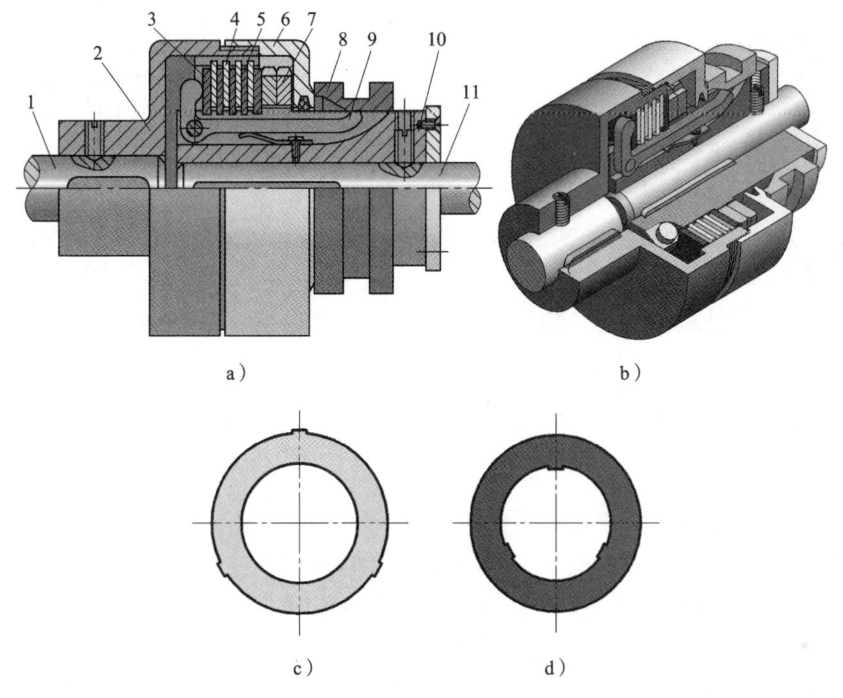

图 4—31　多片摩擦式离合器

a）视图　b）立体图　c）外摩擦片　d）内摩擦片

1—主动轴　2—毂轮　3—压板　4—外摩擦片　5—内摩擦片　6—外壳　7—调节螺母

8—滑环　9—曲臂压杆　10—内套筒　11—从动轴

多片摩擦式离合器能传递较大的转矩而又不会使其径向尺寸过大，故在机床、汽车等机械中得到广泛应用。

三、制动器

制动器是用于机械减速或使其停止的装置，有时也用来调节或限制机械的运动速度，它是保证机械正常安全工作的重要部件。常用的制动器是利用摩擦力制动的摩擦制动器。按制动零件的结构特征不同，制动器一般有带式制动器、内张蹄式制动器和外抱块式制动器等。

1. 带式制动器

如图 4—32 所示，带式制动器由闸带、制动轮和杠杆等组成，当力 $\boldsymbol{F}$ 作用时，利用杠杆机构收紧闸带而抱住制动轮，靠闸带与制动轮间的摩擦力达到制动的目的。带式制动器结构简单，径向尺寸小，但制动力不大。为了增加摩擦效果，闸带材料一般为钢带上覆以石棉或夹铁砂帆布。带式制动器常用于中、小载荷的起重运输机械、车辆及人力操纵的机械中。

2. 内张蹄式制动器

内张蹄式制动器如图 4—33 所示，两个制动蹄分别通过两个销轴与机架铰接，制动蹄表面装有摩擦片，制动轮与需要制动的轴连为一体。制动时，液压油进入液压缸 4，推动活塞向外伸出，克服弹簧力并使制动蹄压紧制动轮，从而使制动轮制动。这种制动器结构紧凑，广泛应用于各种车辆以及结构尺寸受限制的机械中。

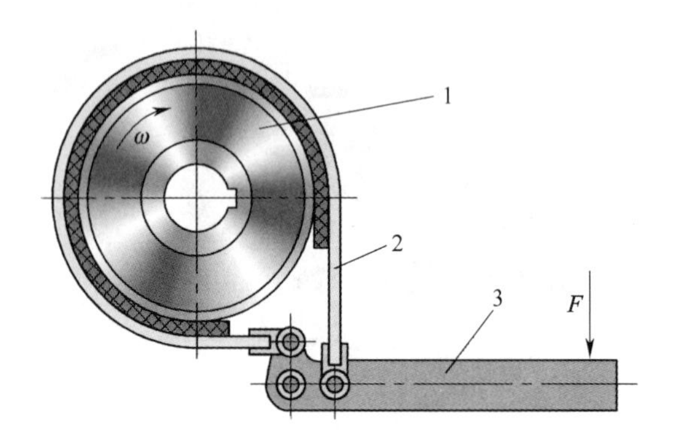

图 4—32　带式制动器
1—制动轮　2—闸带　3—杠杆

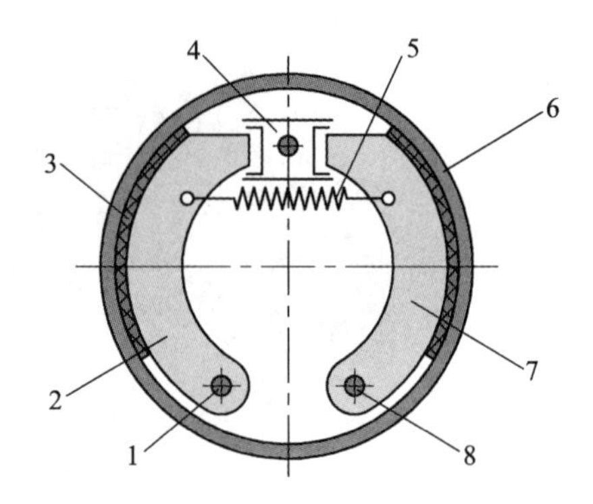

图 4—33　内张蹄式制动器
1、8—销轴　2、7—制动蹄　3—摩擦片
4—液压缸　5—弹簧　6—制动轮

3. 外抱块式制动器

外抱块式制动器如图 4—34 所示，弹簧 3 通过制动臂 5 使闸瓦块 2 压紧在制动轮 1 上，使制动器处于闭合（制动）状态。当松闸器 6 通入电流时，利用电磁作用把顶柱顶起，通过推杆 4 带动制动臂 5 向外张开，使闸瓦块 2 与制动轮 1 松脱。闸瓦块的材料可采用铸铁，也可在铸铁上覆以皮革或石棉。这种制动器制动和开启迅速、尺寸小、质量轻，但制动时冲击大，不适用于制动力矩大和需要频繁启动的场合。

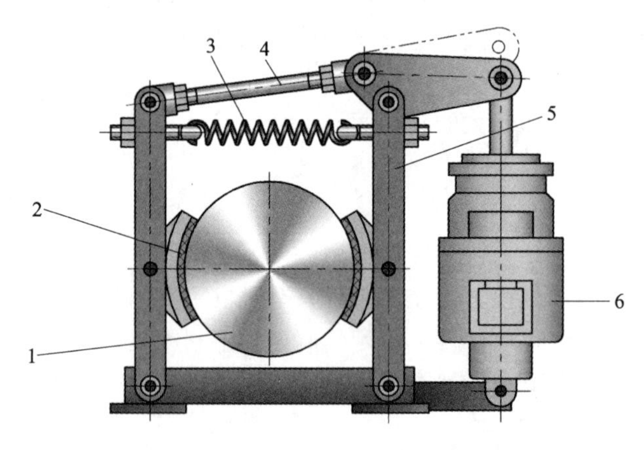

图 4—34　外抱块式制动器
1—制动轮　2—闸瓦块　3—弹簧　4—推杆　5—制动臂　6—松闸器

第4节　弹　　簧

一、弹簧及主要类型

弹簧是利用材料的弹性和结构特点，实现机械功与变形能量相互转换的一种零件。弹簧按受载性质分为拉伸弹簧、压缩弹簧、扭转弹簧、弯曲弹簧，按形状可分为螺旋弹簧、蝶形弹簧、环形弹簧、盘簧和板弹簧等。常用的弹簧主要有圆柱螺旋压缩弹簧、圆柱螺栓拉伸弹簧、涡卷弹簧和板弹簧等。

二、常用弹簧的结构、特点及应用

常用弹簧的结构、特点及应用见表4—6。

表4—6　　常用弹簧的结构、特点及应用

类型	结构	特点及应用
圆柱螺旋压缩弹簧	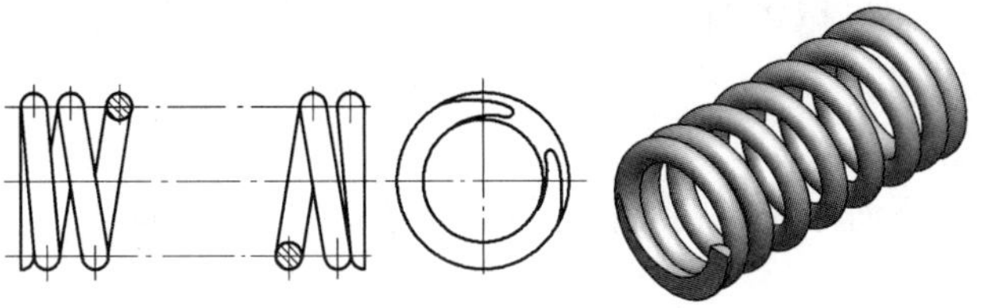	刚度稳定，结构简单，制造方便，应用广泛，主要承受压力
圆柱螺旋拉伸弹簧	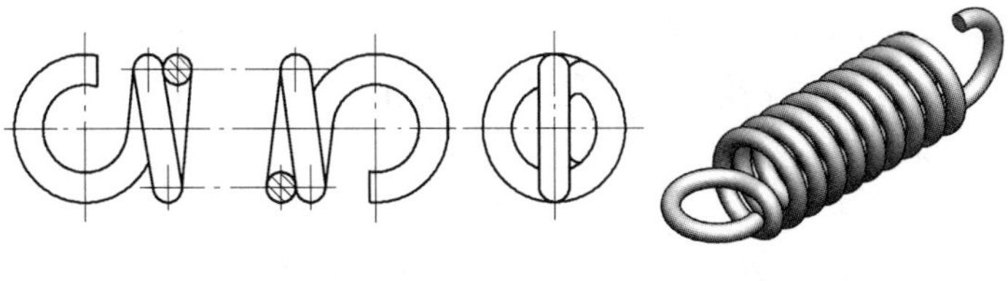	刚度稳定，结构简单，制造方便，应用广泛，主要承受拉力
圆柱螺旋扭转弹簧	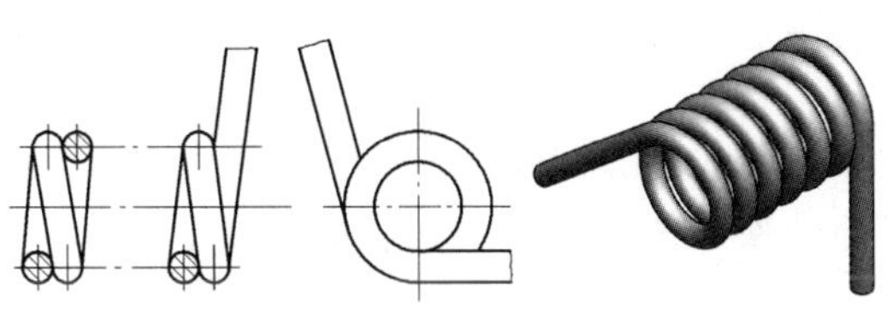	在各种装置中用于压紧、储能或传递转矩
涡卷弹簧	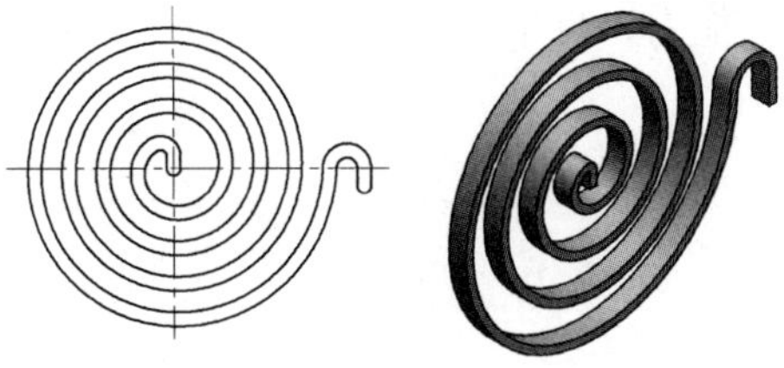	变形角大，能储存的能量大，轴向尺寸较小，多用于钟表、仪器中的储能弹簧

续表

类型	结构	特点及应用
板弹簧	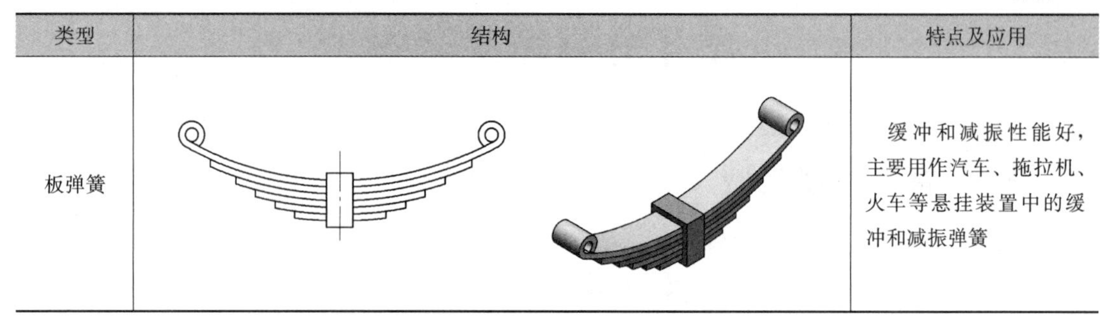	缓冲和减振性能好，主要用作汽车、拖拉机、火车等悬挂装置中的缓冲和减振弹簧

第5节　机械润滑

一、润滑及作用

机械中的可动零部件，在压力下接触而做相对运动时，其接触表面间就会产生摩擦，造成能量损耗和机械磨损，影响机械运动精度和使用寿命。因此需要对运动的零部件进行润滑，润滑主要有以下几种作用。

1. 减少摩擦，减轻磨损

加入润滑剂后，在摩擦表面形成一层油膜，可防止金属直接接触，从而大大减少了摩擦损失和机械功率的损耗。

2. 降温冷却

摩擦表面经润滑后其摩擦因数大为降低，使摩擦发热量减少；当采用润滑油循环润滑时，润滑油流过摩擦表面带走部分摩擦热量，起散热降温作用，保证了运转部位不会升温过高。

3. 防止腐蚀

润滑油、润滑脂的分子吸附在金属表面，能隔绝水分、潮湿空气和金属表面接触，起到防腐、防锈和保护金属表面的作用。

4. 冲洗、密封

可利用润滑剂的流动把摩擦表面间的磨粒或杂质带走，防止物体磨损，以延长零件的使用寿命。同时，润滑剂与润滑油能深入各种间隙，防止外来水分、杂质的侵入，起到密封作用。

5. 缓冲减振

润滑剂都有在金属表面附着的能力，且本身的剪切阻力小，所以在运动副表面受到冲击载荷时，具有一定的吸振能力。

二、常用润滑剂

1. 润滑油

润滑油一般由基础油和添加剂两部分组成。基础油主要分矿物基础油、合成基础油以及生物基础油三大类，矿物基础油应用广泛。添加剂可改善其物理化学性质，对润滑油赋予新的特殊性能，或加强其原来具有的某种性能，满足更高的要求。

2. 润滑脂

润滑脂是一种黏稠的凝胶状半固体，强度高，能承受较大的载荷，而且不易流失，便于密封和维护，一次充脂可以维持较长时间，无须经常补充或更换。润滑脂主要用于机械的摩擦部分，起润滑和密封作用；也常用于金属表面，起填充空隙和防锈作用。润滑脂主要由矿物油（或合成润滑油）和稠化剂调制而成。常用的润滑脂主要有钙基润滑脂、钠基润滑脂、锂基润滑脂、铝基润滑脂等，其中钙基润滑脂应用最广，它呈黄色，具有良好的抗水性，但耐热性能差。

3. 固体润滑剂

固体润滑剂呈粉末状，其材料有无机化合物、有机化合物、金属及金属化合物等，其中以石墨和二硫化钼应用最广。

三、常用润滑方式

润滑的供油方式根据工作时间可分为间歇式和连续式两种，常用间歇式润滑方式及装置见表 4—7，常用连续式润滑方式及装置见表 4—8。

表 4—7　　常用间歇式润滑方式及装置

润滑装置	装置示意图	工作原理
针阀式油杯	手柄 调节螺母 弹簧 油孔 杯体 针阀	用于润滑油润滑。手柄置于垂直位置时，针阀上升，油孔打开供油；手柄置于水平位置时，针阀降回原位，停止供油。旋动调节螺母可调节注油量的大小
旋套式油杯	杯体 旋套	用于润滑油润滑。转动旋套，使旋套孔与杯体注油孔对正时可用油壶或油枪注油。不注油时，旋套壁遮挡杯体注油孔，起密封作用

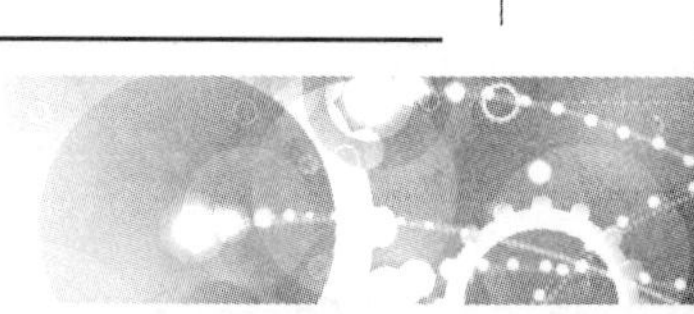

续表

润滑装置	装置示意图	工作原理
压配式油杯	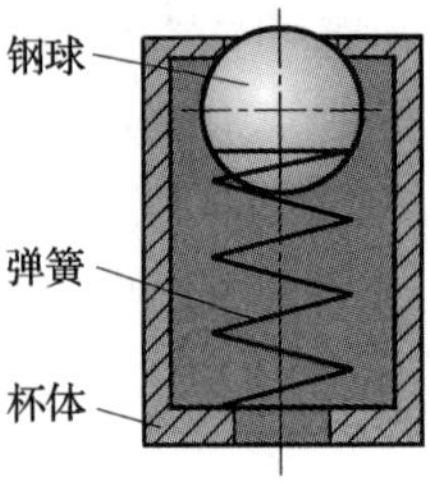	用于润滑油润滑或润滑脂润滑。将钢球压下可注润滑油（或润滑脂）。不注润滑油（或润滑脂）时，钢球在弹簧的作用下，使杯体注油孔封闭
旋盖式油杯	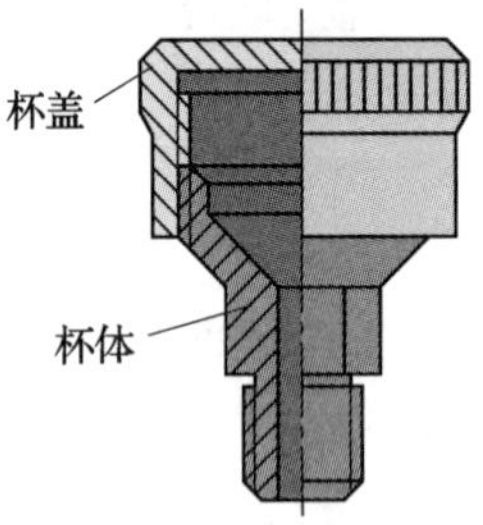	用于润滑脂润滑。杯盖与杯体采用螺纹连接，旋合时在杯体和杯盖中都装满润滑脂，定期旋转杯盖压缩润滑脂的体积，可将润滑脂挤入轴承内

表 4—8　　常用连续式润滑方式及装置

润滑装置	装置示意图	工作原理
芯捻式油杯	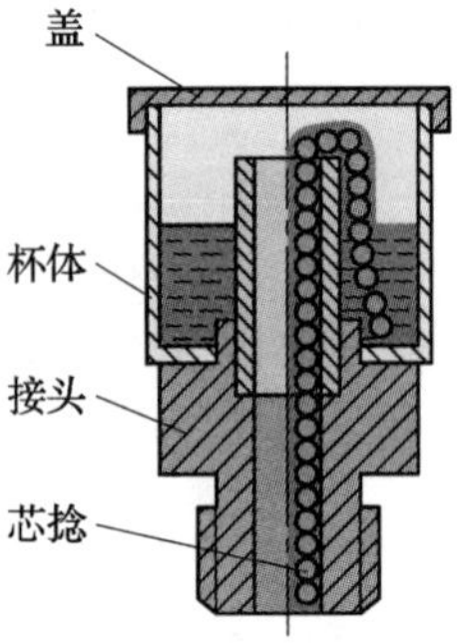	用于润滑油润滑。杯体中储存润滑油，靠芯捻的毛细作用实现连续润滑。这种润滑方式注油量较小，适用于轻载及轴颈转速不高的场合
油环润滑	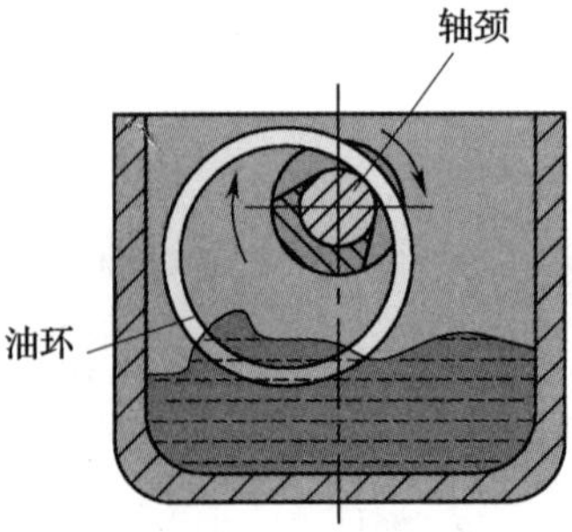	油环套在轴颈上并浸入油池，轴旋转时，靠摩擦力带动油环转动，将润滑油带至轴颈处进行润滑。这种润滑方式结构简单，但由于是靠摩擦力带动油环甩油，故轴的转速需适当方能充足供油

续表

润滑装置	装置示意图	工作原理
压力润滑	轴颈 油泵 油箱	利用油泵将压力润滑油送入轴承进行润滑。这种润滑方式工作可靠，但结构复杂，对轴承的密封性要求高，且费用较高。适用于大型、重载、高速、精密和自动化机械设备

四、常用机械零部件的润滑

1. 齿轮传动的润滑

齿轮传动中，由于啮合面的相对滑动，使齿面间产生摩擦和磨损，在高速重载时尤为突出。良好的润滑能起到冷却、防锈、降低噪声、改善齿轮工作状况的作用，从而提高传动效率，延缓轮齿失效，延长齿轮的使用寿命。

开式齿轮传动（传动齿轮没有防尘罩或机壳，齿轮完全暴露在外面）通常采用人工定期润滑，可采用油润滑或脂润滑。

一般闭式齿轮传动（传动齿轮装在经过精确加工而且封闭严密的箱体内）的润滑方式根据齿轮的圆周速度 v 的大小而定。当 $v<12$ m/s 时，多采用油池润滑（见图 4—35a），即大齿轮浸入油池一定深度，齿轮运转时，就把润滑油带到啮合区，同时也甩到箱壁上，借以散热。当 $v>12$ m/s 时，由于圆周速度大，齿轮搅油剧烈，且黏附在齿面上的油易被甩掉，不能形成合适的润滑油膜，应采用喷油润滑（见图 4—35b）。

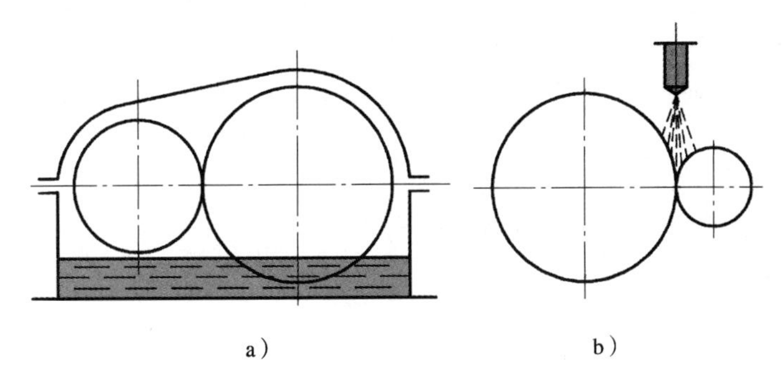

图 4—35　闭式齿轮传动的润滑

a）油池润滑　b）喷油润滑

2. 蜗轮蜗杆传动的润滑

润滑对蜗轮蜗杆传动具有特别重要的意义。由于蜗轮蜗杆传动摩擦产生的发热量较大，所以要求工作时有良好的润滑条件。润滑的主要目的是减摩与散热，以提高蜗轮蜗杆传动的效率，防止胶合及减少磨损。蜗轮蜗杆传动的润滑方式主要有油池润滑和喷油润滑。

3. 滚动轴承的润滑

滚动轴承的润滑有润滑脂润滑、润滑油润滑和固体润滑三种。

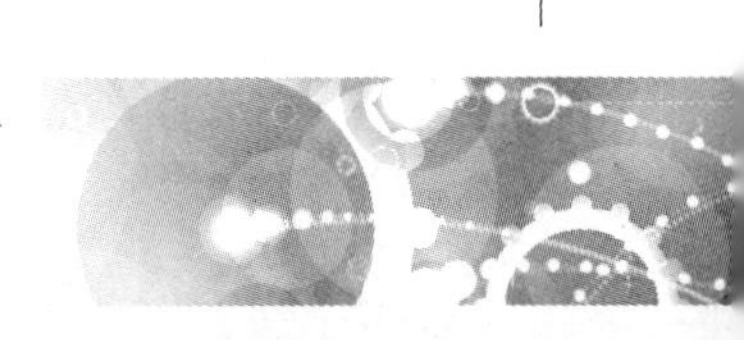

（1）润滑脂润滑

由于润滑脂不适宜在高速条件下工作，故适用于轴颈圆周速度不大于 5 m/s 的滚动轴承润滑。润滑脂的填充量一般为轴承空间的 1/3～2/3，以防止摩擦发热过大，影响轴承正常工作。

（2）润滑油润滑

与润滑脂润滑相比，润滑油润滑适用于轴颈圆周速度和工作温度较高的场合。选用润滑油润滑的关键是根据工作温度、载荷大小、运动速度和结构特点选择合适的润滑油黏度。原则上，温度高、载荷大的场合，润滑油的黏度应选大些；反之，润滑油的黏度应选小些。润滑油润滑的方式有浸油润滑、滴油润滑和喷雾润滑等。

（3）固体润滑

固体润滑剂有石墨、二硫化钼（MoS_2）等多个品种，一般在重载或高温工作条件下使用。

4. 滑动轴承的润滑

滑动轴承润滑的目的是为了减少工作表面间的摩擦和磨损，同时起冷却、散热、防锈蚀及减振等作用。滑动轴承常用的润滑方式有润滑油润滑和润滑脂润滑两种。

课 后 练 习

1. 平键连接、花键连接、楔键连接都是如何传递转矩的？
2. 花键连接有何特点？
3. 滚动轴承一般由哪几部分组成？保持架有何作用？
4. 深沟球轴承、圆锥滚子轴承、圆柱滚子轴承和推力球轴承各能承受什么载荷？
5. 整体式滑动轴承和剖分式滑动轴承各有什么优点？
6. 常用的刚性联轴器有哪几种？常用的无弹性元件挠性联轴器和有弹性元件挠性联轴器各有哪几种？
7. 滑块联轴器靠什么补偿两轴间的位移？
8. 多片摩擦式离合器靠什么实现两轴的离合？
9. 制动器有什么作用？
10. 常用的弹簧有哪些？
11. 滚动轴承的润滑主要有哪几种形式？
12. 滑动轴承间歇式润滑装置主要有哪几种？连续式润滑装置主要有哪几种？

气压传动与液压传动

【学习目标】

1. 掌握气压（液压）传动系统的组成，了解气压（液压）传动的特点。
2. 了解常用气压（液压）传动元件的图形符号和功能。
3. 掌握气压（液压）传动系统基本回路的组成及工作原理。

第1节　气 压 传 动

气压传动是以空气压缩机为动力源，以压缩空气为工作介质，利用压缩空气的压力和流动进行能量传送或信号传递的工程技术，是实现各种生产控制、自动控制的重要手段之一。气动技术广泛应用于机械制造、石油化工、轻工、食品包装、电子产品生产等行业。

一、气压传动的工作原理及组成

气压传动技术在机械加工设备上应用非常广泛，气动夹具在各种切削机床上被广泛应用。如图5—1所示为数控铣床上使用的气动平口钳气压传动示意图，气动平口钳通过气缸活塞杆的伸、缩来夹紧、松开工件。气缸活塞杆伸出则平口钳夹紧，气缸活塞杆缩回则平口钳松开。该系统由空气压缩机、气动二联件（排水过滤器和减压阀）、旋钮式二位三通换向阀、单气控二位五通换向阀和气缸等组成。

1. 气动平口钳工作过程

（1）气动平口钳气压传动系统

分析图5—1可知，空气压缩机产生的压缩空气，经过排水过滤和减压阀处理后，分别输送给信号控制元件（旋钮式二位三通换向阀）和气动控制元件（单气控二位五通换向阀）。信号控制元件通过气压控制气动控制元件动作，气动控制元件通过分别接通气缸两侧内腔实现气动平口钳活动钳口的左右运动。

（2）气动平口钳的夹紧动作

当旋转旋钮式二位三通换向阀的旋钮时，旋钮式二位三通换向阀左位工作，压缩空气通过旋

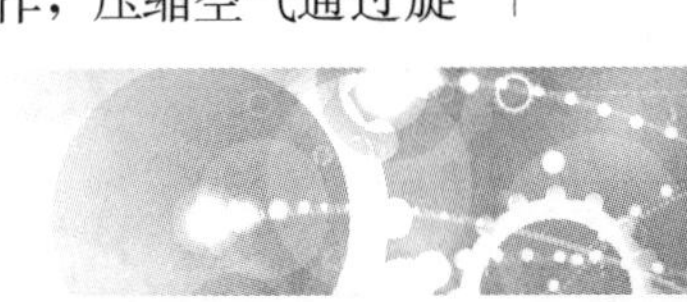

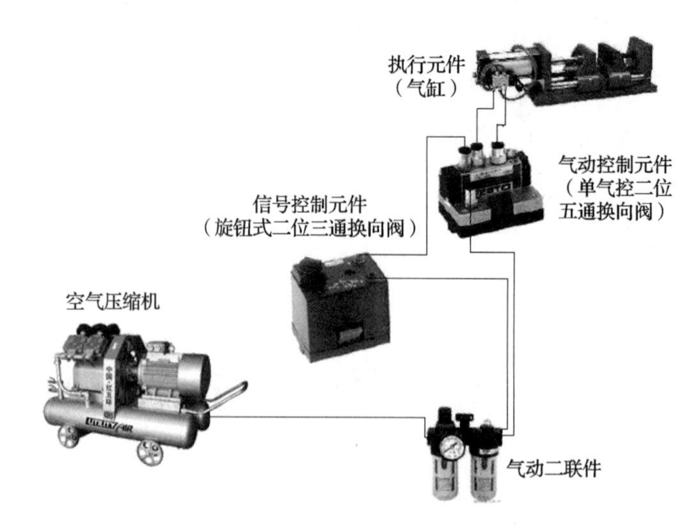

图 5—1　气动平口钳传动系统设备组成图

钮式二位三通换向阀使单气控二位五通换向阀动作，接通气缸左侧气路，使气缸左腔进入压缩空气，活塞向右移动，夹紧工件。

（3）气动平口钳的松开动作

当再次旋转旋钮式二位三通换向阀的旋钮时，旋钮式二位三通换向阀截断压缩空气，同时使控制管道与大气相连，排出压缩空气。此时单气控二位五通换向阀接通气缸右侧气路，使气缸右腔进入压缩空气，活塞向左移动，松开工件。

2. 气压传动的工作原理

通过分析气动平口钳的工作过程，可总结出气压传动的工作原理。气压传动是以压缩空气为工作介质，靠压缩空气的压力传递动力或信息的流体传动。传递动力的系统将压缩空气经由管道和控制阀输送给气动执行元件，把压缩气体的压力能转换为机械能，以推动负载运动。

3. 气压传动系统的组成及各部分的作用

通过分析气动平口钳气动系统可知，气压传动系统一般由下列五部分组成。

（1）气源装置

气源装置包括空气压缩机及空气净化装置。空气压缩机（简称空压机）是将原动机（如电动机）的机械能转换为空气的压力能。空气净化装置用于去除空气中的水分、油分和杂质，为各类气压传动设备提供洁净的压缩空气。图 5—1 所示气动系统的气源装置为空气压缩机。

（2）执行元件

执行元件是把气体压力能转换成机械能，以驱动工作机构的元件，一般指做直线运动的气缸或做旋转运动的气动马达。图 5—1 所示气动系统的执行元件为气缸。

（3）控制调节元件

控制调节元件是对气动系统中气体的压力、流量和流动方向进行控制和调节的元件，如减压阀、换向阀、节流阀等，这些元件的不同组合构成了不同功能的气动系统。图 5—1 所示气动系统的控制调节元件为减压阀和换向阀。

（4）辅助元件

辅助元件是指除以上三种以外的其他元件，如过滤器、油雾器、消音器等。它们对保持系统正常、可靠、稳定和持久地工作起着重要的作用。图 5—1 所示气动系统的辅助元件为排水过滤器。此外，连接气动系统还需要气动软管、管接头等。

（5）工作介质

气压传动系统中所使用的工作介质是清洁的空气。

4. 气压传动的特点

（1）气压传动的优点

工作介质为空气，来源经济方便，用过之后可直接排入大气，不污染环境。空气流动损失小，压缩空气可集中供气，远距离输送，且对工作环境的适应性强，可应用于易燃、易爆场所。气动设备动作迅速、反应快，气压管路不易堵塞，气压传动装置结构简单、质量轻、安装维护简单。由于空气的可压缩性，气压传动系统能够实现过载自动保护。

（2）气压传动的缺点

由于空气具有可压缩性，所以气缸或气动马达的动作速度受载荷的影响较大。气压传动系统工作压力较低（一般为 0.3～1.0 MPa），因此气压传动系统输出的动力较小。工作介质没有自润滑性，需要另设润滑装置。气动设备噪声大。

5. 气动元件的图形符号

气动平口钳传动系统的设备组成图（见图 5—1）虽然能说明系统的组成，也能在某种程度上表达系统的工作原理，但是不够清晰，绘制也很麻烦。为了简单明了地表达气动（或液压）系统的工作原理，系统中各元件可用图形符号表示，如图 5—2 所示，这种用图形符号表达气动（或液压）元件的系统原理图称为气动（或液压）系统回路图。图中的符号只表示元件的职能（即功能）、控制方式以及外部连接口，不表示元件的具体结构、参数以及连接口的实际位置和元件的安装位置。常用气动元件的图形符号见表 5—1。

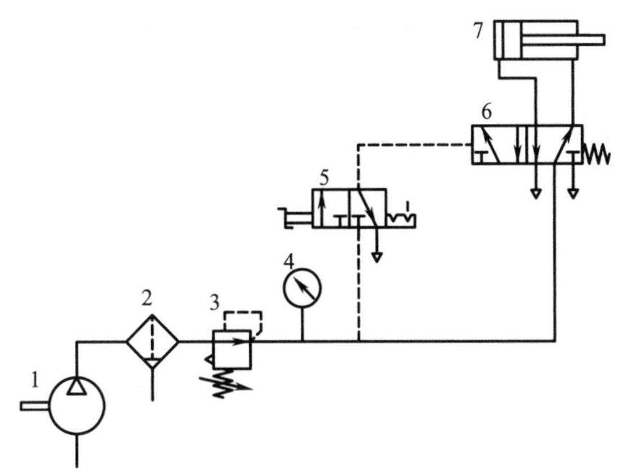

图 5—2　气动平口钳气动系统回路图

1—空气压缩机　2—排水过滤器　3—调压阀　4—压力表

5—旋钮式二位三通换向阀　6—单气控二位五通换向阀　7—气缸

表 5—1　　常用气动元件图形符号（摘自 GB/T 786.1—2009）

类别	名称	图形符号	说明
气源装置	空气压缩机		各种类型的空气压缩机

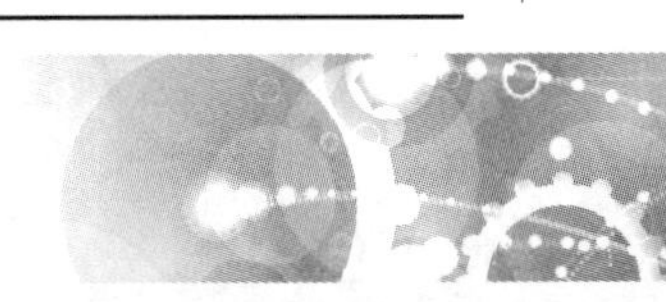

续表

类别	名称	图形符号	说明
气动执行元件	双作用单杆缸	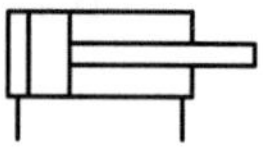	活塞双向受空气压力而运动
	气动马达	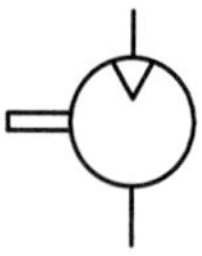	一般气动马达符号
	过滤器	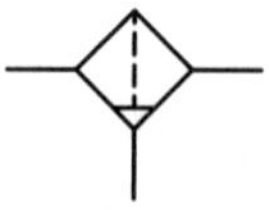	带手动排水分离器的过滤器
	油雾器	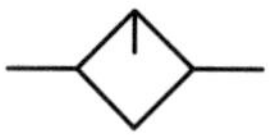	将润滑油雾化，并随压缩空气一起进入被润滑部件
	消声器		装在排气口
	气动三联件	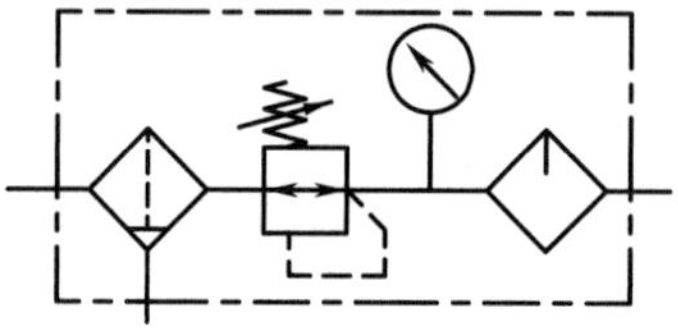 （详细示意图）  （简化图）	由手动排水过滤器、手动调节式减压阀、压力表和油雾器等组成
	压力表		液压与气压传动的符号相同
	气罐		能预先充满压缩空气
方向控制阀	普通单向阀	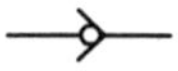	不带弹簧，液压传动与气压传动的符号相同
	气控单向阀		气压传动与液压传动的符号相同
	二位二通手动换向阀	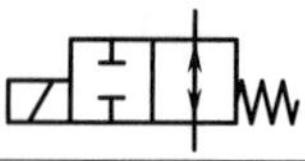	推压控制机构，弹簧复位，常闭
	二位三通电磁换向阀	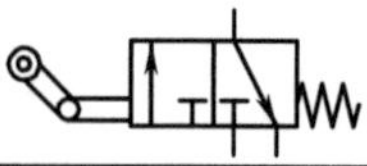	单电磁铁操纵，弹簧复位

续表

类别	名称	图形符号	说明
压力控制阀	直动式溢流阀		当系统内部的压力大于调定压力时阀口打开
	直动式调压阀（减压阀）		只能向前流动
流量控制阀	节流阀		流量可调节
	排气节流阀		带消声器

二、气源装置与气动执行元件

1. 空气压缩机

空气压缩机（简称空压机）是产生压缩空气的设备，它将机械能（通常由电动机产生）转换成气体压力能。在气动系统中活塞式空气压缩机最为常用，如图 5—3 所示。活塞式空气压缩机由电动机、空气压缩机构、储气罐、排水器、压力开关、压力表及各种阀等组成。

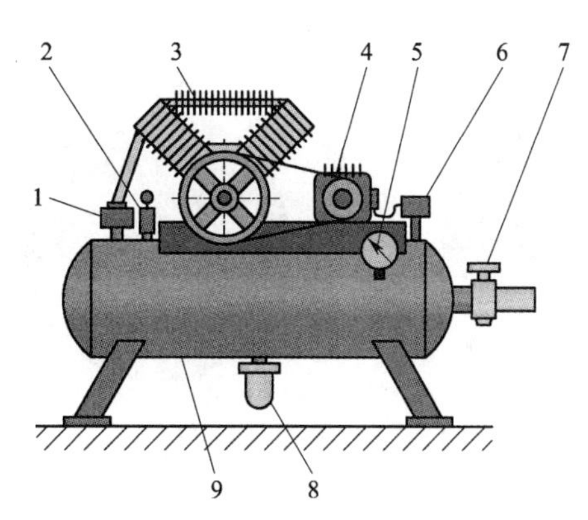

图 5—3　活塞式空气压缩机

1—单向阀　2—安全阀　3—空气压缩机构　4—电动机　5—压力表
6—压力开关　7—截止阀　8—排水器　9—储气罐

2. 气缸

气缸的结构、形状很多，常用的有单作用气缸和双作用气缸。单作用气缸只有一个方向的运动是依靠压缩空气，活塞的复位靠弹簧力或重力；双作用气缸的活塞往返全都依靠压缩空气来完成。

图 5—4 所示为双作用单杆气缸，它主要由活塞杆 5、活塞 6、前缸盖 3、后缸盖 9、缸筒 4、防尘密封圈 2 和活塞密封圈 7 等组成。当压缩空气进入气缸的右腔时（左腔与大气相

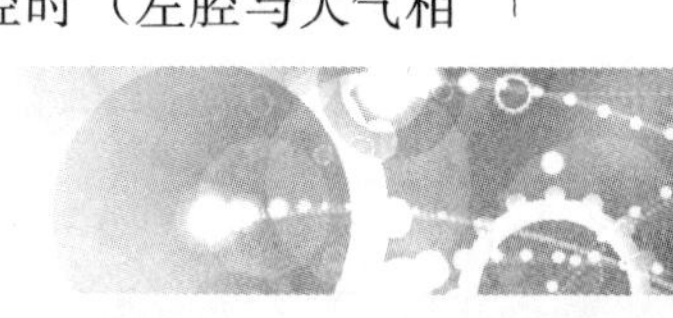

连），压缩空气的压力作用在活塞的右侧，当作用力克服活塞杆上的负载时，活塞杆伸出；当压缩空气进入左腔时（右腔与大气相连），推动活塞右移，活塞杆收回。

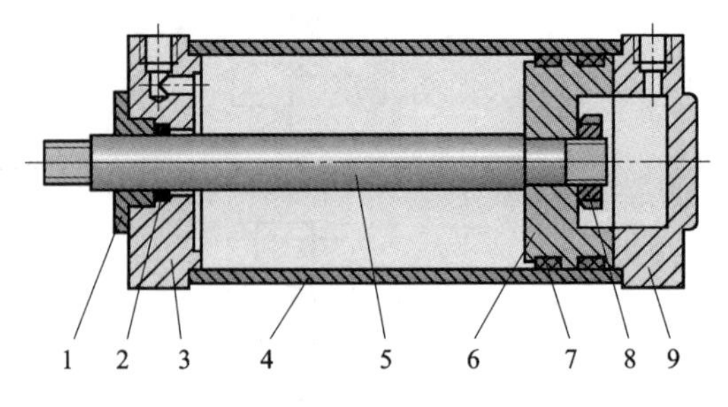

图 5—4 双作用单杆气缸

1—压盖 2—防尘密封圈 3—前缸盖 4—缸筒 5—活塞杆
6—活塞 7—活塞密封圈 8—螺母 9—后缸盖

3. 气动马达

气动马达是将压缩空气的压力能转换成旋转的机械能的装置，图 5—5a 所示为叶片式气动马达，其工作原理如图 5—5b 所示，转子 3 上径向安装了 3～10 个叶片，转子 3 偏心安装在定子 1 内，叶片 2 在转子 3 的槽内可以径向滑动。压缩空气由 *A* 孔输入后，分为两路：一路经定子 1 两端密封盖的槽进入叶片底部（图中未画出）将叶片推出，叶片靠气体推力和转子转动时产生的离心力紧密地贴紧在定子的内壁上；另一路进入定子内腔，使叶片带动转子逆时针旋转，做功后的废气由 *C* 口排出，剩余气体从 *B* 口排出。若从 *B* 口输入压缩空气，则改变气动马达的旋转方向。

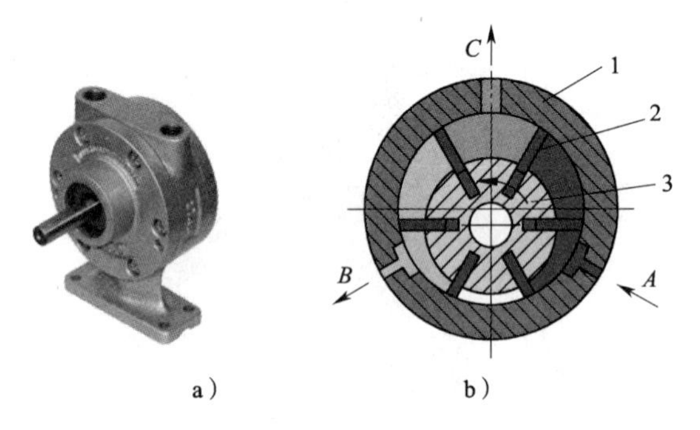

图 5—5 叶片式气动马达

a）实物图 b）工作原理图
1—定子 2—叶片 3—转子

三、气动控制元件

气压控制元件用来控制和调节压缩空气的压力、流量和流向，可分为方向控制阀、压力控制阀和流量控制阀。

1. 方向控制阀

气压传动系统中的方向控制阀是通过改变压缩空气的流动方向和气流的通断，来控制执行元件启动、停止及运动方向的气动元件。

(1) 常用方向控制阀

常用方向控制阀有单向阀、换向阀、梭阀、双压阀和快速排气阀等，下面主要介绍单向阀和换向阀。

1) 单向阀

单向阀是指气流只能向一个方向流动而不能反向流动的阀。单向阀如图 5—6 所示，其工作原理为：压缩空气从 P 口进入，克服弹簧力和摩擦力使单向阀阀口开启，压缩空气从 P 口流至 A 口；当 P 口无压缩空气时，在弹簧力和 A 口余气压力作用下，阀口处于关闭状态，使从 A 口至 P 口的气流不通。单向阀应用于不允许气流反向流动的场合，如空压机向气罐充气时，在空压机与气罐之间设置一个单向阀，当空压机停止工作时，可防止气罐中的压缩空气回流到空压机。单向阀还常与节流阀、顺序阀等组合成单向节流阀、单向顺序阀使用。

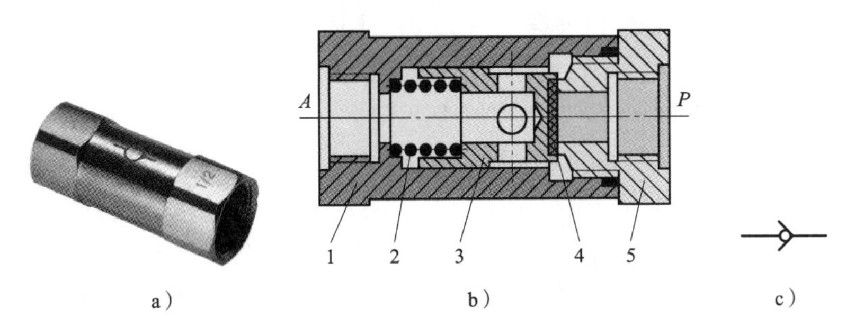

图 5—6 单向阀

a) 实物图 b) 结构原理图 c) 图形符号

1—阀体 2—弹簧 3—阀芯 4—密封垫 5—阀盖

2) 换向阀

利用换向阀阀芯相对于阀体的运动，可使气路接通或断开，从而使气动执行元件实现启动、停止或变换运动方向。

按钮式二位三通换向阀是一种最常见的方向控制阀，其产品外形及工作原理如图 5—7 所示。它是一种常断式控制阀，当按下按钮时接通气路，当松开按钮时断开气源，同时工作

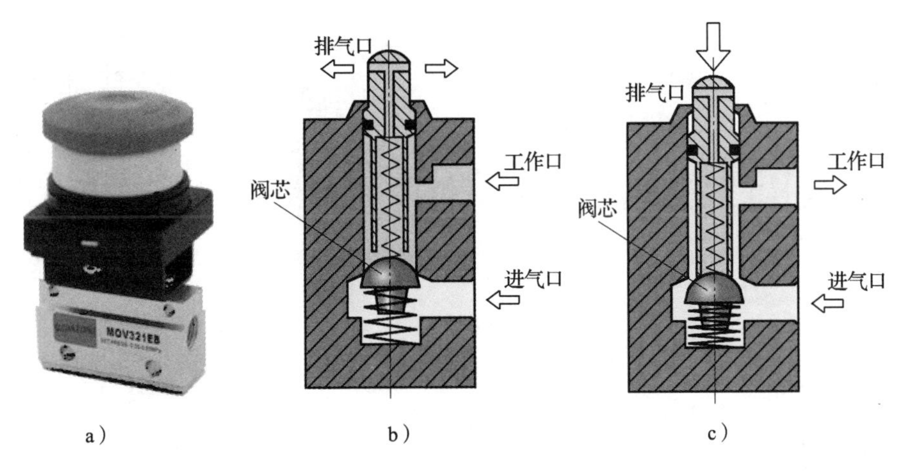

图 5—7 按钮式二位三通换向阀

a) 产品外形 b) 初始状态 c) 工作状态

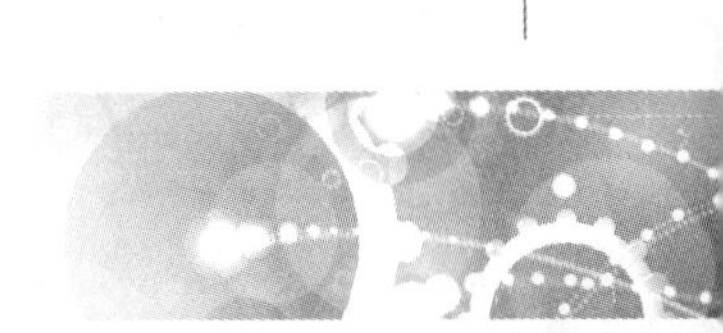

回路与大气接通，排出压缩空气。在初始状态（见图 5—7b），阀芯把进气口与工作口之间的通道关闭，两口不相通，而工作口与排气口相通，压缩空气可以通过排气口排入大气中。当按下阀芯（见图 5—7c），方向控制阀进入工作状态，这时进气口与工作口相通，同时排气口被阀芯封闭，压缩空气通过进气口进入，从工作口输出。

（2）换向阀的图形符号绘制规则

通常将换向阀阀芯工作位置的数目叫“位”，将阀体与气（油）路连接的气（油）口数目叫“通”。如图 5—8 所示为二位三通换向阀的图形符号，换向阀的图形符号由主体符号和控制符号组成。

1）换向阀的主体符号用来表达换向阀的“位”和“通”。“位”是指阀芯与阀体的切换工作位置数，“通”是指阀的通路口数。

2）方框中的“↑”表示管口连通，箭头表示阀体气（液）口处于连通状态。方框中的“┬”表示阀体气（液）口被封闭。

注意：箭头的指向不表示气（液）体的实际流向。

3）换向阀的控制符号表示阀芯移动的控制方式，绘制在主体符号的两端。图 5—7 表示的是按钮式二位三通换向阀。

4）当换向阀没有操纵力的作用处于静止状态时称为常态。对于弹簧复位的二位换向阀靠近弹簧的那一位为常态；对于三位的换向阀，其常态为中间位置。

在气动系统图中，换向阀的图形符号与气路的连接一般应画在常态位上。

2. 压力控制阀

（1）溢流阀

当储气罐或回路中气压上升到所规定的调定压力后，系统需要减压，溢流阀可通过排出气体的方法降低系统压力，起到保护系统的作用。气动溢流阀分为直动式和先导式两种。

图 5—9 所示为直动式溢流阀，当气体作用在阀芯 3 上的力小于弹簧 2 的力时，溢流阀处于关闭状态；当系统压力升高，作用在阀芯 3 上的作用力大于弹簧力时，阀芯向上移动，溢流阀开启溢流，使气压不再升高。当系统压力降至低于调定值时，溢流阀又重新关闭。

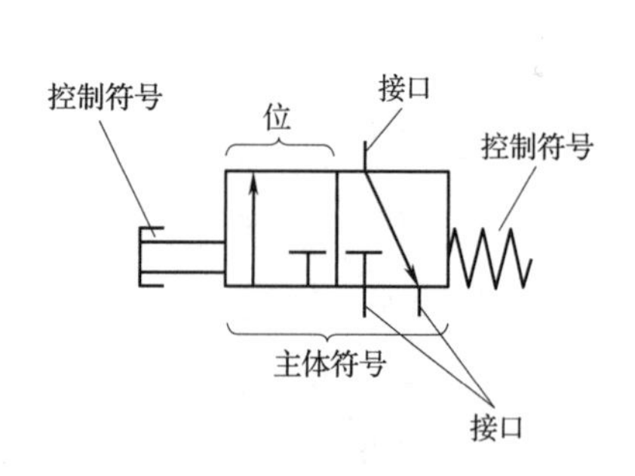

图 5—8 换向阀的图形符号

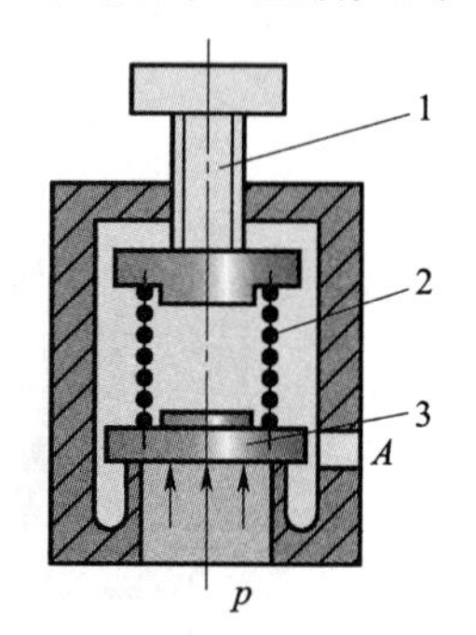

图 5—9 直动式溢流阀

1—调节螺杆 2—弹簧 3—阀芯

（2）调压阀

调压阀也称为减压阀，在气动系统中，往往气源输出的压缩空气的压力比设备实际需要的压力要高些，同时其波动值也较大，给系统带来不稳定性，因此需要用调压阀将其压力减到设备所需要的压力，并使减压后的压力稳定到所需压力值上。调压阀按压力调节方式分为直动式和先导式，如图 5—10 所示为直动式调压阀。

3. 流量控制阀

（1）节流阀

图 5—11 所示为圆柱斜切型节流阀，压缩空气由 P 口进入，经节流后，由 A 口流出。旋转阀芯螺杆 3，就可以改变节流口的开度，调节压缩空气的流量。这种节流阀结构简单，体积小，应用广泛。

图 5—10　直动式调压阀

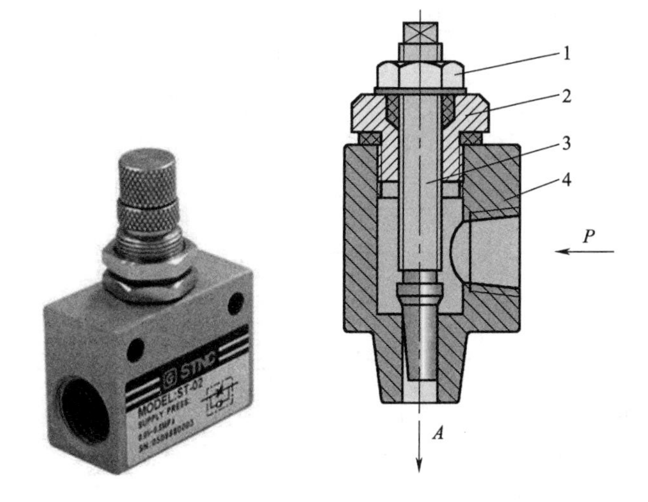

图 5—11　节流阀

1—螺母　2—阀盖　3—阀芯螺杆　4—阀体

（2）排气节流阀

图 5—12 所示为排气节流阀，它是在节流阀的基础上增加了消声装置。排气节流阀安装在执行元件的排气口处，调节排入大气中的气体流量。它不仅能调节执行元件的运动速度，还能消声，起到降低排气噪声的作用。

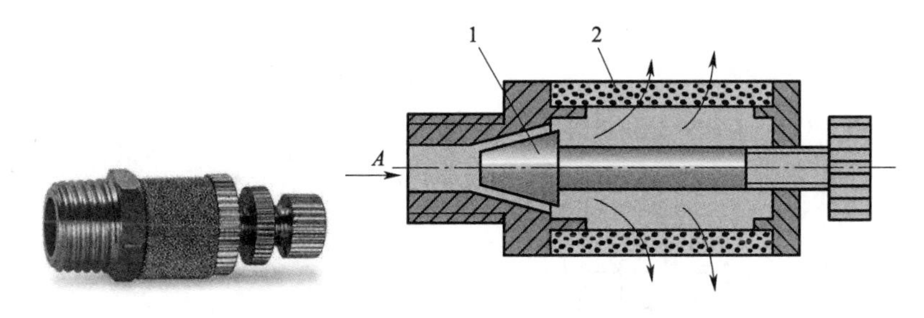

图 5—12　排气节流阀

1—阀芯　2—消声装置

四、气压传动系统基本回路

1. 方向控制回路

在气动（液压）系统中，控制执行元件的启动、停止（包括锁紧）及换向的回路称为方向控制回路。图 5—13 所示为单往复动作回路，当按下手动换向阀 1 后，气缸往复运动一次。该回路采用了二位三通手动换向阀 1、二位三通行程换向阀 3 和二位四通双气控换向阀 4 三个换向阀。当按下手动换向阀 1 的手动按钮后，压缩空气使二位四通双气控换向阀 4 左位工作，压缩空气经换向阀 4 进入气缸 2 的左腔，活塞向右行进，活塞杆伸出。当活塞杆上的挡块压下行程换向阀 3 时，换向阀 4 右位工作，压缩空气经换向阀 4 进入气缸 2 的右腔，活塞杆返回，完成一次工作循环。如果还要气缸运动，则需再次按下手动换向阀 1 的按钮。

2. 压力控制回路

利用压力控制阀来调节系统或其中某一部分压力的回路，称为压力控制回路。图 5—14 所示为铣床气动夹具，主要用来夹紧轴类零件和套类零件。在工作过程中，夹紧轴类零件需要较大的夹紧力，而夹紧薄壁类零件则需要较小的夹紧力。这就需要气路能供给两种压力的气体，需要用到高、低压转换回路。

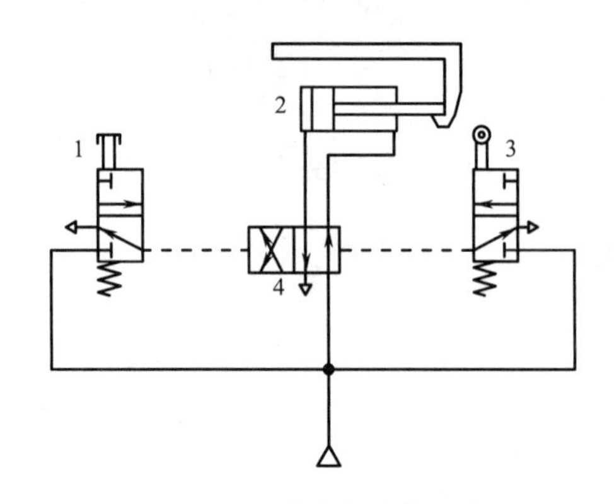

图 5—13 单往复动作回路

1—二位三通手动换向阀 2—气缸

3—二位三通行程换向阀 4—二位四通双气控换向阀

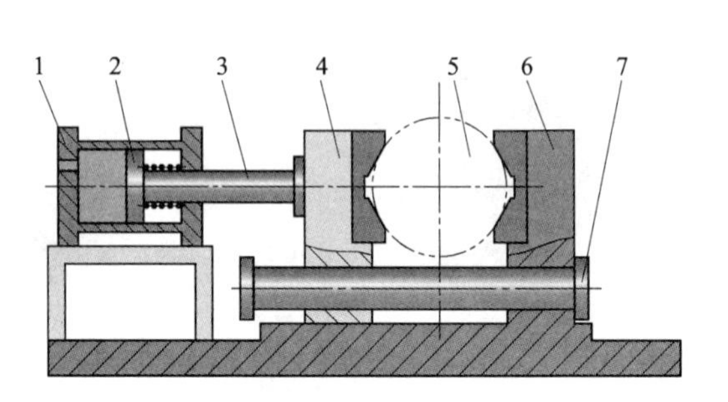

图 5—14 铣床气动夹具

1—缸体 2—活塞 3—活塞杆

4—活动钳身 5—工件 6—固定钳身 7—导杆

图 5—15 所示为高、低压转换回路，它利用两个调压阀 3、4 得到不同的压力，并通过二位三通手动换向阀 9 进行压力转换，使输送到气缸中的压力有高、低两种，以适应不同工作需要。

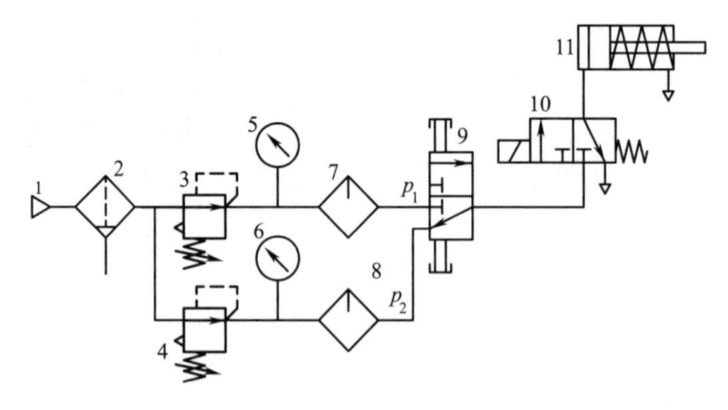

图 5—15 高、低压转换回路

1—气源 2—排水过滤器 3、4—调压阀 5、6—压力表

7、8—油雾器 9—二位三通手动换向阀 10—二位三通电磁换向阀 11—单作用弹簧复位气缸

3. 速度控制回路

控制执行元件运动速度的回路称为速度控制回路。采用排气节流阀的气动马达速度控制回路如图 5—16 所示，在气动马达的出气口安装排气节流阀，即可达到节流调速的目的。这种调速方法的优点是气动马达运转速度受负载变化的影响较小，运动较平稳，在实际应用中大都采用排气节流调速的方式。

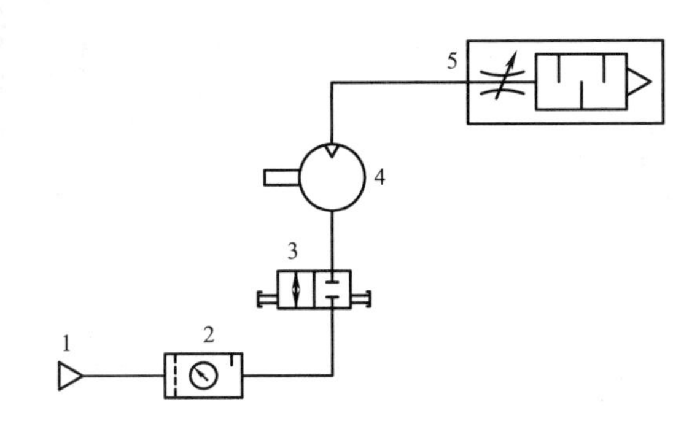

图 5—16 排气节流调速

1—气源 2—气动三联件 3—二位二通手动换向阀 4—气动马达 5—排气节流阀

第 2 节 液 压 传 动

液压传动属于流体传动，其工作原理与机械传动有着本质的区别。随着液压传动技术的发展，目前许多行业已经普遍采用液压传动技术，特别是在机床、工程机械、汽车、船舶等行业中得到了广泛应用。

一、液压传动基本原理和组成

1. 液压传动的基本原理

液压千斤顶（见图 5—17）是一个在生产、生活中经常用到的小型起重装置，常用于顶升重物。它是利用液压传动进行工作的。液压传动是用液体作为工作介质来传递能量和进行控制的传动方式。它利用柱塞、液压缸等元件，通过压力油将机械能转换为液压能，再转换为机械能。液压千斤顶的工作原理如图 5—18 所示。大缸体 9 和大活塞 8 组成举升液压缸，杠杆手柄 1、小缸体 2、小活塞 3、单向阀 4 和 7 组成手动柱塞泵。具体工作过程如下：

（1）小活塞吸油

当提起杠杆手柄 1 使小活塞 3 向上移动时，小活塞下端油腔容积增大，形成局部真空，这时单向阀 4 打开，通过吸油管 5 从油箱 12 中吸油。

（2）小活塞压油

当用力压下杠杆手柄 1 时，小活塞 3 下移，小缸体 2 的下腔压力升高，单向阀 4 关闭，单向阀 7 打开，小活塞 1 下腔的油液经管道 6 输入大缸体 9 的下腔，迫使大活塞 8 向上移动，顶起重物。

再次提起杠杆手柄 1 吸油时，单向阀 7 关闭，使大缸体 9 中的油液不能倒流。不断往复扳动杠杆手柄 1，就能不断地将油液压入大缸体 9 的下腔，使重物逐渐地升起。

图 5—17　液压千斤顶

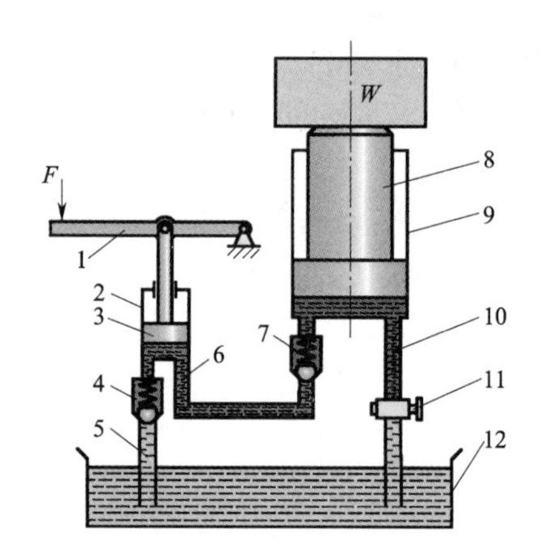

图 5—18　液压千斤顶的工作原理

1—杠杆手柄　2—小缸体　3—小活塞
4、7—单向阀　5—吸油管　6、10—管道
8—大活塞　9—大缸体　11—截止阀　12—油箱（通大气）

（3）大活塞卸油

打开截止阀 11，大缸体下腔的油液通过管道 10、截止阀 11 流回油箱 12，大活塞 8 在重物和自重的作用下向下移动，回到原位。

通过以上分析，可总结出液压传动的工作原理：液压传动是以压力油为工作介质，通过动力元件（油泵）将原动机的机械能转换为压力油的压力能；再通过控制元件，借助执行元件（液压油缸或液压马达）将压力能转换为机械能，驱动负载实现直线或回转运动；通过控制元件对压力和流量的调节，可以调定执行元件的力和速度。

2. 液压传动系统的组成

液压传动系统由动力部分、执行部分、控制部分、辅助部分和工作介质五部分组成。

（1）动力部分

动力部分将原动机输出的机械能转换为油液的压力能（液压能）。动力元件为液压泵。在液压千斤顶中手动柱塞泵（由单向阀 4、小活塞 3、小缸体 2、杠杆手柄 1 和单向阀 7 等组成）为动力元件。

（2）执行部分

执行部分将液压泵输入的油液压力能转换为带动机构工作的机械能。执行元件有液压缸和液压马达。在液压千斤顶中液压缸（由大活塞 8 和大缸体 9 组成）为执行元件。

（3）控制部分

控制部分用来控制和调节油液的压力、流量和流动方向。控制元件有各种压力控制阀、流量控制阀和方向控制阀等。在液压千斤顶中截止阀 11 为控制元件。

（4）辅助部分

辅助部分将动力、执行和控制部分连接在一起，组成一个系统，起储油、过滤、测量和密封等作用，以保证系统正常工作。辅助元件有油箱、过滤器、蓄能器、管路、管接头、密封件及控制仪表等。在液压千斤顶中管道 6 和 10、油箱 12 等为辅助元件。

（5）工作介质

液压传动系统中还包括工作介质，主要是指传递能量的液体介质，即各种液压油。

3. 液压传动的应用特点

液压传动与机械传动、电气传动相比，有以下优点：

（1）易于获得很大的力和力矩。

（2）调速范围大，易实现无级调速。

（3）质量轻，体积小，动作灵敏。

（4）传动平稳，易于频繁换向。

（5）易于实现过载保护。

（6）便于采用电液联合控制以实现自动化生产。

（7）液压元件能够自润滑，元件使用寿命长。

（8）液压元件已实现系列化、标准化、通用化。

液压传动有以下缺点：

（1）泄漏会引起能量损失（称为容积损失），这是液压传动中的主要损失。此外，还有管道阻力及机械摩擦所造成的能量损失（称为机械损失），所以液压传动的效率较低。

（2）液压系统产生故障时，不易找到原因，维修困难。

（3）为减少泄漏，液压元件的制造精度要求较高。

4. 液压元件的图形符号

常用液压元件的图形符号见表 5—2。

表 5—2　　　　常用液压元件的图形符号（摘自 GB/T 786.1—2009）

名称	图形符号	说明
单向定量液压泵		单向旋转，单向流动，定排量
单向变量液压泵		单向旋转，单向流动，变排量
双作用单杆缸		单边有杆，双向液压驱动，双向推力和速度不等
双作用双杆缸		双边有杆，双向液压驱动，可实现等速往复运动
单向定量马达		只能单向输入，输入流量不可以调节
单向变量马达		只能单向输入，输入流量可以调节

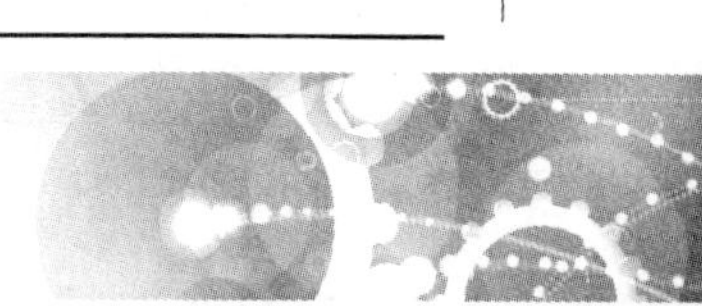

续表

名称	图形符号	说明
油箱		
过滤器	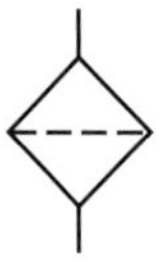	一般过滤器
普通单向阀	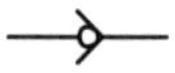	不带弹簧
二位四通电磁换向阀	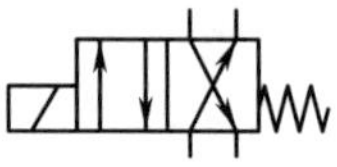	单电磁铁操纵，弹簧复位
三位四通电磁换向阀	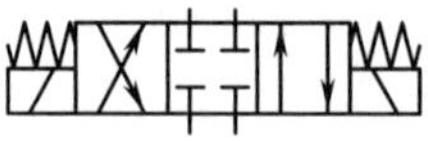	弹簧对中，双电磁铁直接操纵，可以有不同的中位机能
直动式溢流阀	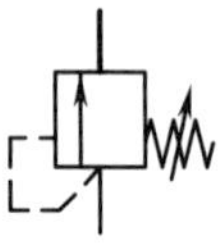	开启压力由弹簧调节
直动式减压阀	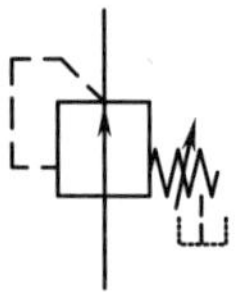	开启压力由弹簧调节，外泄型
节流阀		流量可调节

二、液压动力元件与执行元件

1. 液压泵

液压泵是液压传动系统的动力元件，它是将电动机或其他原动机输出的机械能转换为液压能的装置。其作用是向液压传动系统提供压力油。

液压泵的种类很多，按照结构不同，分为齿轮泵、叶片泵、柱塞泵和螺杆泵等，其中外啮合齿轮泵（见图 5—19）的结构简单，成本低，抗污及自吸性好，因此广泛应用于低压系统。

外啮合齿轮泵的工作原理如图 5—20 所示。当齿轮按图示箭头方向旋转时，右方吸油室由于相互啮合的轮齿逐渐脱开，密封工作容积逐渐增大，形成局部真空，因此油箱中的油液在外界大气压力的作用下，经吸油口进入吸油腔，将齿间的槽充满，并随着齿轮旋转，把油液带到左侧压油室。随着齿轮的相互啮合，压油室密封工作腔容积不断减小，油液便被挤出去，从压油口输送到压力管路中去。齿轮啮合时，轮齿的接触线把吸油腔和压油腔分开。

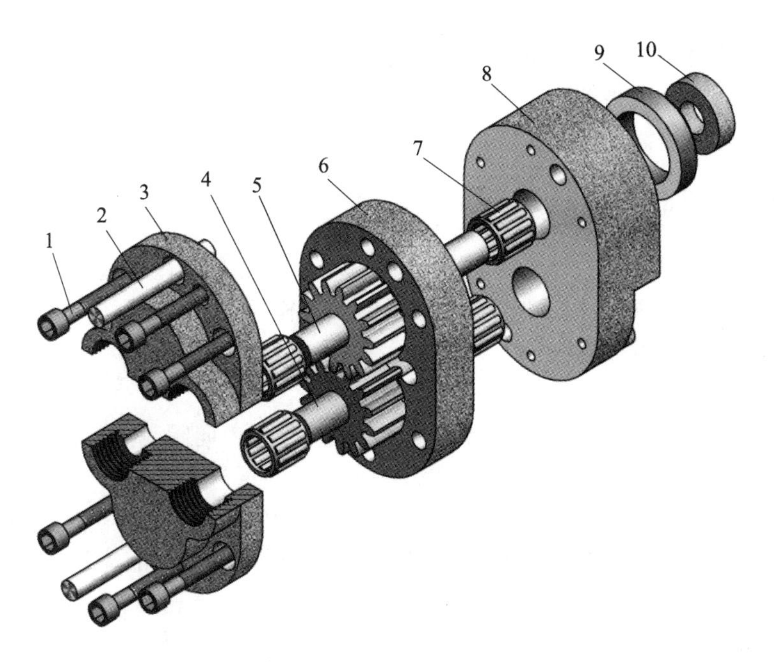

图 5—19　外啮合齿轮泵

1—螺钉　2—圆柱销　3—左泵盖　4—从动齿轮轴　5—主动齿轮轴
6—泵体　7—滚针轴承　8—右泵盖　9—压环　10—密封圈

2. 液压缸

液压缸的类型很多，其中双作用单杆液压缸是经常采用的一种，其结构如图 5—21 所示，主要由缸筒 10、活塞 11、活塞杆 6、缸底 12 和缸盖（兼导向套）3 等组成。无缝钢管制成的缸筒与缸底焊接在一起，为了防止油液内外泄漏，在缸筒与活塞之间、缸筒和缸盖（兼导向套）之间、活塞杆与缸盖（兼导向套）之间分别安装了密封圈。油口 A 和油口 B 都可以通液压油，以实现双向运动，故称为双作用液压缸。

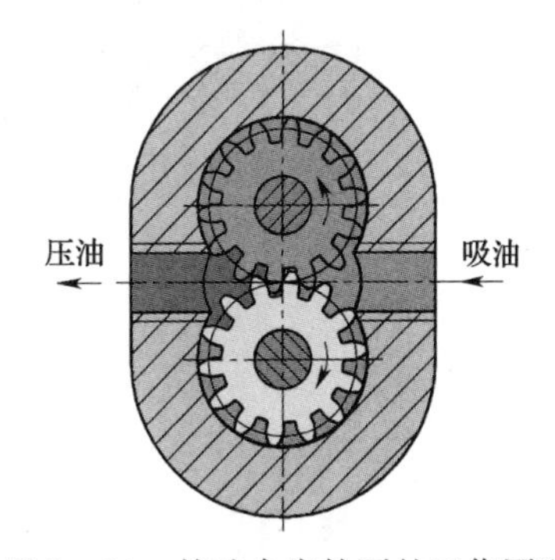

图 5—20　外啮合齿轮泵的工作原理

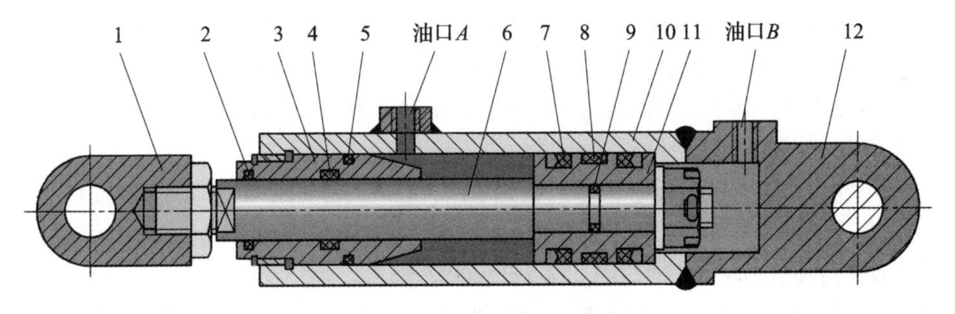

图 5—21　双作用单杆液压缸

1—耳环　2、4、5、7、8、9—密封圈
3—缸盖（兼导向套）　6—活塞杆　10—缸筒　11—活塞　12—缸底

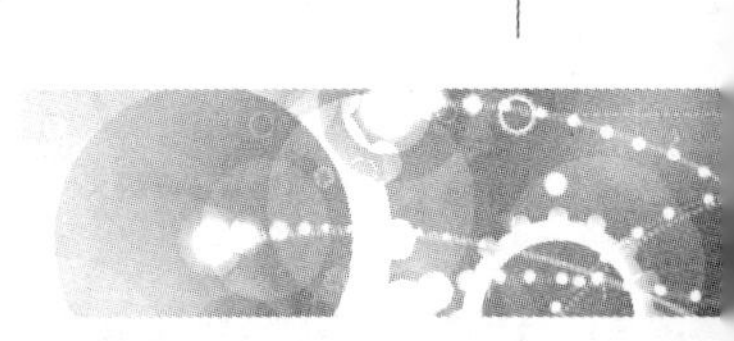

双作用单杆液压缸的结构特点是活塞的一端有杆，而另一端无杆，活塞两端的有效作用面积不等。在工作过程中，一端进油，另一端回油，压力油作用在活塞上形成一定的推力使得活塞杆前伸或后退。这种液压缸常用于各类机床，以满足较大负载、慢速工作进给和空载时快速退回的工作需要。

三、液压控制元件

在液压传动系统中，为了控制和调节液流的方向、压力和流量，以满足工作机械的各种要求，就要用到液压控制元件，即控制阀。根据用途和工作特点的不同，控制阀分为方向控制阀、压力控制阀和流量控制阀三大类。

1. 方向控制阀

控制油液流动方向的阀称为方向控制阀，按用途分为单向阀和换向阀。

（1）单向阀

单向阀的作用是使通过阀的油液只向一个方向流动，而不能反方向流动。单向阀如图5—22所示，主要由阀体、阀芯和弹簧等组成。其工作原理是：液体从 P 口流入，克服弹簧力而将阀芯顶开，再从 A 口流出。当液压油反向流入时，由于阀芯被压紧在阀座的密封面上，所以液流被截止。钢球式单向阀的阀芯为球体，其结构简单；锥阀式单向阀的阀芯为锥套，它与阀体的密封面为圆锥面，其密封效果优于钢球式单向阀。

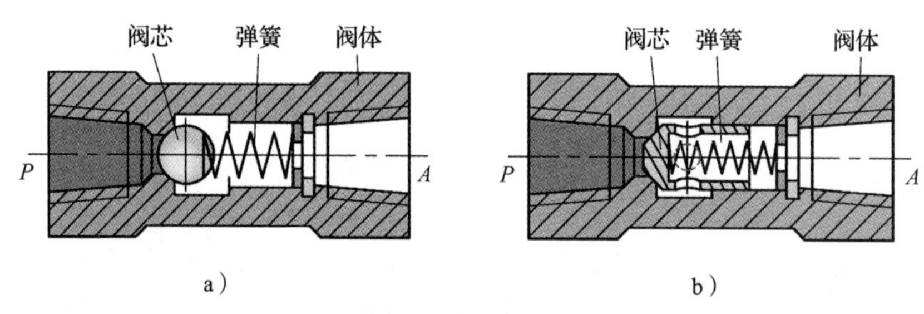

图5—22　单向阀

a）钢球式单向阀　b）锥阀式单向阀

1—阀芯　2—弹簧　3—阀体

（2）换向阀

换向阀是利用阀芯在阀体内的轴向移动，改变阀芯和阀体间的相对位置，以变换油液流动的方向及接通或关闭油路，从而控制执行元件的换向、启动和停止。换向阀的种类很多，如图5—23a所示为二位四通电磁换向阀。它由阀体1、复位弹簧2、阀芯3、电磁铁4和衔铁5组成。阀芯能在阀体孔内滑动，阀芯和阀体孔都开有若干段环形槽，阀体孔内的每段环形槽都有孔道与外部的相应阀口相通。

图5—23b所示为电磁铁断电状态，阀芯在复位弹簧作用下处于左位，通口 P 与 B 接通，通口 A 与 T 接通。液压泵输出的压力油经通口 P、B 进入液压缸左腔，推动活塞向右移动；液压缸右腔内的油液经通口 A、T 流回油箱。

图5—23c所示为电磁铁通电状态，衔铁被吸合，并将阀芯推至右端。液压泵输出的压力油经换向阀通口 P、A 进入液压缸右腔，推动活塞向左移动；液压缸左腔内的油液经通口 B、T 流回油箱。

2. 压力控制阀

压力控制阀的作用是控制液压传动系统中的压力，或利用系统中压力的变化来控制其他液压元件的动作，简称压力阀。

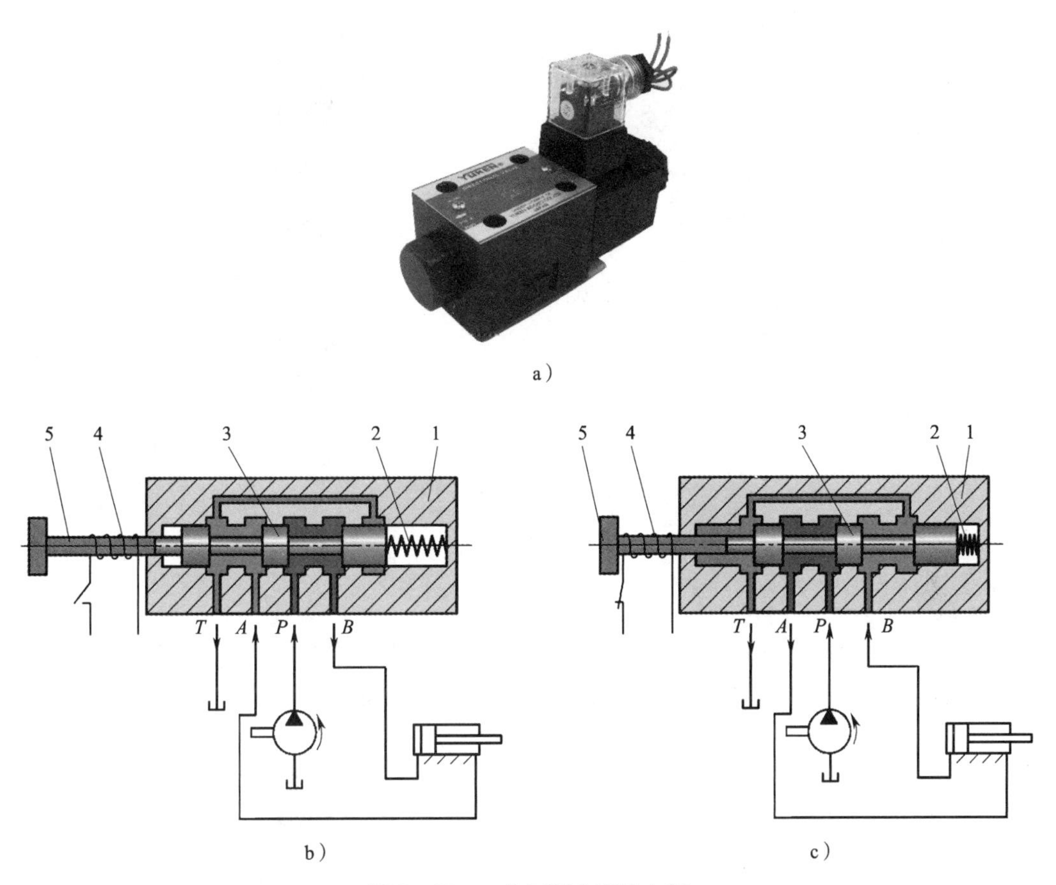

图 5—23　二位四通电磁换向阀

a）实物图　b）电磁铁断电状态　c）电磁铁通电状态

1—阀体　2—复位弹簧　3—阀芯　4—电磁铁　5—衔铁

（1）溢流阀

图 5—24 所示为直动式溢流阀，它由阀体 3、阀芯 5（阀芯可以是锥形、球形或圆柱形）、调压弹簧 4 和调压螺杆 1 等组成。压力油进口 P 与系统相连，油液溢出口 T 通油箱。

当进油口压力 p 小于溢流阀的调定压力 p_k 时，由于阀芯受调压弹簧力作用而使阀口关闭，油液不能溢出。

当进油口压力 p 等于溢流阀的调定压力 p_k 时，阀芯所受的液压力与弹簧力相平衡，此时阀口即将打开。

当进油口压力 p 超过溢流阀的调定压力 p_k 时，液压力将阀芯向上推起，压力油进入阀口后经通口 T 流回油箱，使进口处的压力不再升高。

溢流阀工作时，阀芯随着系统压力的变化而上下移动，以此维持系统压力基本稳定，并对系统起安全保护作用。

旋动调压螺杆可调节调压弹簧的预紧力，进而改变溢流阀的调定压力。

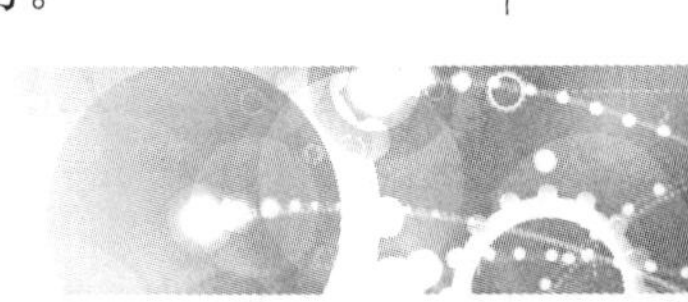

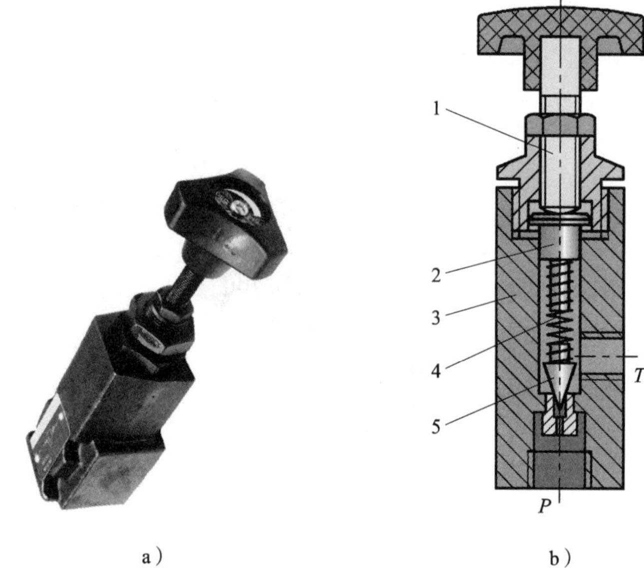

a）　b）

图 5—24　直动式溢流阀

a）外观图　b）工作结构原理图

1—调压螺杆　2—滑柱　3—阀体　4—调压弹簧　5—阀芯

（2）减压阀

图 5—25 所示为直动式减压阀，它由调压螺杆 1、调压弹簧 3 和阀芯 4 等组成。结构中 h 为减压缝隙，P 为高压进油口，A 为低压出油口，L 为泄油口。

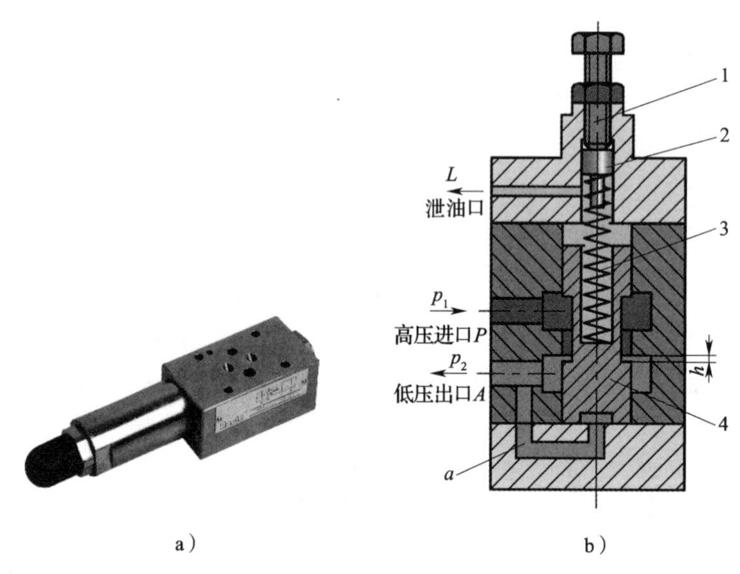

a）　b）

图 5—25　直动式减压阀

a）外观图　b）结构原理图

1—调压螺杆　2—滑柱　3—调压弹簧　4—阀芯

阀体内部通道将高压进油口 P 与低压出油口 A 连通，阀芯 4 的底部与出油口 A 相通，阀芯 4 的底部受到向上的液压力，该液压力与阀芯上腔的调压弹簧力相平衡。

减压阀在常态时是开启的，其进油口 P 和出油口 A 是连通的。油液经 P 口进入，从 A 口流出，并作用在负载上。为此，减压阀出油口压力 p_2 的大小取决于出口所接负载的大小。负载增大，p_2 增大。但是，最大值不超过减压阀的调定值。

当作用在阀芯上的液压力小于弹簧力时，阀芯不动，减压阀进油口压力 $p_1=p_2$，其压力值由出口负载决定。

当作用在阀芯上的液压力大于弹簧力时，阀芯上移，使缝隙 h 减小，直至作用在阀芯上的液压力等于弹簧力，达到新的平衡。因缝隙 h 减小，产生的压力降增加，使 p_2 不再升高并稳定在调定值上，从而起到减压和稳压的作用。

旋动调压螺杆 1，加大或减小调压弹簧压缩量，可增大或减小 p_2 的值。

因直动式减压阀出油口接负载，所以泄油口 L 必须单独接回油箱。

3. 流量控制阀

节流阀是结构最简单、应用最普遍的一种流量控制阀。如图 5—26 所示，它借助控制机构使阀芯相对于阀体孔移动，以改变阀口的通流面积，从而调节输出流量。

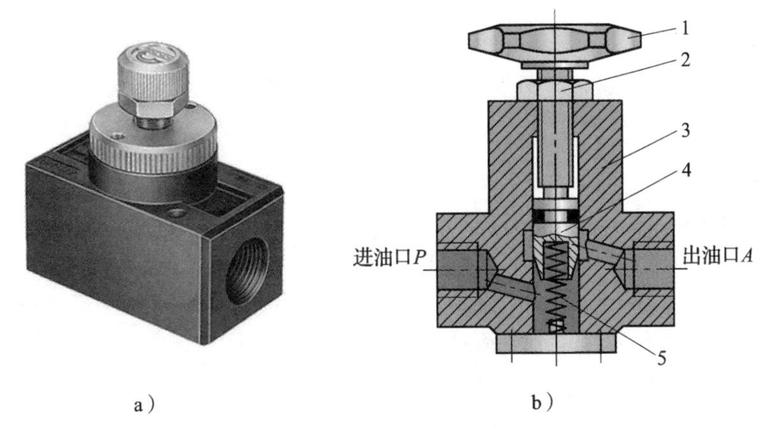

图 5—26　节流阀

a）外观图　b）工作结构原理图

1—调压手柄　2—锁紧螺母　3—阀体　4—阀芯　5—弹簧

油液在经过节流口时会产生较大的液阻，而且通流截面积越小，油液受到的液阻就越大，通过阀口的流量就越小。所以，改变节流口的通流截面积，使液阻发生变化，就可以调节流量的大小，这就是流量控制阀的工作原理。拧动阀上方的调压手柄，可以使阀芯做轴向移动，从而改变阀口的通流截面积，使通过节流口的流量得到调节。

四、液压传动系统基本回路

1. 方向控制回路

图 5—27 所示为采用三位四通手动换向阀的换向回路，它实现了双作用单杆缸的换向。当换向阀左位工作时，活塞杆伸出；当换向阀右位工作时，活塞杆缩回；当换向阀处于中位时，活塞被锁紧。

2. 压力控制回路

图 5—28 所示为多执行元件减压回路，整个系统的工作压力由溢流阀 6 调定，回路中有

液压缸 1 和 2 两个执行元件，当液压缸 1 所需要的压力低于溢流阀 6 的调定压力时，在液压缸 1 的进油路上串联直动式减压阀 8。单向阀 7 的作用是在液压缸 1 回油时接通油路，使回油流入油箱，而不必通过减压阀 8。

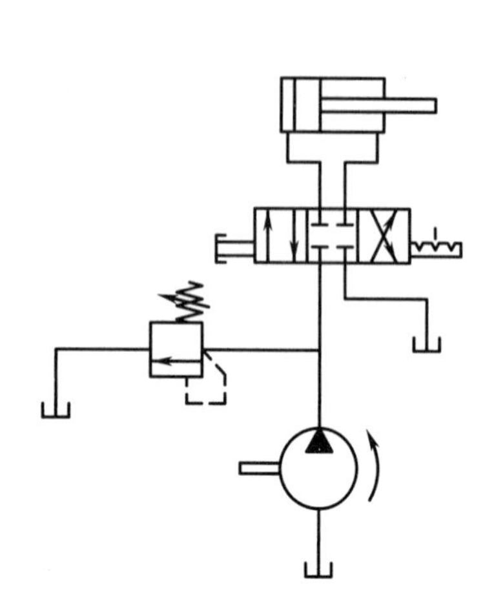

图 5—27　采用三位四通手动换向阀的换向回路

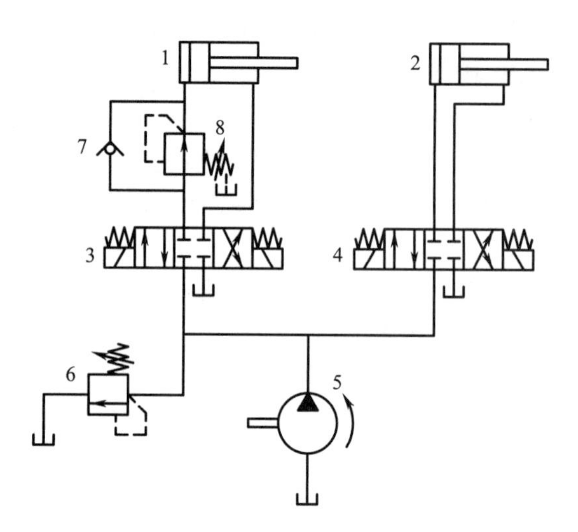

图 5—28　支路减压回路

1、2—液压缸　3、4—换向阀　5—液压泵
6—溢流阀　7—单向阀　8—直动式减压阀

3. 速度控制回路

回油节流调速回路如图 5—29 所示，节流阀串联在液压缸右腔的油路中。当换向阀 3 处于左位时，压力油通过换向阀 3 进入液压缸左腔，右腔的油液通过节流阀 5 进入换向阀 3 后流入油箱。此时节流阀工作，起到节流调速的作用。

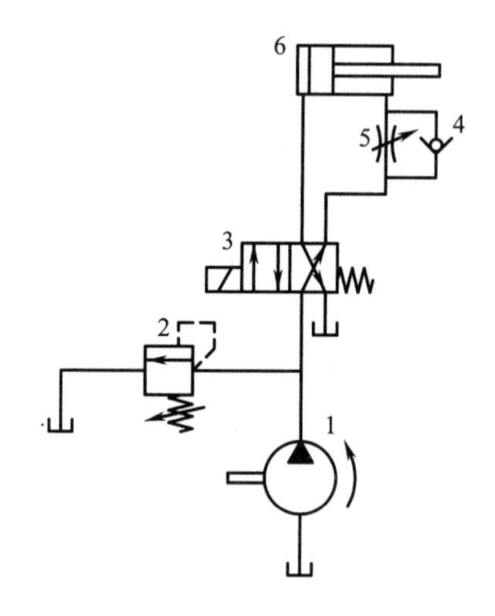

图 5—29　回油节流调速回路

1—液压泵　2—溢流阀　3—二位四通电磁换向阀　4—单向阀　5—节流阀　6—液压缸

课 后 练 习

1. 气压传动系统由哪几部分组成?
2. 空气压缩机有何作用?
3. 单作用气缸是如何工作的?
4. 单向阀有何用途?
5. 高、低压转换回路是如何实现压力调节和转换的?
6. 简述齿轮泵的工作原理。
7. 双作用单杆液压缸为何能实现慢速工作进给和空载快速退回?
8. 支路减压回路中，系统压力和支路压力靠什么调节?
9. 回油节流调速回路靠什么调节液压缸活塞杆的伸出速度? 为何回程速度无法调节?

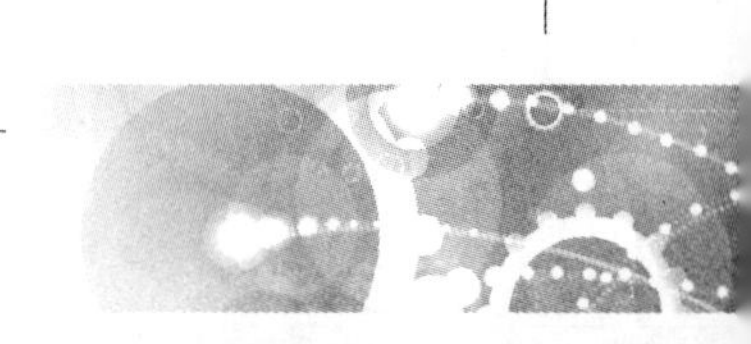

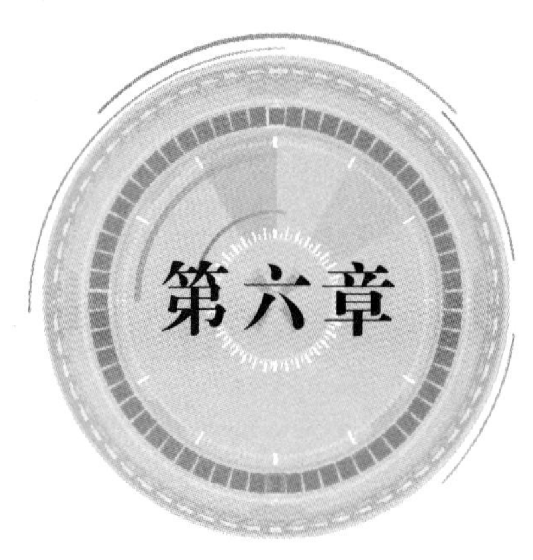

机械制造设备及应用

【学习目标】

1. 了解铸造、锻造的主要设备和生产工艺过程，了解焊条电弧焊的焊接原理及主要设备。

2. 了解车床、铣床、磨床、刨床、镗床的结构、工作原理、加工范围及加工特点。

3. 了解数控机床的组成及工作过程，了解数控机床的特点及主要类型。

4. 了解机械设备安全操作规程。

第 1 节　热加工设备与工艺

一、铸造

1. 铸造及分类

将熔融金属浇注、压射或吸入铸型型腔中，待其凝固后获得具有一定形状、尺寸和性能的毛坯或零件的成型方法，称为铸造，如图 6—1a 所示。铸造所得到的金属工件或毛坯称为铸件，如图 6—1b 所示。

铸造的方法有很多，按生产方法不同可分为砂型铸造和特种铸造。特种铸造又可分为熔模铸造、金属型铸造、压力铸造和离心铸造等。

2. 铸造的特点及应用

(1) 可以生产出形状复杂，特别是具有复杂内腔的工件毛坯，如各种箱体、床身、机架等。

(2) 产品的适应性广，工艺灵活性大，工业上常用的金属材料均可用来进行铸造，铸件的质量可由几克到几百吨。

(3) 原材料大都来源广泛、价格低廉，并可直接利用废旧机件，故铸件成本较低。

(4) 铸造组织疏松、晶粒粗大、内部易产生缩孔等缺陷，导致铸件的力学性能特别是冲击韧度低，铸件质量不够稳定。

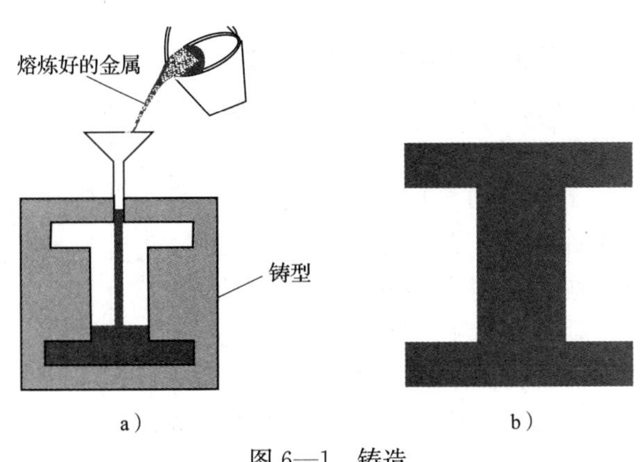

图 6—1　铸造

a）铸造过程示意图　b）铸件

铸造被广泛应用于机械工件的毛坯制造，多用于制造承受应力不大的工件。

3. 砂型铸造工艺过程

用型砂紧实成型的铸造方法称为砂型铸造。砂型铸造是应用最为广泛的一种铸造方法，适用于各种批量的生产。

砂型铸造的工艺过程如图 6—2 所示，主要有制造模样与芯盒、制备型（芯）砂、造型、造芯、合箱、金属熔炼、浇注、冷却、落砂、清理等工艺过程。

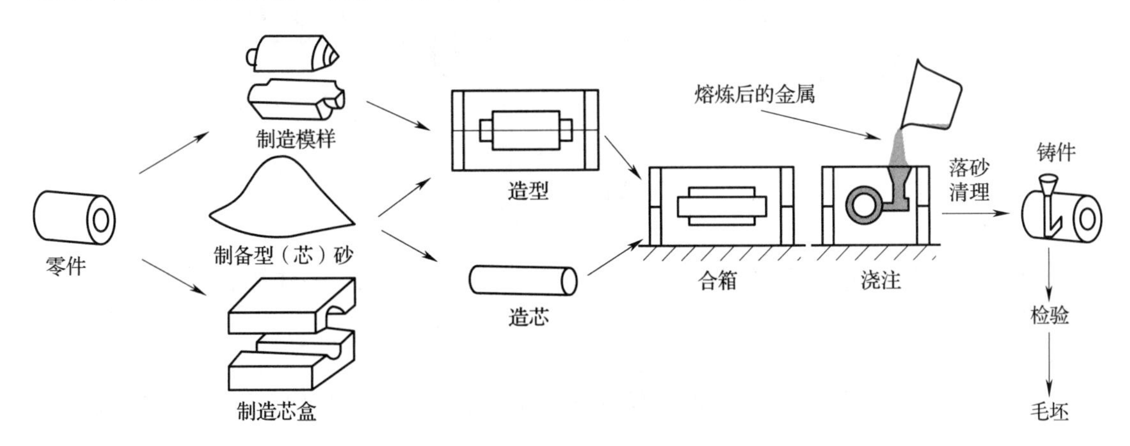

图 6—2　砂型铸造的工艺过程

（1）制造模样与芯盒

用来形成铸型型腔的工艺装备称为模样。制造砂型时，使用模样可以获得与工件外部轮廓相似的型腔。

用来制造型芯的工艺装备称为芯盒。芯盒的内腔与型芯的形状和尺寸相同。通常在铸型中，型芯形成铸件内部的孔穴，但有时也形成铸件的局部外形。

（2）造型、造芯与合箱

1）制备型（芯）砂

型（芯）砂是用来制造铸型的材料。在砂型铸造中，型（芯）砂的基本原材料是铸造砂和型砂黏结剂。常用的铸造砂有原砂、硅质砂、锆英砂、铬铁矿砂、刚玉砂等。

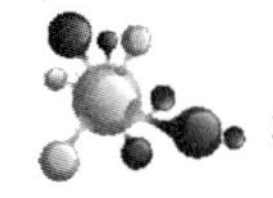

2）造型

利用制备的型（芯）砂及模样等制造铸型的过程称为造型。砂型铸造件的外形取决于型（芯）砂的造型，造型方法有手工造型和机器造型两种。

手工造型是全部用手工或手动工具完成的造型工序。手工造型的方法主要有两箱造型、三箱造型、整模造型、挖砂造型、假箱造型和分模造型等，图 6—3 所示为最常用的两箱造型，铸型由成对的上型和下型构成，此方法操作简单，适用于各种生产批量和各种大小的铸件。

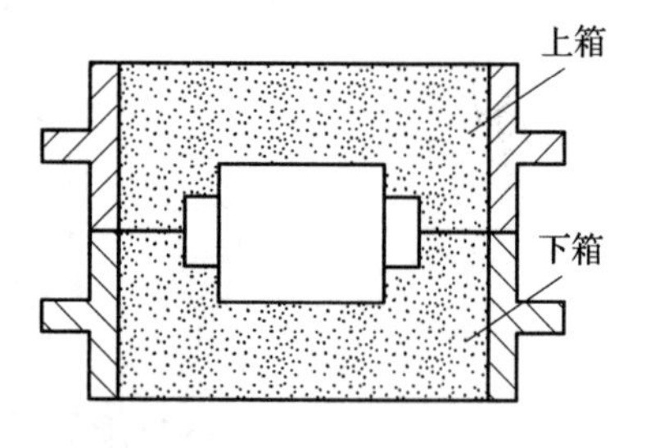

图 6—3　两箱造型

机器造型是指用机器全部完成或至少完成紧砂操作的造型工序。机器造型铸件尺寸精确、表面质量好、加工余量小，但需要专用设备，投资较大，适用于大批量生产。

3）造芯

制造型芯的过程称为造芯。造芯分为手工造芯和机器造芯两种。常用的手工造芯方法是芯盒造芯。芯盒通常由两部分组成，如图 6—4 所示。

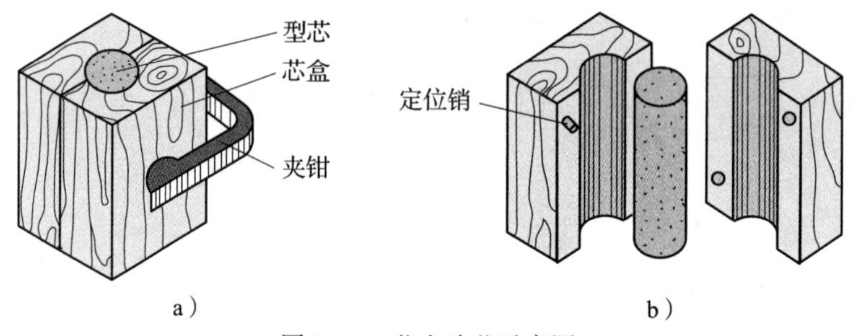

图 6—4　芯盒造芯示意图

a）芯盒的装配　b）取芯

4）合箱

合箱又称合型，是将铸型的各个组元，如上型、下型、型芯、浇注系统等组合成一个完整铸型的操作过程。

（3）熔炼与浇注

使金属由固态转变为熔融状态的过程称为熔炼。把熔融金属注入铸型的过程称为浇注，液体金属通过浇注系统进入型腔。

（4）冷却、落砂与清理

铸型浇注后，铸件在砂型内应有足够的冷却时间。铸件冷却速度太快会使其内应力增加，甚至变形、开裂。

用手工或机械使铸件和型砂、砂箱分开的操作称为落砂。

清理是落砂后清除铸件表面粘砂、型砂、多余金属（包括浇冒口、飞边）和氧化皮等的过程。

（5）检验

经落砂、清理后的铸件应进行质量检验。铸件的质量包括外观质量、内在质量和使用质量。铸件均需进行外观质量检查，重要的铸件则还需进行必要的内在质量和使用质量检查。

二、锻造

锻造是在加压设备及工（模）具的作用下，使金属坯料或铸锭产生局部或全部的塑性变形，以获得一定几何形状、尺寸和质量的锻件的加工方法。金属材料经过锻造变形而得到的工件或毛坯称为锻件。

1. 锻造生产工艺过程

各种锻件的加工都要制定合适的生产工艺。根据零件使用性能和生产需求，工艺过程有的简单，有的复杂。但基本的工艺过程为下料、加热、锻造、冷却、质量检验和热处理。

（1）下料

供锻造车间生产用的原材料绝大多数是各种型材和钢坯，在锻造前根据需要把它们分成若干段，这个过程称作下料。

（2）加热

坯料在锻造之前通常需要加热，加热的目的是提高金属的塑性和降低其变形抗力，即提高金属的可锻性。

（3）锻造

锻造就是利用锻造设备将处于始端温度到终端温度之间温度的坯料在力的作用下发生合适的塑性变形，从而改变它的尺寸、形状，优化材料内部组织，并最终得到符合要求的锻件。

常用的锻造设备有空气锤、蒸汽—空气锤、水压机、平锻机等。

（4）冷却

锻件的冷却同加热一样，也是保证锻件质量的重要环节，锻件的冷却是指锻后从终锻温度冷却到室温。如果锻后锻件冷却不当，会使应力增加和表面过硬，影响锻件的后续加工，严重的还会产生翘曲变形、裂纹，甚至造成锻件报废。常用的冷却方法有空冷、坑冷和炉冷三种。

（5）质量检验

锻件质量检验包括外观质量及内部质量检验。外观质量检验主要指锻件的几何尺寸、形状、表面状况等项目的检验；内部质量检验则主要是指锻件化学成分、宏观组织、显微组织及力学性能等项目的检验。

（6）热处理

在机械加工前，锻件要进行热处理，目的是均匀组织、细化晶粒、减少锻造残余应力、调整硬度、改善机械加工性能，为最终热处理做准备。常用的热处理方法有正火、退火、球化退火等。

2. 自由锻

按成形方式不同，锻造分为自由锻和模锻两大类。

将加热后的金属坯料置于铁砧上或锻压机器的上、下砧之间直接进行的锻造方法称为自由锻。自由锻分为手工自由锻和机器自由锻两种，如图 6—5 所示。

自由锻常用设备有空气锤、蒸汽—空气锤和水压机等，其中空气锤是生产小型锻件及胎膜锻造的常用设备，其由锤身、工作缸、锤杆、上砧、下砧、砧垫、砧座、传动机构和操纵机构等组成，如图 6—6 所示。它以压缩空气为工作介质，驱动上砧上、下运动击打锻件，从而获得塑性变形的锻件。

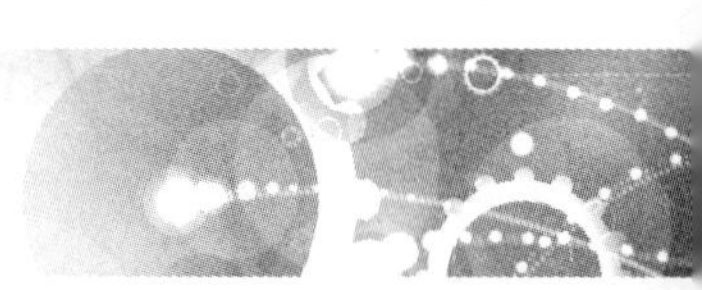

a)

b)

图 6—5 自由锻

a）手工自由锻 b）机器自由锻

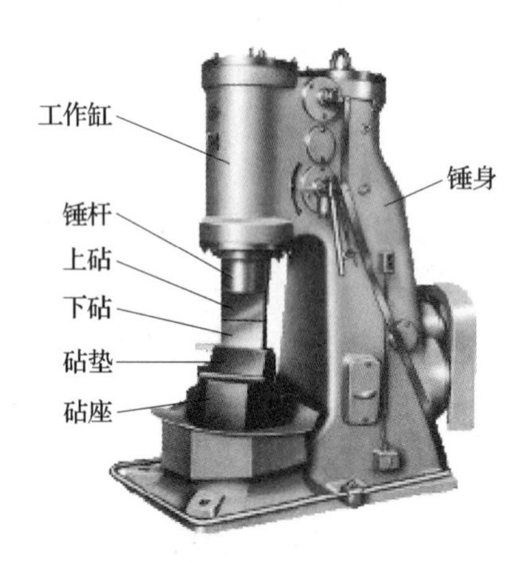

图 6—6 空气锤

(1) 常用自由锻的加工工艺

1）镦粗

镦粗是对原坯料沿轴向锻打，使其高度降低、横截面面积增大的操作过程。这种工艺常用于锻造齿轮坯和其他圆盘类锻件。镦粗分为整体镦粗和局部锻粗两种，如图 6—7 所示。

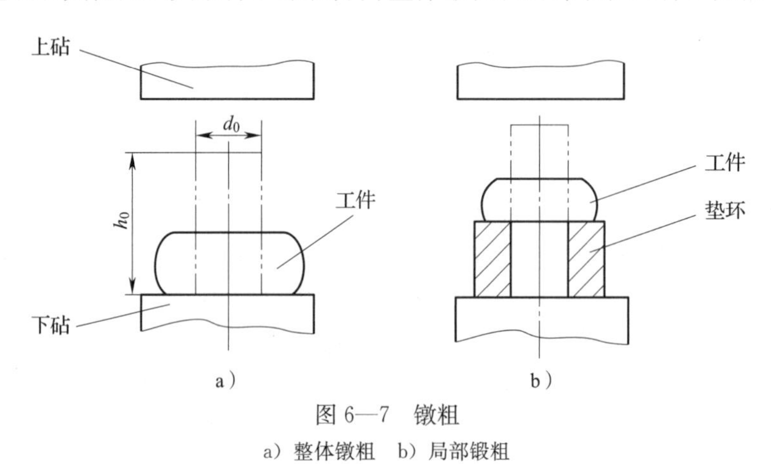

图 6—7 镦粗

a）整体镦粗 b）局部锻粗

2）拔长

拔长是使坯料长度增加、横截面面积减小的锻造工艺，通常用来生产轴类毛坯，如车床主轴、连杆等。圆形截面坯料拔长时，应先锻成方形截面，在拔长到边长接近锻件时，锻成八角形截面，最后倒棱滚打成圆形截面，如图 6—8 所示。

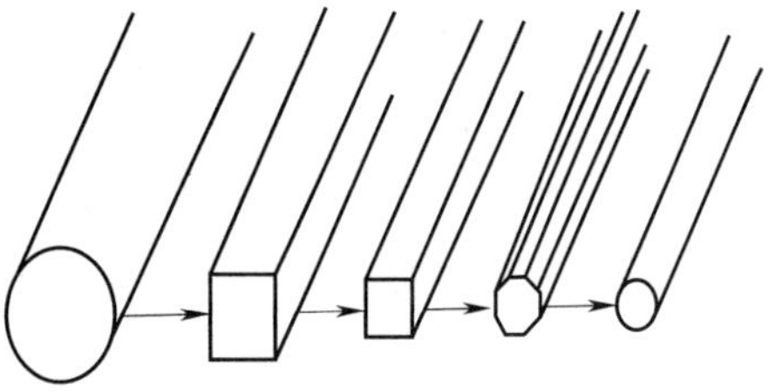

图 6—8　圆形坯料拔长时的过渡截面形状

3）冲孔

冲孔是用冲子在坯料上冲出通孔或不通孔的锻造工艺。冲孔的方法有单面冲孔和双面冲孔两种。

厚度小的坯料可采用单面冲孔。冲孔时，坯料置于垫环上，将一略带锥度的冲头大端对准冲孔位置，用锤击方法打入坯料，直至孔穿透为止，如图 6—9 所示。

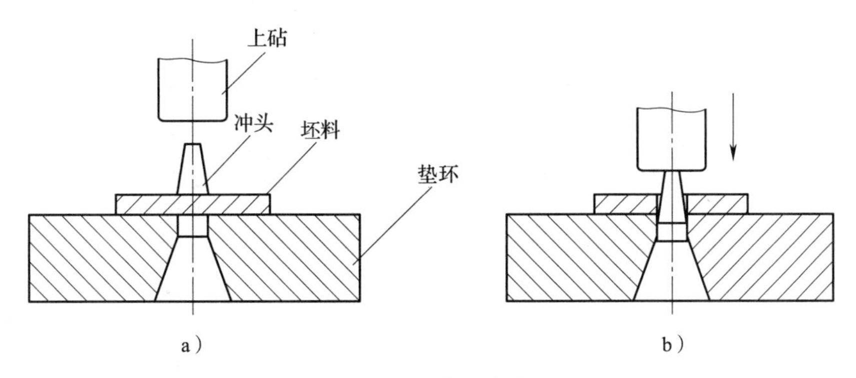

图 6—9　单面冲孔

a）准备冲孔　b）完成冲孔

厚度大的坯料应采用双面冲孔，其工艺如图 6—10 所示，在镦粗平整的坯料表面上先预冲一凹坑，放少许煤粉，再继续冲至约 3/4 深度时，借助煤粉燃烧的膨胀气体取出冲子，翻转坯料，从反面将坯料冲透。

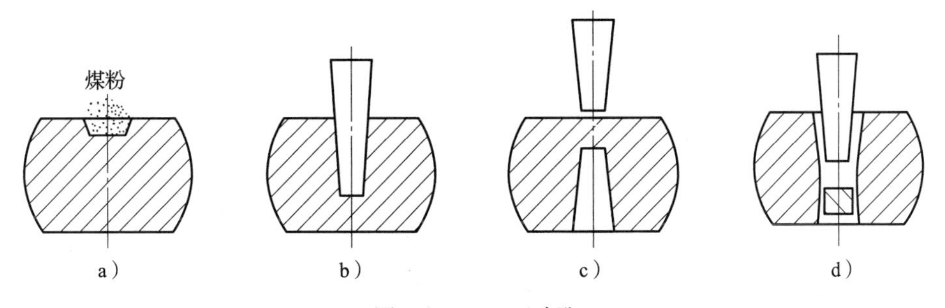

图 6—10　双面冲孔

a）预冲凹坑　b）冲至 3/4 深度　c）翻转坯料　d）冲透坯料

常用自由锻的基本工艺还有弯曲、扭转和切断等。

（2）自由锻的特点

1）设备和工具有很大的通用性，且工具简单，通常只能制造形状简单的锻件。

2）自由锻可以锻制质量从不足 1 kg 到 300 t 左右的锻件。大型锻件只能采用自由锻。

3）自由锻依靠操作者的技术控制形状和尺寸，锻件精度低，表面质量差，金属消耗多。

自由锻主要用于品种多、产量不大的单件或小批量生产，也可用于模锻前的制坯。

3. 模锻

将加热后的坯料放在锻模的模腔内，经过锻造，使其在模腔所限制的空间内产生塑性变形，从而获得锻件的锻造方法称为模锻。

（1）模锻的工艺过程

模锻的锻模结构有单模膛锻模和多模膛锻模两种。单模膛锻模的结构及锻模过程如图6—11所示。

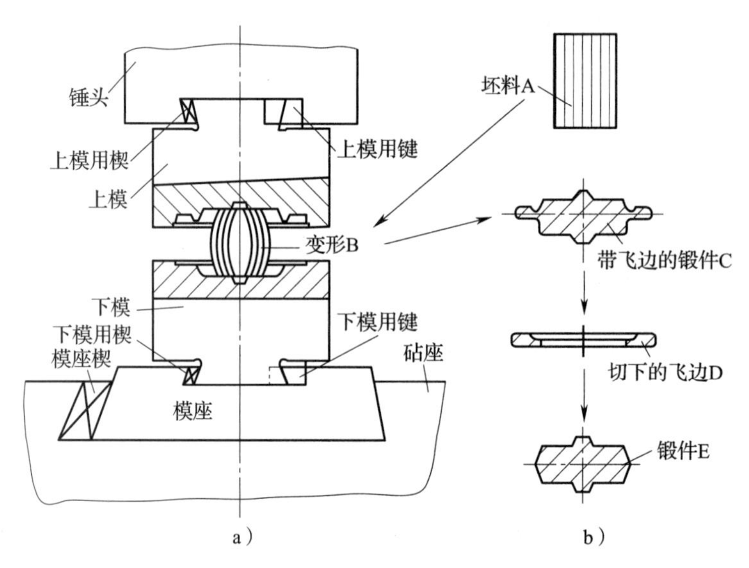

图6—11　单模膛锻模

a）结构　b）锻模过程

单模膛一般为终锻模膛，锻造时需先经过下料→制坯→预锻，再经终锻模膛锤击成形，最后取出锻件切除飞边，工艺过程如图6—12所示。

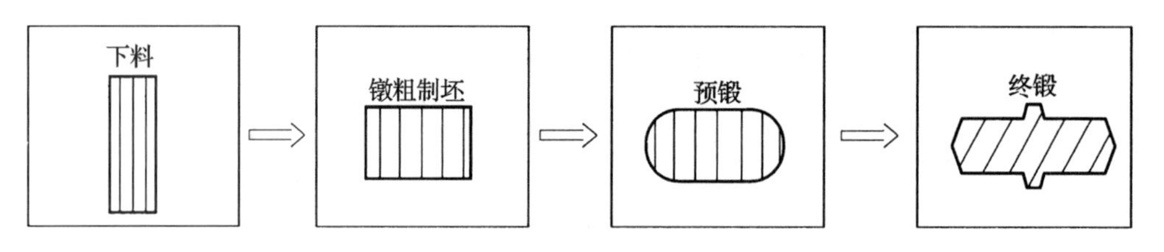

图6—12　模锻工艺过程

（2）模锻的特点及应用

与自由锻相比，模锻的特点有：

1）锻件的形状可以比较复杂。锻件内部的锻造流线按锻件轮廓分布，从而提高了工件的力学性能和使用寿命。

2）锻件表面光洁，尺寸精度高，可节约材料和切削加工工时。

3）生产效率较高，操作简单，易于实现机械化。

4）锻模所需设备吨位大，设备费用高；加工工艺复杂，制造周期长，费用高。

模锻只适用于中、小型锻件的成批或大量生产。

三、焊接

焊接是通过加热或加压，或两者并用，使用填充材料（有些焊接方法不需使用填充材料），使焊件达到原子间结合的一种加工工艺方法。焊接最本质的特点就是通过焊接使焊件达到结合，从而将原来分开的物体形成永久性连接的整体。

1. 焊接的分类及特点

（1）焊接的分类

常用的焊接方法有熔焊、压焊和钎焊三类，见表 6—1。

表 6—1　常用的焊接方法

焊接方法	概念	举例
熔焊	在焊接过程中，将焊件接头加热至熔化状态，不加压力完成焊接的方法	气焊、焊条电弧焊、电渣焊、气体保护电弧焊等
压焊	在焊接过程中，必须对焊件施加压力（加热或不加热）以完成焊接的方法	锻焊、电阻焊、摩擦焊、气压焊、冷压焊、爆炸焊等
钎焊	采用比母材熔点低的钎料，将焊件和钎料加热到高于钎料熔点、低于母材熔点的温度，利用液态钎料润湿母材，填充接头间隙，并与母材相互扩散实现连接焊件的方法	烙铁钎焊、火焰钎焊等

（2）焊接的特点及应用

焊接与螺纹连接、铆接相比，其优点主要是节省金属材料，结构质量轻。工序简单，生产周期短。焊接接头具有良好的力学性能和密封性。能够制造双金属结构，使材料的性能得到充分利用。焊接的缺点主要是焊接结构不可拆卸，给维修带来不便。焊接结构中会存在焊接应力和变形。焊接接头的组织性能往往不均匀，会产生焊接缺陷。

焊接广泛应用于船舶、车辆、桥梁、航空航天、锅炉及其他压力容器等领域。

2. 焊条电弧焊

（1）焊接原理

焊条电弧焊是用手工操作焊条进行焊接的电弧焊方法。

焊条电弧焊的焊接回路由弧焊电源（又称弧焊机）、电缆、焊钳、焊条、焊件和电弧组成，如图 6—13 所示。主要设备是弧焊电源，它的作用是为焊接电弧稳定燃烧提供所需要的电流和电压。焊接电弧是负载，焊接电缆连接电源与焊钳和焊件。焊条电弧焊的焊接原理如图 6—14 所示，电弧的高温将焊条与焊件局部熔化，熔化了的焊芯以熔滴的形式过渡到局部熔化的焊件表面，熔合在一起后形成熔池。

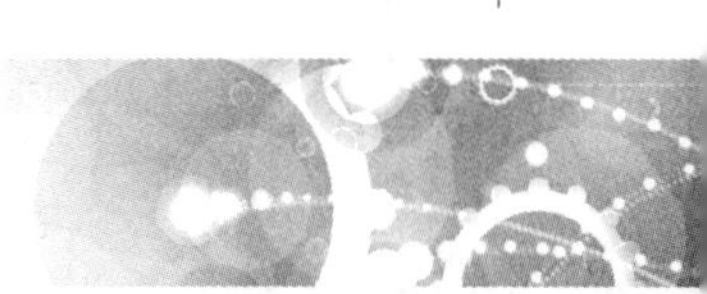

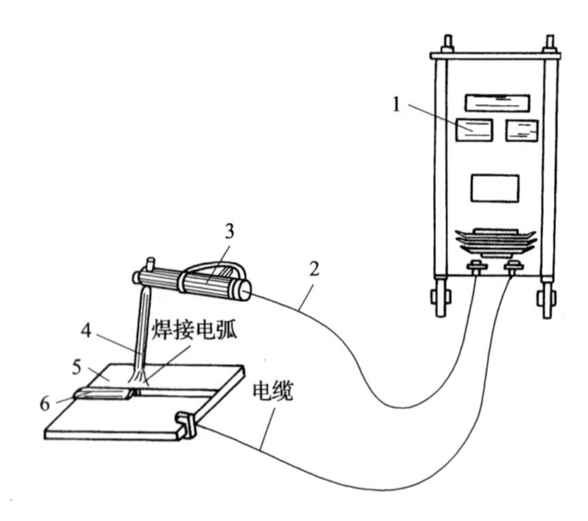

图 6—13　焊条电弧焊焊接回路简图

1—弧焊电源　2—电缆　3—焊钳　4—焊条　5—焊件　6—电弧

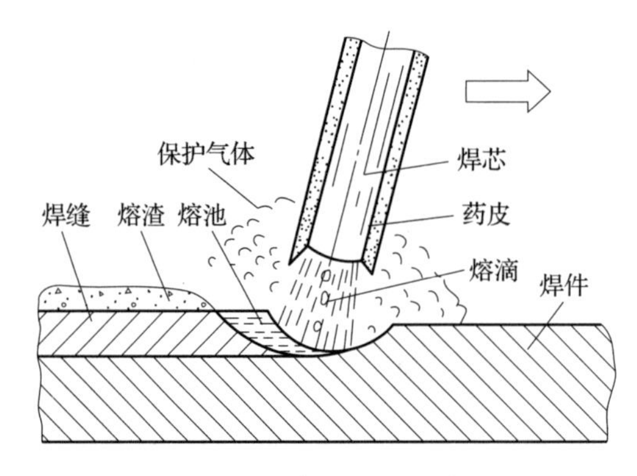

图 6—14　焊条电弧焊焊接原理

焊条电弧焊适用于焊接碳钢、低合金钢、不锈钢以及铜、铝及其合金等金属材料。

(2) 焊接设备

常用的焊条电弧焊接设备有 BX3—300 型弧焊变压器、BX1—315 型弧焊变压器或 ZX5—400 型弧焊整流器。

BX3—300 型弧焊变压器属于动圈式，是生产中应用最广的一种交流焊机，其外形如图 6—15 所示，其结构如图 6—16 所示。它有一个高而窄的口字形铁芯，变压器的一次侧绕组分成两部分，固定在口形铁芯两芯柱的底部；二次侧绕组也分成两部分，装在两铁芯柱的上部并固定于可动的支架上，通过丝杆连接，转动手柄可使二次侧绕组上下移动，以改变一、二次侧绕组间的距离，从而调节焊接电流的大小。

(3) 焊接工具及防护用品

焊条电弧焊工具及防护用品主要有电焊钳、焊接电缆线、面罩等。

电焊钳（见图 6—17）用于夹持电焊条并把焊接电流传输至焊条进行电弧焊，焊接电缆线用于传输电焊机和电焊钳及焊条之间的焊接电流，面罩（见图 6—18）是防止焊接时的飞溅、弧光及熔池和焊件的高温对焊工面部及颈部灼伤的一种遮蔽工具，有手持式和头盔式两种。

图 6—15　BX3—300 型弧焊变压器外形图

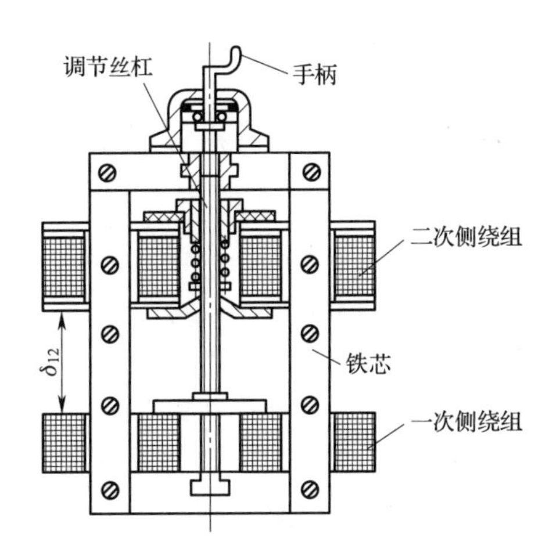

图 6—16　BX3—300 型弧焊变压器结构简图

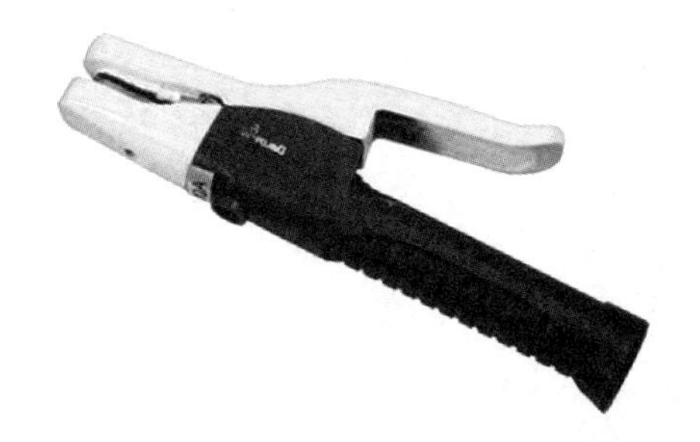

图 6—17　电焊钳

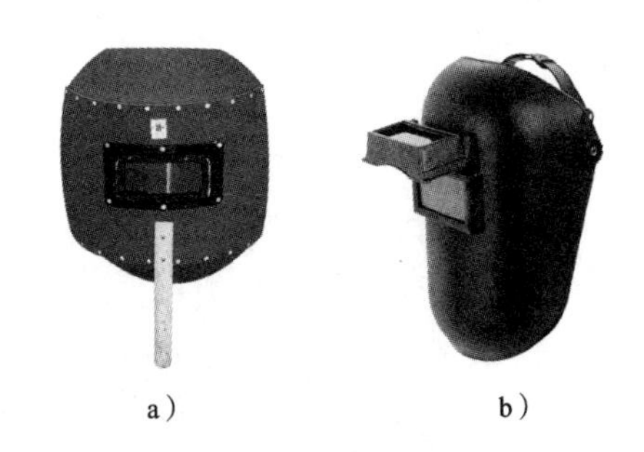

图 6—18　面罩
a）手持式面罩　b）头盔式面罩

（4）焊条

涂有药皮供焊条电弧焊用的熔化电极称为焊条。如图 6—19 所示，焊条由焊芯和药皮两部分组成。焊条夹持端没有药皮，被焊钳夹住后利于导电，焊条引弧端的药皮被磨成锥形，便于焊接时引弧。

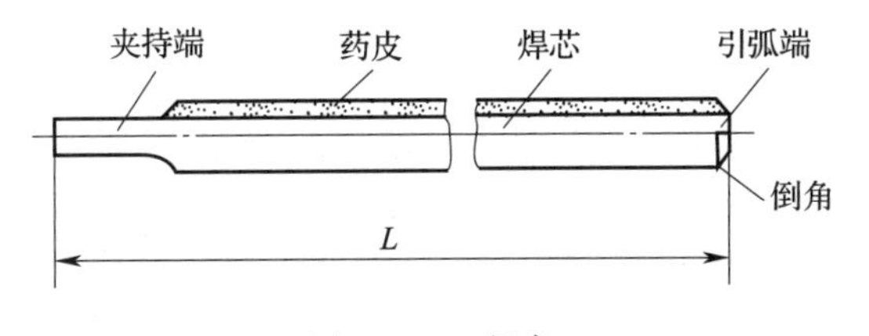

图 6—19　焊条

焊芯的作用是在焊接时传导电流产生电弧并熔化，成为焊缝的填充金属，其约占整个焊缝的 2/3 左右。焊芯的成分直接影响着焊缝质量，因此焊芯是由专门的优质焊条钢经轧制、拉拔而成。常用的焊条直径为 ϕ2.5 mm、ϕ3.2 mm、ϕ4.0 mm、ϕ5.0 mm 几种规格。焊条长度一般为 250～450 mm，焊芯越细，焊条长度越短。

压涂在焊芯表面上的涂料层称为药皮。药皮在焊接过程中可以起到稳定电弧、保护熔化金属、去除有害杂质和添加有益合金元素的作用。

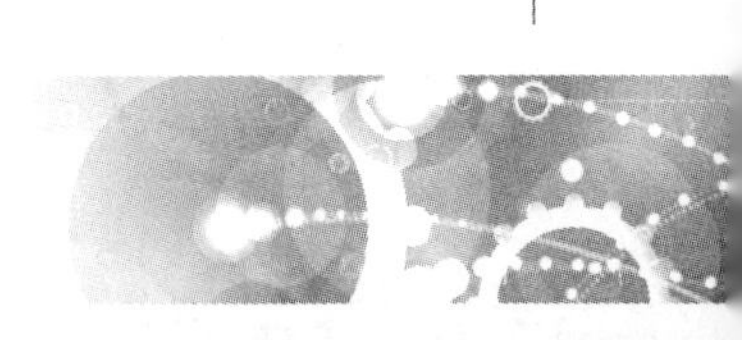

第 2 节　车床及应用

车削是在车床上利用工件的旋转运动和刀具的进给运动，改变毛坯形状和尺寸将其加工成零件的一种切削加工方法。

车床的种类很多，主要有仪表车床、单轴自动车床、多轴自动和半自动车床、回轮（轮塔）车床、立式车床、落地及卧式车床、仿形及多刀车床以及数控车床等。其中，以卧式车床应用最广泛。

一、卧式车床结构

CA6140 型卧式车床外形如图 6—20 所示，其主要部件及功能见表 6—2。

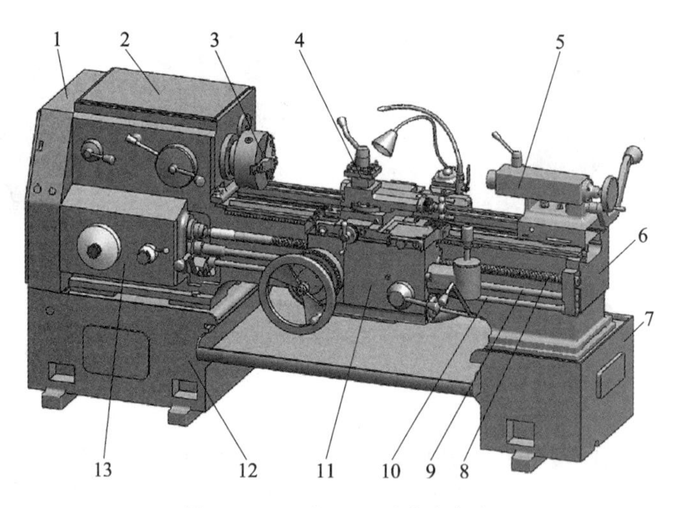

图 6—20　CA6140 型卧式车床

1—交换齿轮箱　2—主轴箱　3—卡盘　4—刀架　5—尾座　6—床身
7、12—床脚　8—丝杠　9—光杠　10—操纵杆　11—溜板箱　13—进给箱

表 6—2　CA6140 型卧式车床的主要部件及功能

名称	作用	图示
主轴箱及卡盘	箱内装有齿轮变速机构和主轴等，组成变速传动机构；箱外有手柄，变换手柄的位置，可使主轴得到多种转速 主轴通过卡盘等夹具装夹工件，并带动工件旋转，以实现车削的主运动	

续表

名称	作用	图示
交换齿轮箱	交换齿轮箱用于把主轴箱的转动传递给进给箱。更换箱内齿轮，配合进给箱内的变速机构，可以得到车削各种螺距螺纹（或蜗杆）的进给运动，并满足车削时对纵向、横向不同进给量的需求	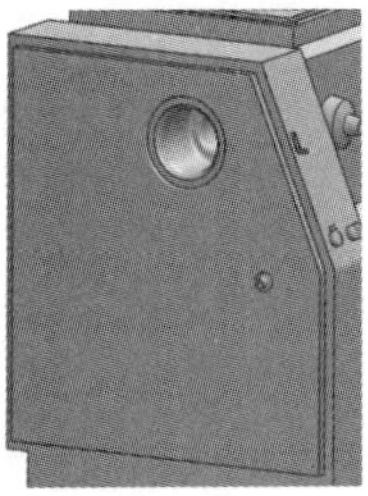
进给箱	把交换齿轮箱传递过来的运动，经过变速后传递给丝杠，以实现各种螺纹的车削；传递给光杠，以实现机动进给	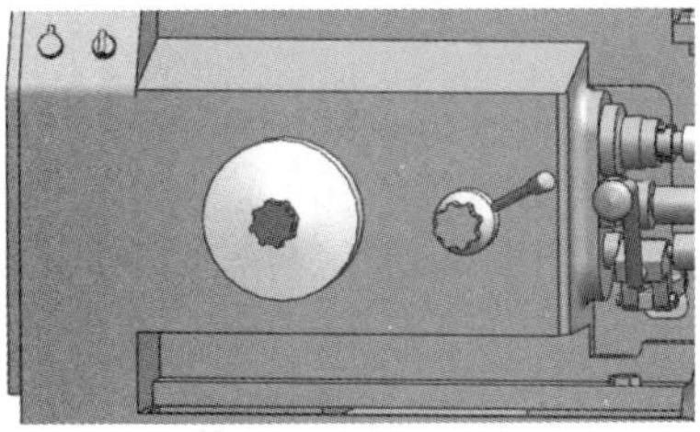
溜板箱	溜板箱接受光杠或丝杠传递的运动，以驱动床鞍和中、小滑板及刀架实现车刀的纵向、横向进给运动。溜板箱上还装有一些手柄及按钮，可以方便地操纵车床来选择机动、手动、车螺纹及快速移动等运动方式	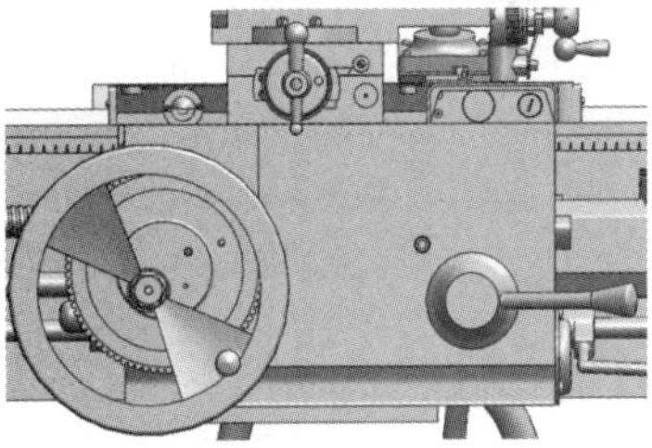
床身	床身是一个大型基础部件，有精度要求很高的导轨，用于支撑和连接车床的各个部件，并保证各部件在工作时有准确的相对位置	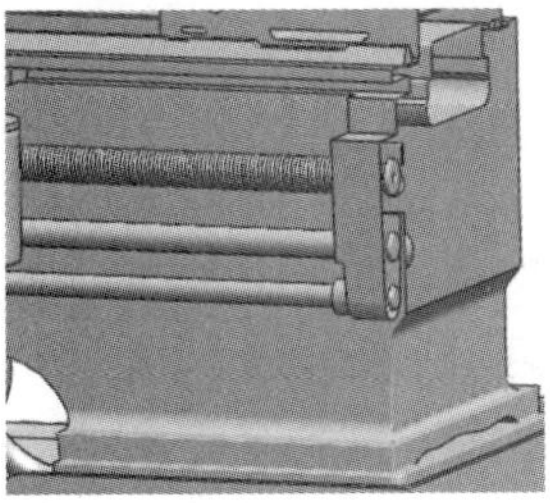
刀架部分	刀架部分由两层滑板（中、小滑板）、床鞍与刀架共同组成，用于装夹车刀并带动车刀作纵向、横向或斜向等运动	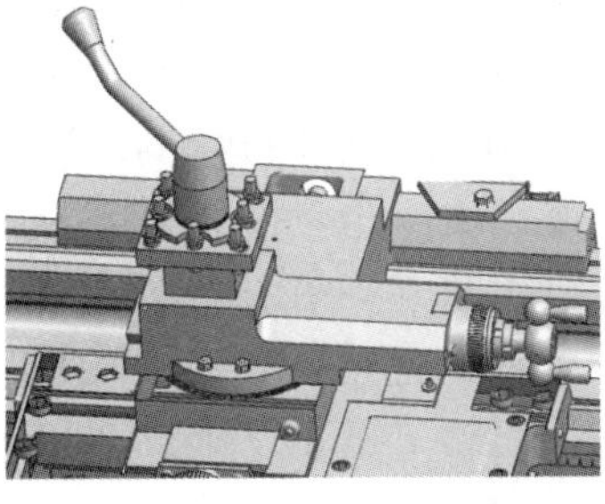

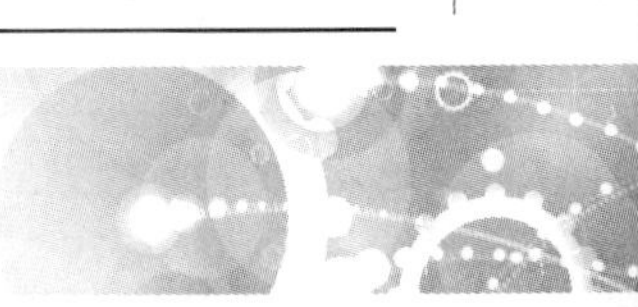

续表

名称	作用	图示
尾座	尾座安装在床身导轨上，并可沿导轨纵向移动，以调整其工作位置。尾座主要用来装夹后顶尖，以支撑较长的工件，也可装夹钻头、铰刀等切削刀具进行孔加工	
床脚	床脚与床身下部两端连为一体，用以支撑床身及安装在床身上的各个部件。同时通过地脚螺栓和调整垫块使整台车床固定在工作场地上，并使床身调整到水平状态	
照明、冷却装置	照明灯使用安全电压，为操作者提供充足的光线，保证操作环境明亮，便于观察和测量 冷却装置主要通过冷却泵将水箱中的切削液加压后喷射到切削区域，降低切削温度，冲走切屑，润滑加工表面，以提高刀具使用寿命和工件的表面加工质量	

二、车削运动

车床的运动按功用来分，可分为表面成形运动和辅助运动。

1. 表面成形运动

表面成形运动是车床为了形成工件表面，刀具和工件的相对运动。它可以由刀具或工件单独完成，也可由刀具和工件共同完成。车床的表面成形运动分为主运动和进给运动，如图 6—21 所示。

车床的主运动就是工件的旋转运动，主运动是实现切削最基本的运动，它的运动速度较高，消耗功率较大。电动机的回转运动经 V 带传动机构传递到主轴箱，在主轴箱内经变速、变向机构再传到主轴，使主轴获得 24 级正向转速（转速范围 10～1 400 r/min）和 12 级反向转速（转速范围 14～1 580 r/min）。

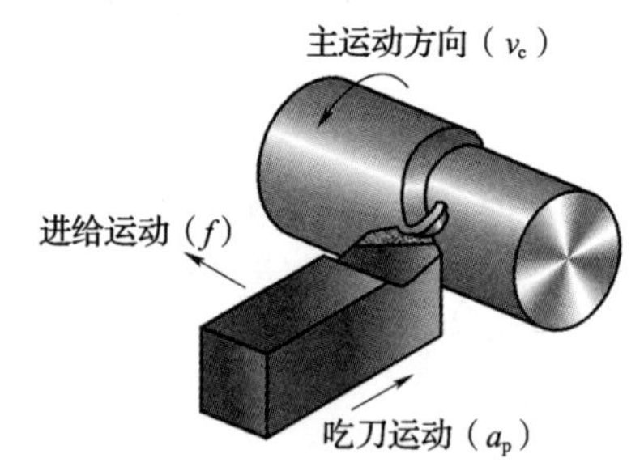

图 6—21　车床的表面成形运动

车床的进给运动就是刀具的移动。刀具作平行于车床导轨的纵向进给运动（如车削外圆柱表面），或作垂直于车床导轨的横向进给运动（如车削端面），刀具也可做与车床导轨成一定角度方向的斜向运动（如车削圆锥表面），或做曲线运动（如车削成形曲面）。进给运动的速度较低，所消耗的功率也较少。主轴的回转运动从主轴箱经交换齿轮箱、进给箱传递给光杠或丝杠，使它们回转，再由溜板箱将光杠或丝杠的回转运动转变为滑板、刀架的直线运动，使刀具做纵向或横向的进给运动。CA6140 型车床的纵向进给速度共 64 级（进给量范围 0.08～1.59 mm/r），横向进给速度共 64 级（进给量范围 0.04～0.79 mm/r）。

2. 辅助运动

为实现机床的辅助工作而必需的运动称为辅助运动。辅助运动包括刀具的趋近、退回，工件的夹紧等。在卧式车床上这些运动通常由操作者用手工操作来完成。

为了减轻操作者的劳动强度和节省移动刀架所耗费的时间，CA6140 车床还具有单独电动机驱动的刀架，以便实现纵向及横向的快速移动。

三、车刀种类

按用途不同可将车刀分为外圆车刀、端面车刀、切断刀、内孔车刀、成形车刀和螺纹车刀等，如图 6—22 所示。

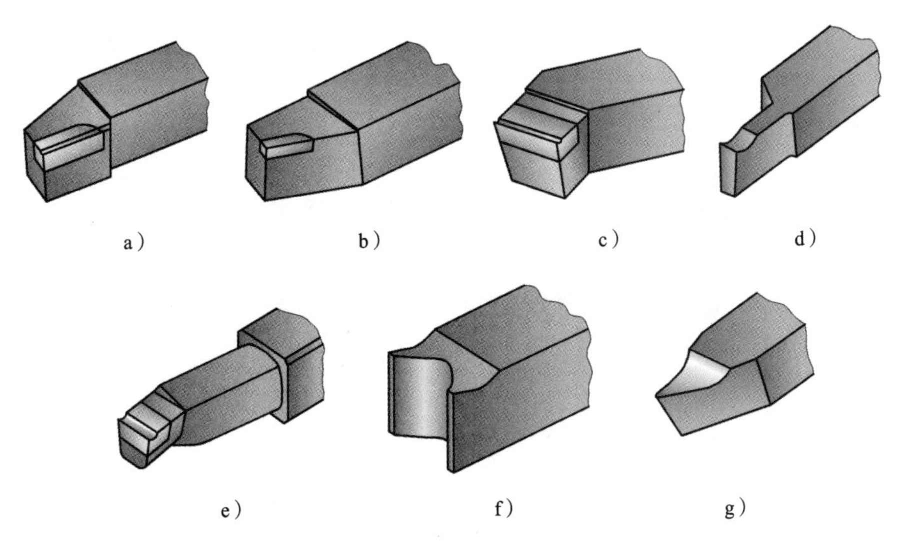

图 6—22　常用车刀种类

a）90°外圆车刀　b）75°外圆车刀　c）45°外圆、端面车刀
d）切断刀　e）内孔车刀　f）成形车刀　g）螺纹车刀

四、车床加工范围

车床的加工范围很广（见表 6—3）。如果在车床上装上一些附件和夹具，还可进行镗削和磨削等。

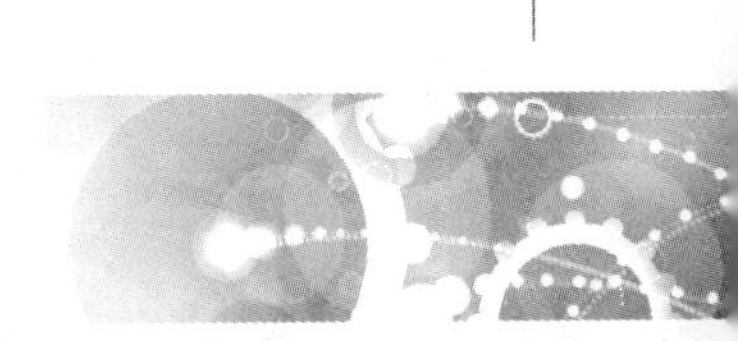

表 6—3 车床的加工范围

加工内容	钻中心孔	钻孔
图示	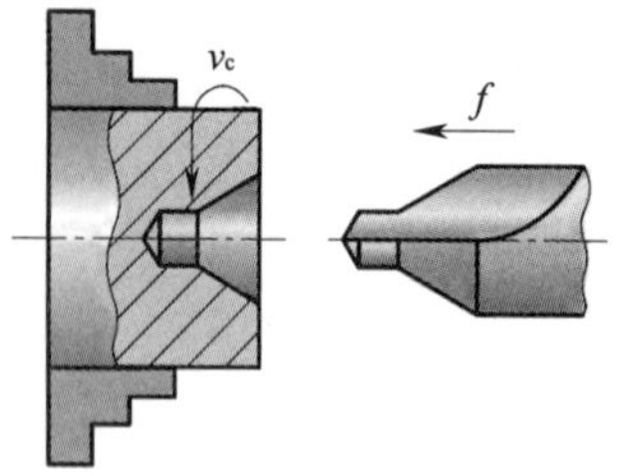	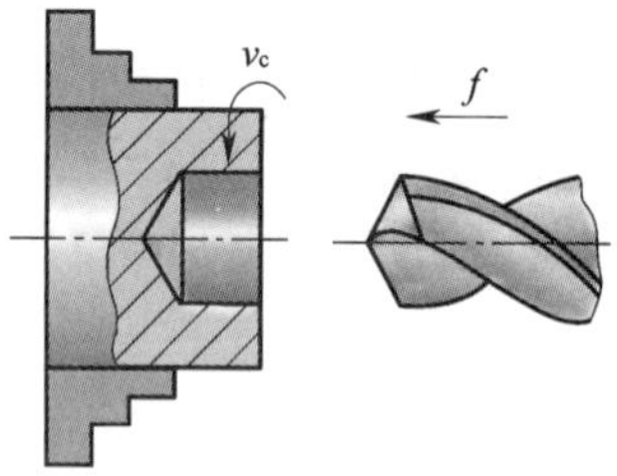
加工内容	铰孔	攻螺纹
图示	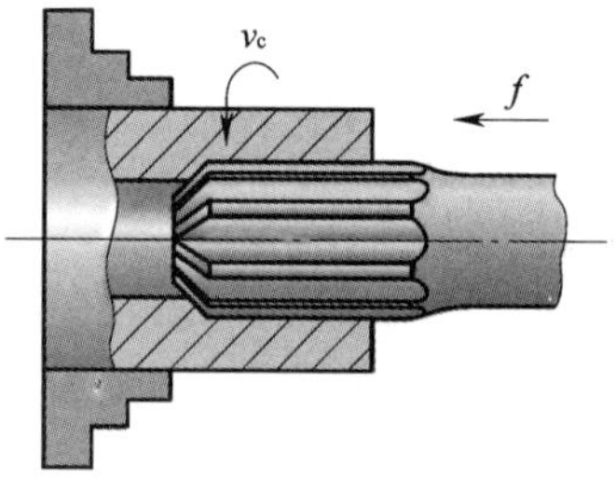	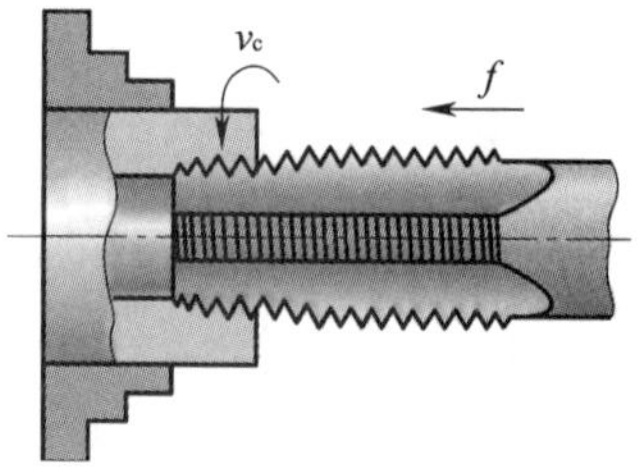
加工内容	车外圆	车内孔
图示	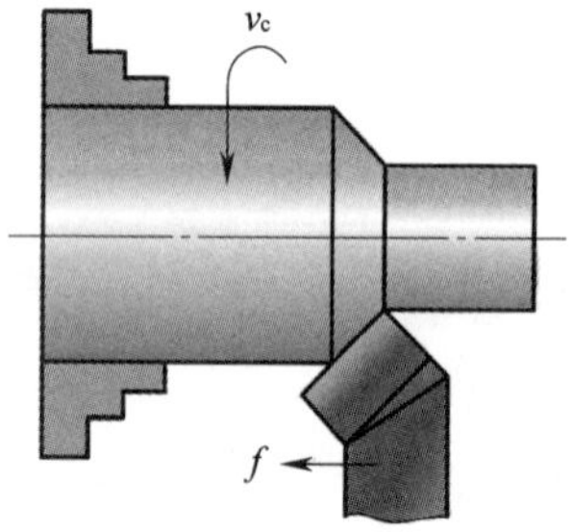	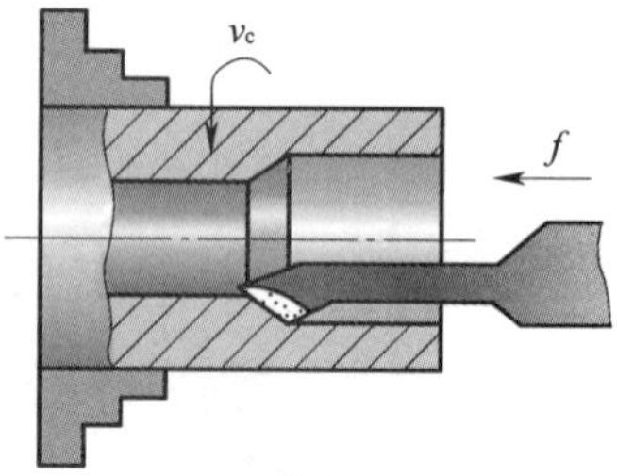
加工内容	车端面	车槽
图示	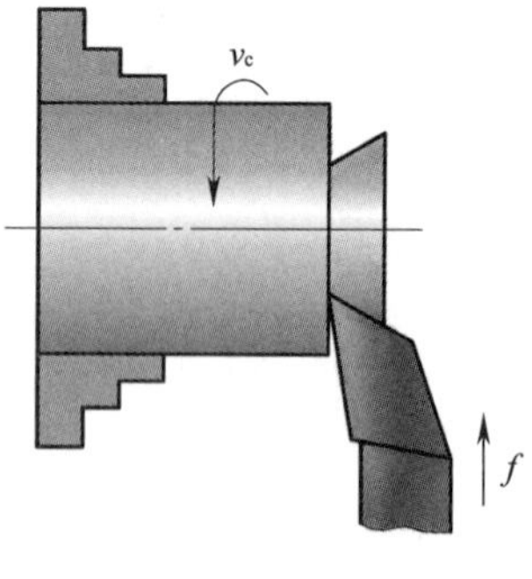	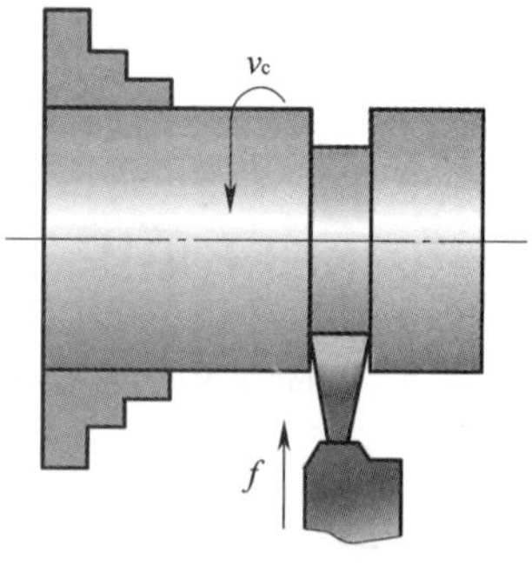

续表

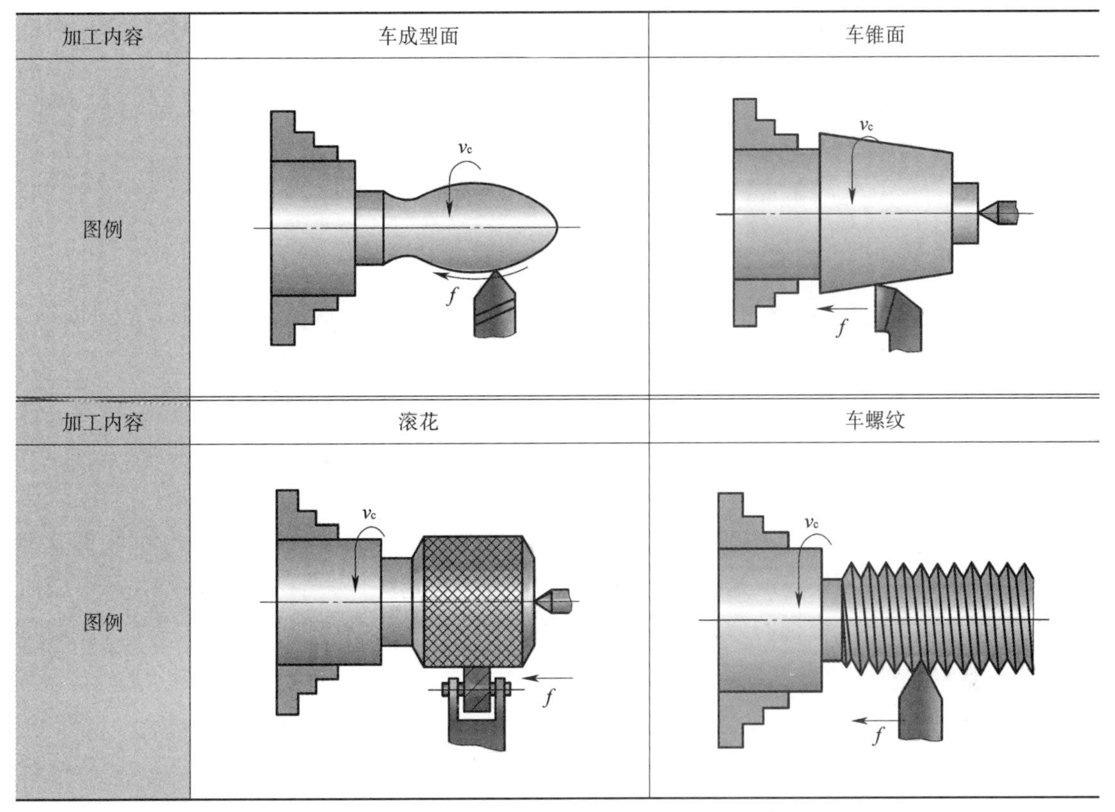

加工内容	车成型面	车锥面
图例		
加工内容	滚花	车螺纹
图例		

注：v_c—主运动速度，f—进给运动方向。

五、工件装夹方法

1. 用三爪自定心卡盘装夹工件

三爪自定心卡盘如图 6—23 所示，常用于装夹中小型旋转类工件、正三边形或正六边形工件。由于能自动定心一般不需要找正。

2. 用四爪单动卡盘装夹工件

用四爪单动卡盘装夹工件的方法如图 6—24 所示。四爪单动卡盘的四个卡爪是各自独立运动的，因此，在装夹工件时，必须将工件加工部位的回转中心找正到与车床主轴回转中心重合。

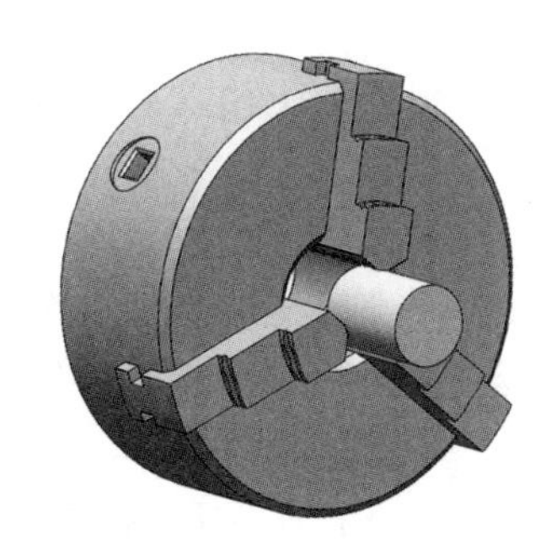
图 6—23　用三爪自定心卡盘装夹工件

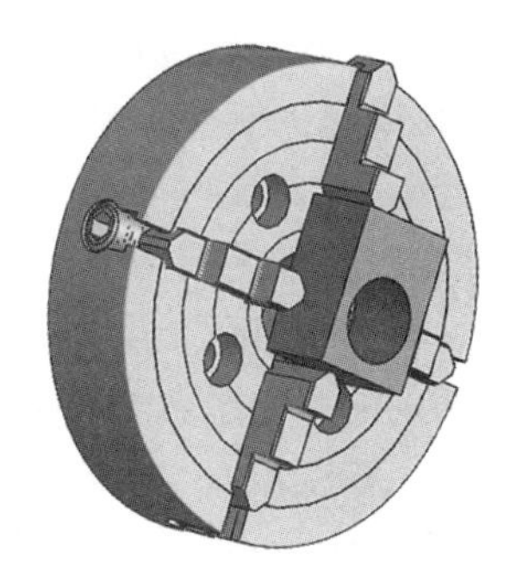
图 6—24　用四爪单动卡盘装夹工件

3. 用两顶尖及鸡心夹装夹工件

用两顶尖及鸡心夹装夹工件的方法如图 6—25 所示。适用于多工序加工中重复定位精度较高的轴类零件的装夹。

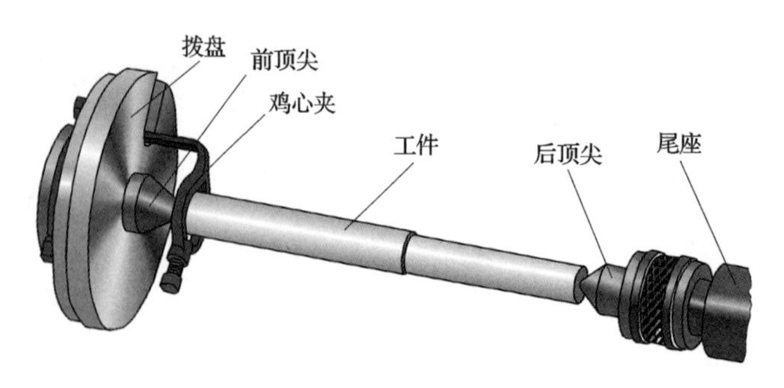

图 6—25　用两顶尖及鸡心夹装夹工件

4. 一夹一顶装夹工件

用两顶尖装夹轴类工件，虽定位精度高，但其刚度较低，尤其是对粗大笨重的工件，装夹时稳定性不够，切削用量的选择受到限制，这时通常选用工件一端用卡盘夹持，另一端用后顶尖支撑，即用一夹一顶的方法装夹工件，如图 6—26 所示。工件的轴向定位需要借助限位支撑或工件的台阶实现。

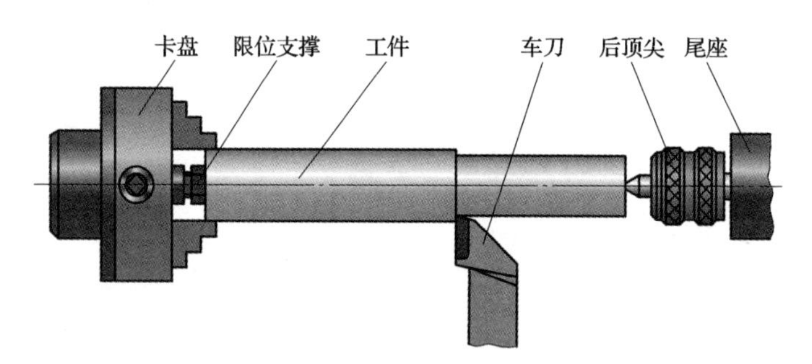

图 6—26　一夹一顶装夹工件

六、车削加工特点

与钻削、铣削、磨削等加工方法相比较，车削加工具有以下特点。

1. 车削加工适合于加工各种内、外回转表面。车削加工的加工精度范围为 IT13（粗车）～IT6（精车），表面粗糙度值为 *Ra*12.5～1.6 μm。

2. 车刀结构简单，制造容易，刃磨及装拆方便。便于根据加工要求对刀具材料、几何参数进行合理选择。

3. 车削加工对工件的结构、材料、生产批量等有较强的适应性，因此应用广泛。除可车削名种钢材、铸铁、有色金属外，还可以车削玻璃钢、夹布胶木、尼龙等非金属材料。对于一些不适合磨削的有色金属材料可以采用金刚石车刀进行精细车削，能获得较高的加工精度和较小的表面粗糙度值。

4. 除毛坯表面余量不均匀和复杂工件外，绝大多数车削加工为等切削截面的连续切削，因此，切削力变化小，切削过程平稳，有利于高速切削和强力切削，生产效率高。

第 3 节　铣床及应用

铣床主要指用铣刀在工件上加工各种表面的机床。通常，以铣刀的旋转运动为主运动，以铣刀的移动或工件的移动、转动为进给运动。铣床可以加工平面、沟槽，也可以加工各种曲面、齿轮等，还能加工比较复杂的曲面。由于铣刀为多刃刀具，因而铣床的生产率较高。由于铣刀种类变化多，且铣床工作台可做纵向、横向、升降及角度的移（转）动，铣床的工作范围非常广泛。

一、铣床结构

1. 铣床基本构造

普通铣床根据不同的加工需求，而有不同的型别设计，目前生产中应用最多的是：卧式升降台铣床、立式升降台铣床、龙门铣床等。

图 6—27 所示为 X6132 型卧式万能升降台铣床，其主轴位置与工作台面平行。该机床具有可沿床身导轨垂直移动的升降台，安装在升降台上的工作台和横向溜板可分别做纵向、横向移动。该机床附件丰富，适用范围广，安装立铣头后可替代立式铣床进行工作。主轴锥孔可直接或通过附件安装各种圆柱铣刀、盘形铣刀、成形铣刀、端面铣刀等刀具，适于加工中小型零件的平面、斜面、沟槽或切断等。

图 6—27　X6132 型卧式万能升降台铣床

图 6—28 所示为 X5032 型立式升降台铣床，其主轴位置与工作台面垂直。该机床具有可沿床身导轨垂直移动的升降台，安装在升降台上的工作台和横向溜板可分别做纵向、横向移动。该机床刚度好，进给变速范围广，能承受重负荷切削。主轴锥孔可直接或通过附件安装各种端铣刀、立铣刀、键槽铣刀、成形铣刀等刀具，适于加工较复杂中小型零件的平面、键槽、螺旋槽、孔等。

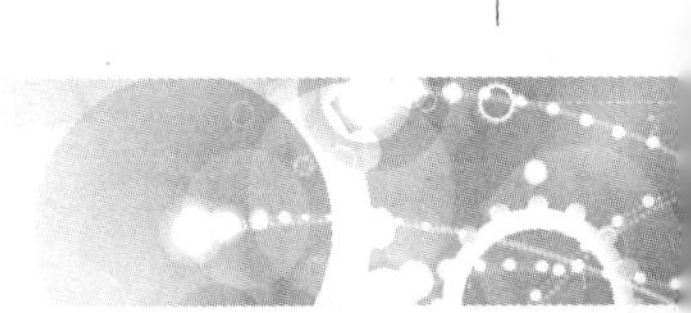

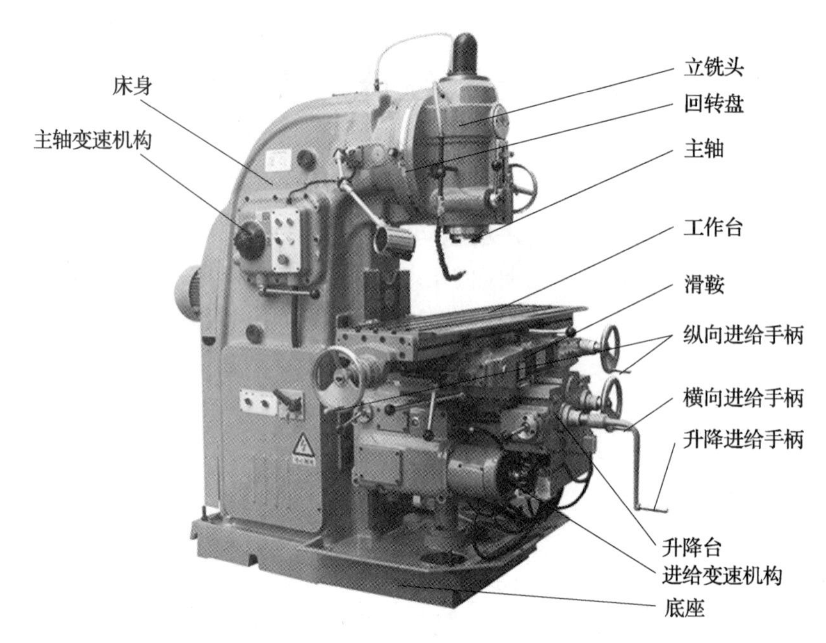

图 6—28 X5032 型立式升降台铣床

2. 铣床附件及配件

铣床上常用的附件及配件有万能铣头、机用虎钳、回转工作台、万能分度头、铣刀杆、端铣刀盘、铣夹头、锥套等，其结构及用途见表 6—4。

表 6—4 铣床附件及配件的结构及用途

名称	结构	用途
万能铣头		安装于卧式铣床主轴端，由铣床主轴驱动立铣头主轴回转，使卧式铣床起立式铣床的功用，从而扩大了卧式铣床的工艺范围
机用虎钳		又称平口钳，是一种通用夹具，将其安装在机床工作台上，用来夹持工件进行切削加工。平口钳适合装夹以平面定位和夹紧的板类零件、矩形零件以及轴类零件，常用于安装小型工件

续表

名称	结构	用途
回转工作台		又称为圆转台，它带有可转动的回转工作台台面，用以装夹工件并实现回转和分度定位。主要用于在其圆工作台面上装夹中、小型工件，进行圆周分度和做圆周进给铣削回转曲面，如有角度、分度要求的孔或槽、工件上的圆弧槽、圆弧外形等
万能分度头		利用分度刻度环、游标、定位销和分度盘以及交换齿轮，将装夹在顶尖间或卡盘上的工件进行圆周等分、角度分度、直线移距分度。辅助机床利用各种不同形状的刀具进行各种多边形、花键、齿轮等的加工工作，并可通过配换齿轮与工作台纵向丝杠连接加工螺纹、等速凸轮等，从而扩大了铣床的加工范围
铣刀杆	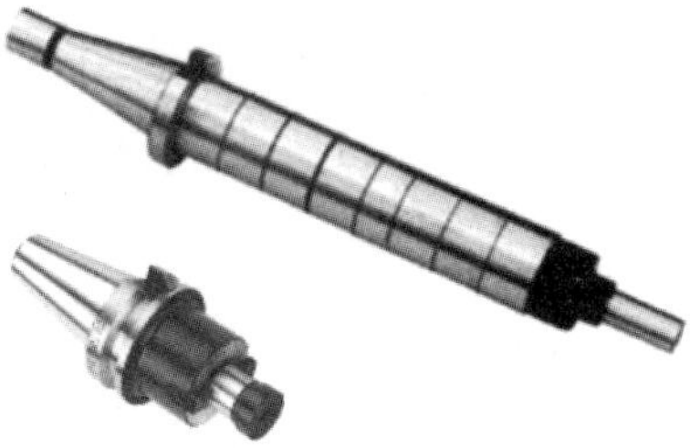	安装于卧式铣床主轴端，用来安装圆柱铣刀、三面刃铣刀等盘形铣刀
端铣刀盘		安装于卧式铣床或立式铣床主轴端，用来安装端铣刀头

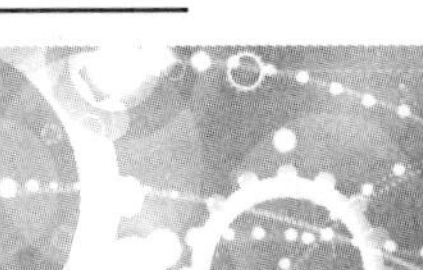

续表

名称	结构	用途
铣夹头		安装于卧式铣床或立式铣床主轴端，用来安装直柄立铣刀、直柄键槽铣刀等
锥套		安装于卧式铣床或立式铣床主轴端，用于安装锥柄立铣刀、锥柄键槽铣刀等

二、铣刀种类

铣床所用刀具可分为端铣刀、立铣刀、键槽铣刀、圆柱铣刀、三面刃铣刀、锯片铣刀、齿轮铣刀等，其结构和用途见表 6—5。

表 6—5　　铣刀的结构和用途

名称	结构	用途
端铣刀		主要用于加工较大的平面
立铣刀		用途较为广泛，可以用于铣削各种形状的槽和孔、台阶平面和侧面、盘形凸轮与圆柱凸轮、内外曲面等

续表

名称	结构	用途
键槽铣刀		主要用于铣削键槽
圆柱铣刀		主要用于加工窄而长的平面
三面刃铣刀		分直齿、错齿和镶齿等几种，用于铣削各种槽、台阶、工件的侧面及凸台平面
锯片铣刀		用于铣削各种窄槽，以及对板料或型材的切断
齿轮铣刀		用于铣削齿轮及齿条

三、铣床加工范围与铣削特点

1. 铣床的加工范围

在铣床上使用各种不同的铣刀可以完成平面（平行面、垂直面、斜面）、台阶、槽（直角槽、V形槽、T形槽、燕尾槽等)、特形面和切断等加工；配合分度头等铣床附件，还可以完成花键轴、齿轮、螺旋槽等加工。在铣床上还可以进行钻孔、铰孔和铣孔等工作。铣床的基本加工内容见表6—6。

表6—6　　铣床的基本加工内容

铣削内容	周铣平面	端铣平面	铣直角沟槽
图示	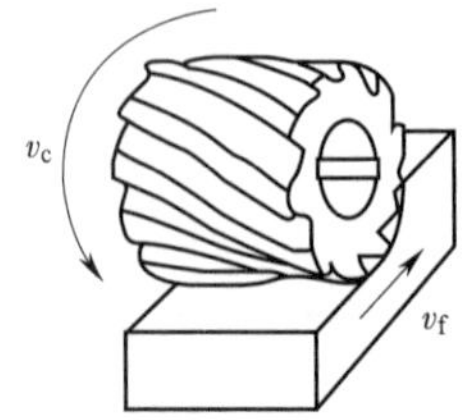	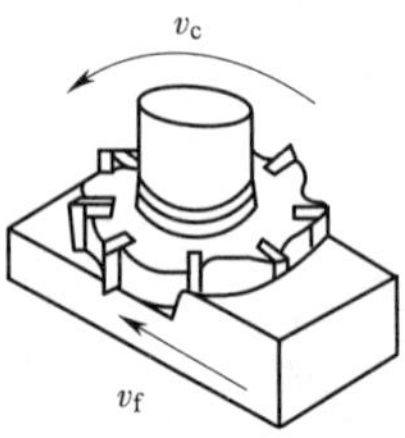	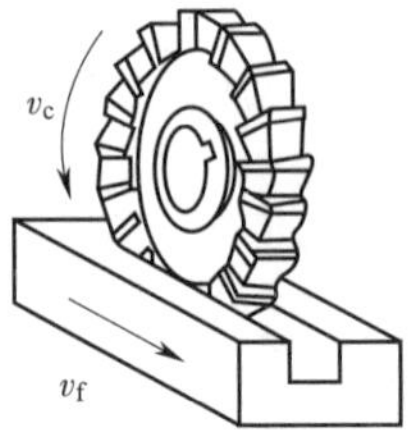
铣削内容	铣键槽	铣直角沟槽	切断
图示	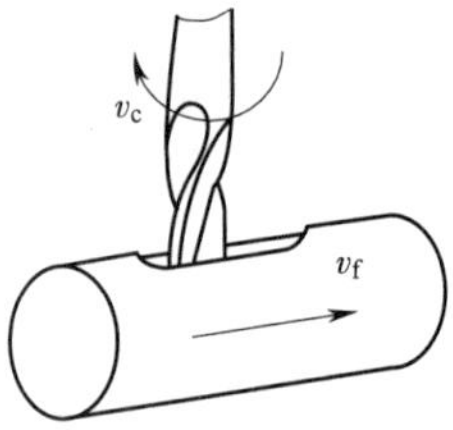	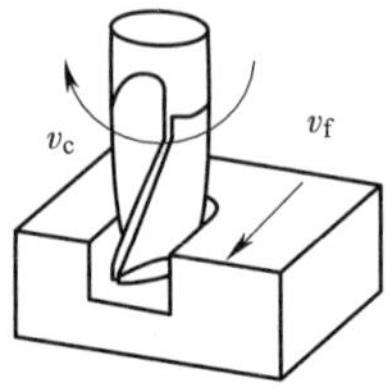	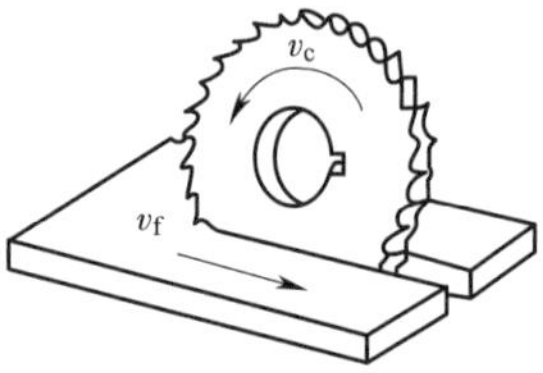
铣削内容	铣T形槽	铣V形槽	铣齿轮
图示	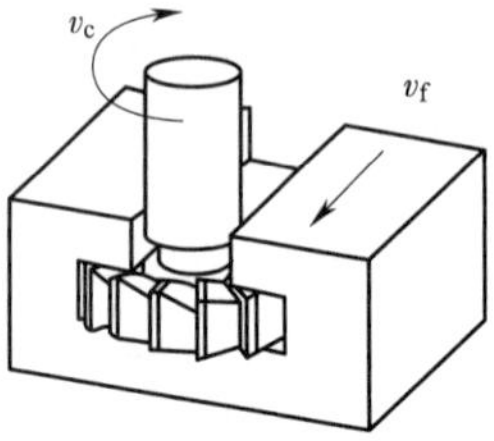	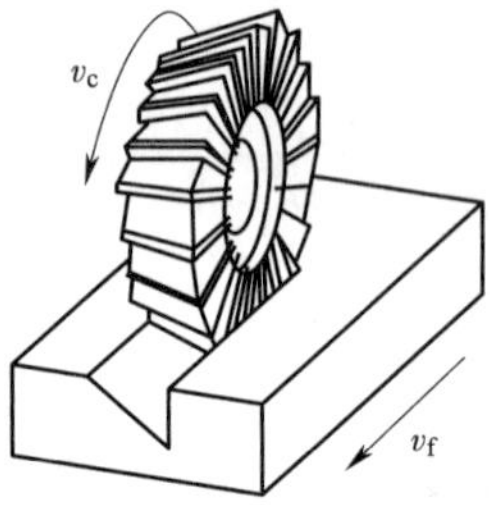	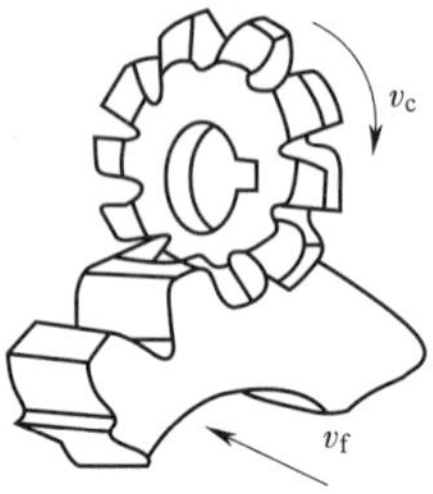

注：v_c—主运动（铣削）速度，v_f—进给运动速度。

2. 铣削加工的特点

(1) 铣削在金属切削加工中的重要性仅次于车削。以铣刀的旋转运动为主运动，切削速度较高，加工位置调整方便。除加工狭长平面外，其生产效率均高于刨削。

(2) 铣削时，切削力是变化的，会产生冲击或振动，影响加工精度和工件表面粗糙度。

(3) 铣削加工具有较高的加工精度，其经济加工精度一般为IT9～IT7，表面粗糙度值一般为Ra12.5～1.6 μm。精细铣削加工精度可达IT5，表面粗糙度值可达到Ra0.20 μm。

(4) 铣削特别适合模具等形状复杂的组合体零件的加工，在模具制造等行业中占有非常重要的地位。

第 4 节　磨床、刨床、镗床及应用

一、磨床及应用

磨床是用磨具或磨料加工工件各种表面的机床。通常，磨具旋转为主运动，工件或磨具的移动为进给运动。磨床是机器零件精密加工的主要设备，可以加工其他机床不能加工或难加工的高硬度材料。

1. 磨床

磨床的种类很多，目前生产中应用最多的是外圆磨床、内圆磨床、平面磨床、无心磨床和工具磨床等。

（1）外圆磨床

外圆磨床主要用于磨削圆柱形和圆锥形外表面。外圆磨床分为普通外圆磨床、万能外圆磨床、无心外圆磨床等，其中以普通外圆磨床和万能外圆磨床应用最广。

如图 6—29 所示为万能外圆磨床，它主要由床身、头架、砂轮架、工作台、尾座、内圆磨头等部件组成。可加工外（内）圆柱面、外（内）圆锥面、阶梯轴肩以及端面和简单的成形回转体等，尺寸精度可达 IT6～TT7，表面粗糙度值可达 Ra0. 08 μm。

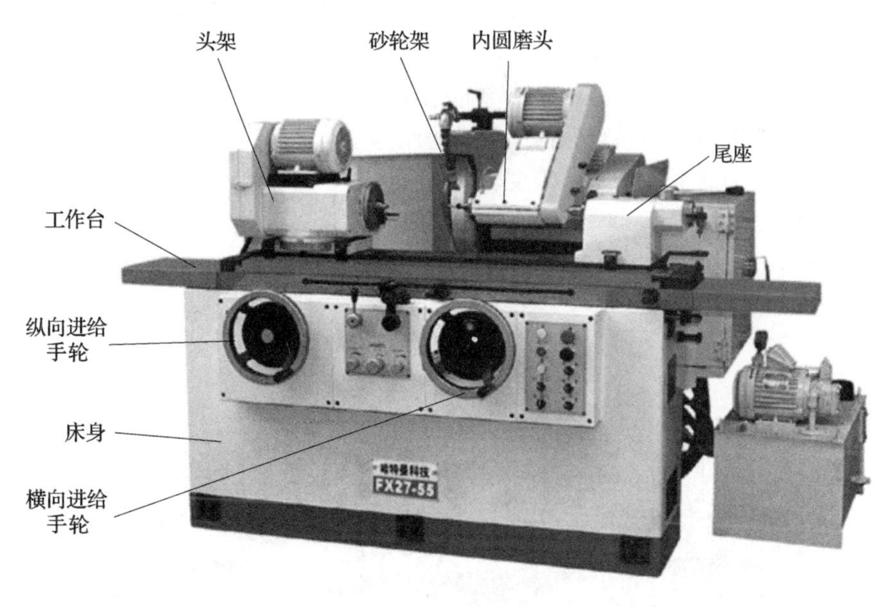

图 6—29　万能外圆磨床

（2）内圆磨床

内圆磨床主要用于磨削圆柱形和圆锥形内表面。内圆磨床分为普通内圆磨床、行星内圆磨床、无心内圆磨床、坐标磨床和专门用途的内圆磨床等。

如图 6—30 所示为普通内圆磨床，它主要由头架、砂轮架、工作台、滑鞍、床身等部件组成。头架固定在床身上，工件装夹在头架主轴前端的卡盘中，由头架主轴带动做圆周进给运动。砂轮安装在砂轮架中的内磨头主轴上，由单独电动机直接驱动做高速旋转主运动。砂轮架安装在滑鞍上，在工作台由液压传动系统带动做往复直线运动过程中，砂轮架做周期性横向进给。头架还可绕竖直轴转至一定角度以磨削锥孔。

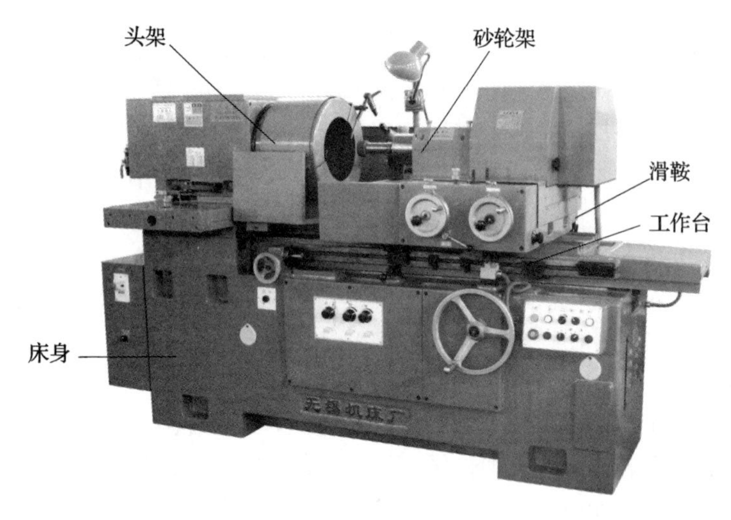

图 6—30　普通内圆磨床

（3）平面磨床

平面磨床用于磨削工件平面或成形表面，主要类型有卧轴矩台、卧轴圆台、立轴矩台、立轴圆台和各种专用平面磨床。如图 6—31 所示为卧轴矩台平面磨床，它由床身、立柱、工作台和磨头等主要部件组成。工件由矩形电磁工作台吸住或夹持在工作台上，并做纵向往复运动。砂轮架可沿滑座的燕尾导轨做横向间歇进给运动，滑座可沿立柱的导轨做垂直间歇进给运动，用砂轮周边磨削工件，磨削精度较高。

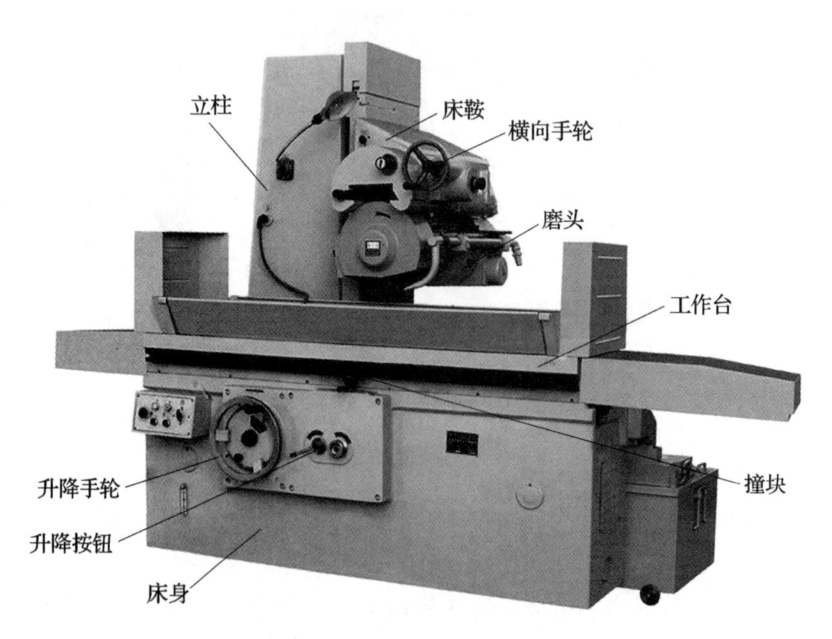

图 6—31　卧轴矩台平面磨床

2. 磨床的加工范围

磨床可用来磨削各种内、外圆柱面，内、外圆锥面，平面和成形表面等，磨床的主要功用见表 6—7。

表 6—7　磨床的主要功用

功用	磨外圆	磨孔	磨平面
图示	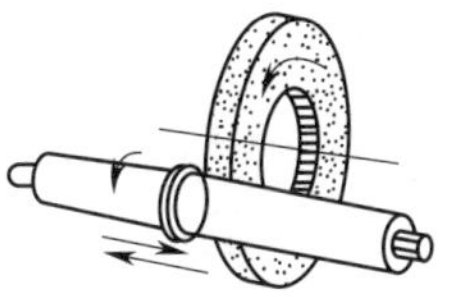	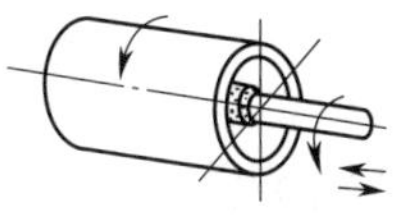	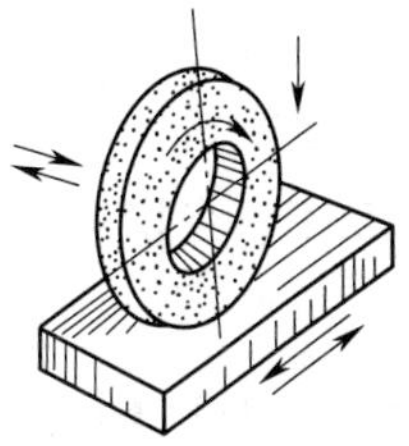
功用	无心磨削	磨成型面	磨螺纹
图示	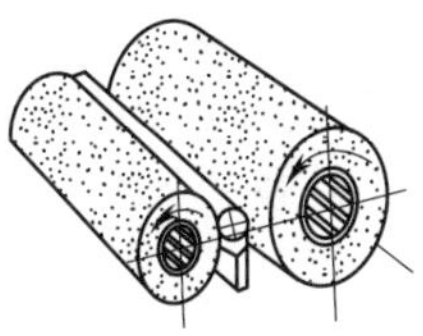	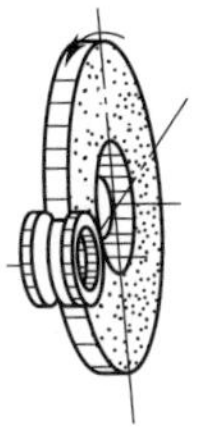	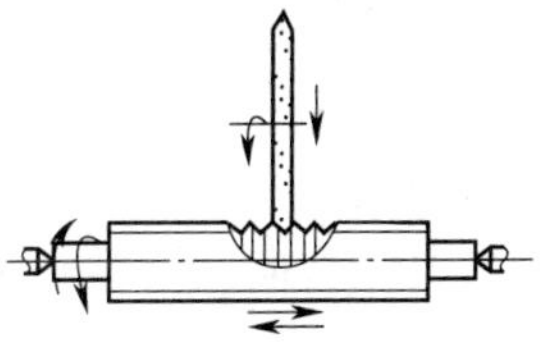
功用	磨齿轮	磨花键	磨导轨
图示		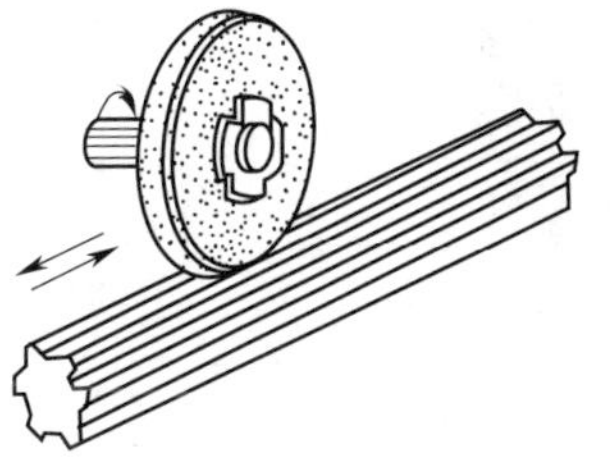	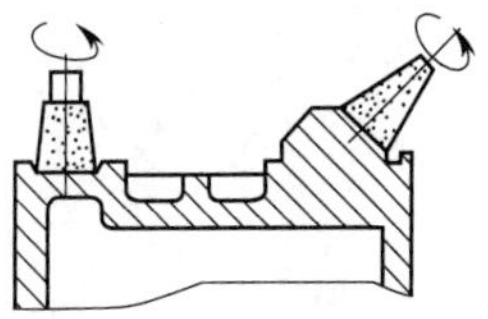

在磨床上磨削工件，广泛用于工件的精加工，尤其是淬硬钢件、高硬度特殊材料及非金属材料（如陶瓷）的精加工。

3. 磨削的工艺特点

（1）磨削速度高

磨削时，砂轮高速回转，具有很高的圆周速度。目前，一般磨削的砂轮圆周速度可达

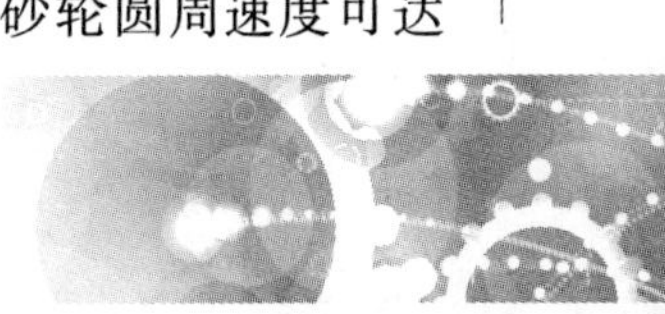

35 m/s，高速磨削时可达 50～85 m/s。

（2）磨削温度高

磨削时，砂轮对工件表面除有切削作用外，还有强烈的摩擦作用，产生大量热量。而砂轮的导热性差，热量不易散发，导致磨削区域温度急剧升高（可达 400～1 000℃），容易引起工件表面退火或烧伤。

（3）能获得很好的加工质量

磨削可获得很高的加工精度，其经济加工精度为 IT7～IT6；磨削可获得很小的表面粗糙度值（Ra0.8～0.2 μm），因此磨削被广泛用于工件的精加工。

（4）磨削范围广

砂轮不仅可以加工未淬火钢、铸铁、铜、铝等较软的材料，而且还可以磨削硬度很高的材料，如淬硬钢、高速钢、钛合金、硬质合金以及非金属材料（如玻璃）等。

二、刨床及应用

1. 刨床

刨床分为牛头刨床、龙门刨床（包括悬臂刨床）等。其中最为常见的是牛头刨床，主要由床身、滑枕、刀架、横梁、工作台等主要部件组成，如图 6—32 所示。

2. 刨削

刨削的工作过程如图 6—33 所示，刨刀对工件做水平方向相对直线往复运动，以实现对工件的切削加工。刨削时，刨刀（或工件）的直线往复运动是主运动，工件（或刨刀）在垂直于主运动方向的间歇移动是进给运动。

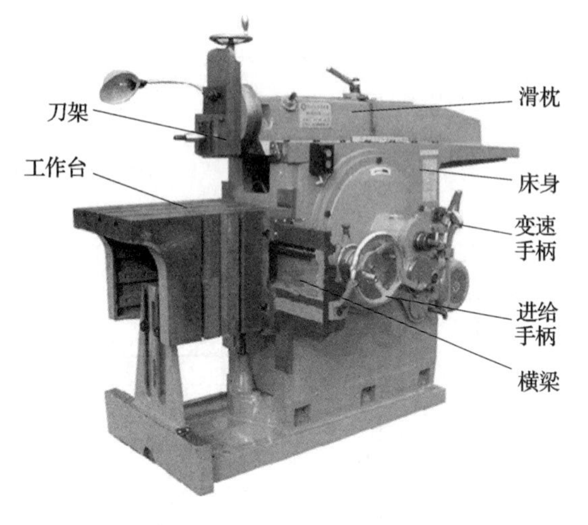

图 6—32　B6065 型牛头刨床

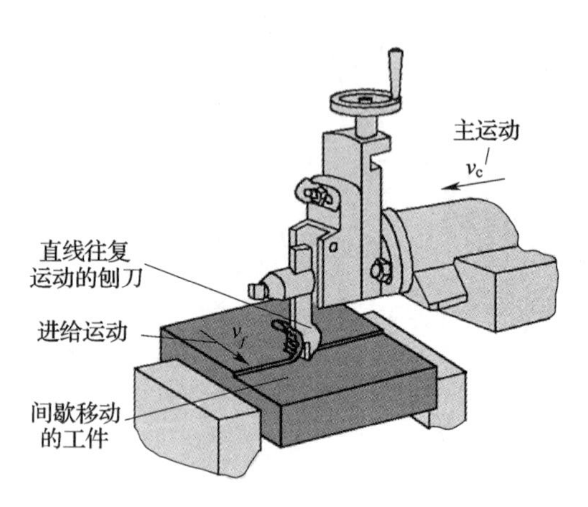

图 6—33　刨削

3. 刨削的加工范围

刨削可以加工平面（水平面、垂直面、斜面）、台阶、槽、曲面等，见表 6—8。

表 6—8　　常用的刨削加工范围

刨削内容	刨水平面	刨垂直面	刨斜面
图示	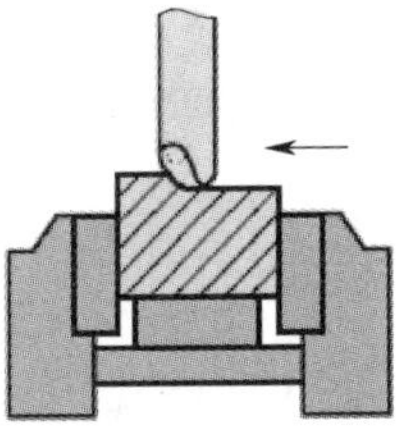	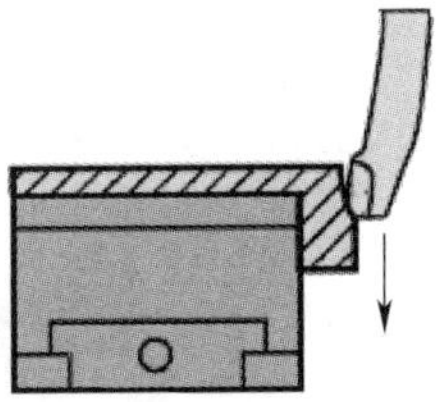	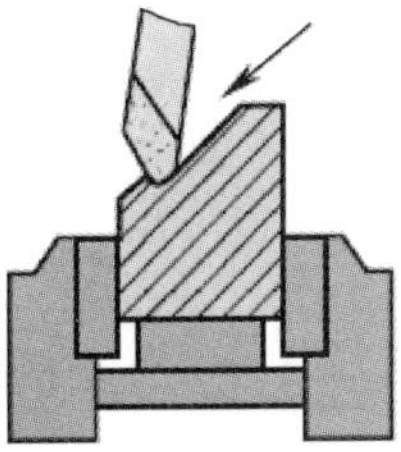
刨削内容	刨台阶	刨直角沟槽	刨 T 形槽
图示	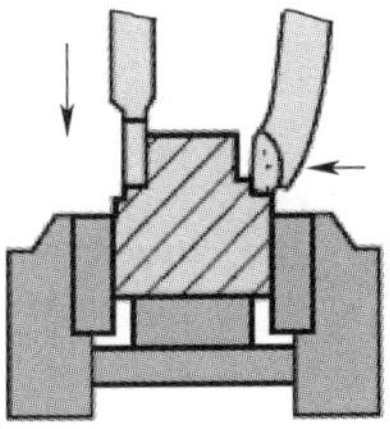	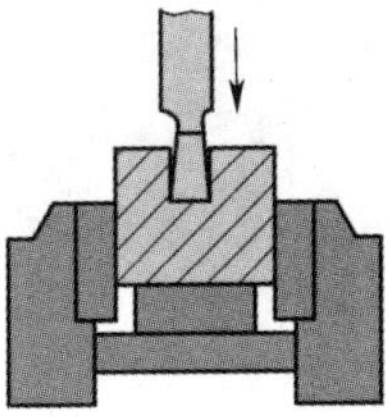	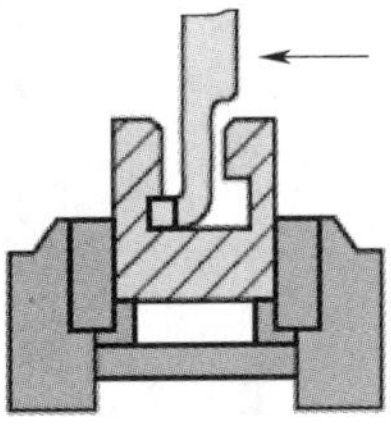
刨削内容	刨曲面	孔内加工	刨齿条
图示		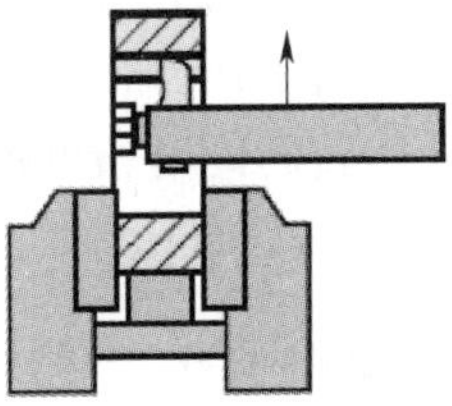	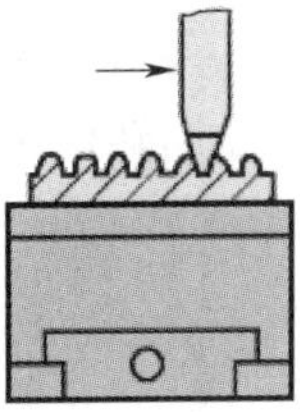

4. 刨削的工艺特点

(1) 刨床结构简单，调整操作都较方便；刨刀为单刃工具，制造和刃磨较容易，价格低廉。因此，刨削生产成本较低。

(2) 由于刨削的主运动是直线往复运动，刀具切入和切离工件时有冲击负载，因而限制了切削速度的提高。此外，还存在空行程损失，故刨削生产效率较低。

(3) 刨削的加工精度通常为 IT9～IT7，表面粗糙度值为 Ra12.5～1.6 μm；采用宽刃刀精刨时，加工精度可达 IT6，表面粗糙度值可达 Ra0.8～0.2 μm。

三、镗床及应用

1. 镗床

镗床可分为卧式铣镗床、立式镗床、坐标镗床和精镗床等。卧式铣镗床是镗床中应用最广泛的一种，具有刚性强、加工精度及加工效率高、稳定性好、横向行程长、承载量

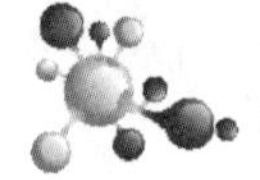

大、强力切削等特点。特别适用于对较大平面的镗、铣以及对较大箱体类零件及孔系的精加工。除可进行钻、镗、扩、铰孔外，还可利用多种附件进行车、铣等加工。如图 6—34 所示为 TPX6111B 型卧式铣镗床，由主轴、主轴箱、平旋盘、工作台、前立柱、后立柱等组成。

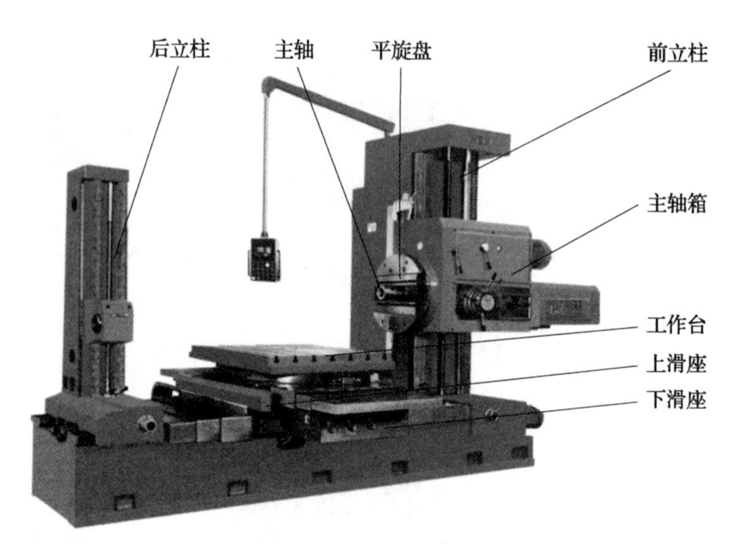

图 6—34　TPX6111B 型卧式铣镗床

2. 镗削

镗削是镗刀旋转做主运动、工件或镗刀做进给运动的切削加工方法，如图 6—35 所示。镗削时，工件被装夹在工作台上，并由工作台带动做进给运动，镗刀用镗刀杆或刀盘装夹，由主轴带动回转做主运动。主轴在回转的同时，可根据需要做轴向移动，以取代工作台做进给运动。

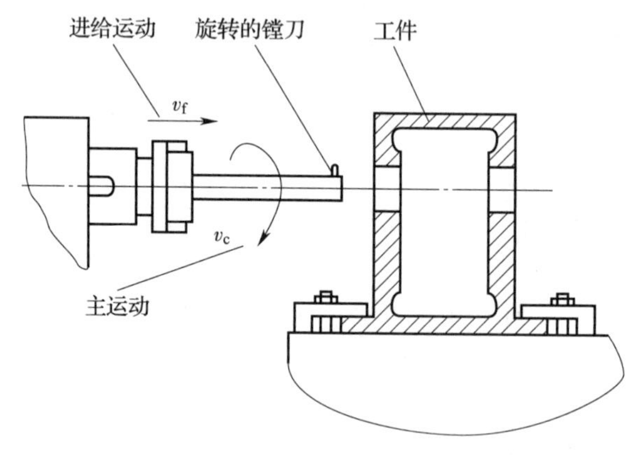

图 6—35　镗削

3. 镗削的加工范围

镗削除了可在镗床上进行外，还可在加工中心或组合机床上进行，主要用于加工箱体、支架和机座等工件上的圆柱孔、螺纹孔、孔内沟槽和端面。当采用特殊附件时，也可加工内外球面、锥孔等，见表 6—9。

表 6—9　　镗削加工范围

镗削内容	镗小直径孔	镗大直径孔	镗平面
图示	镗轴	平旋盘	径向刀架
镗削内容	钻孔	用工作台进给镗螺纹	用主轴进给镗螺纹
图示	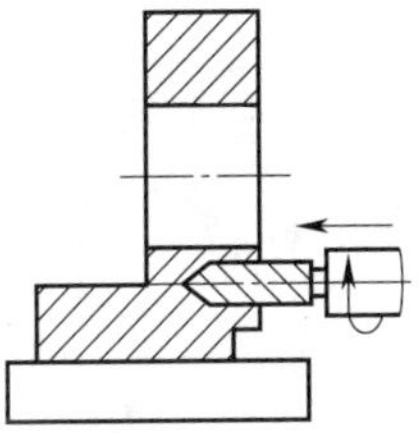	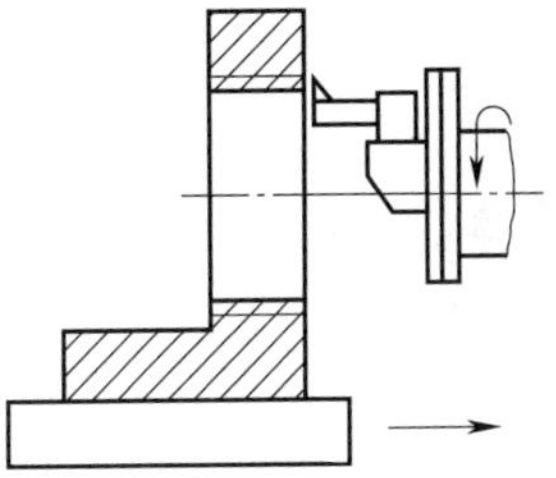	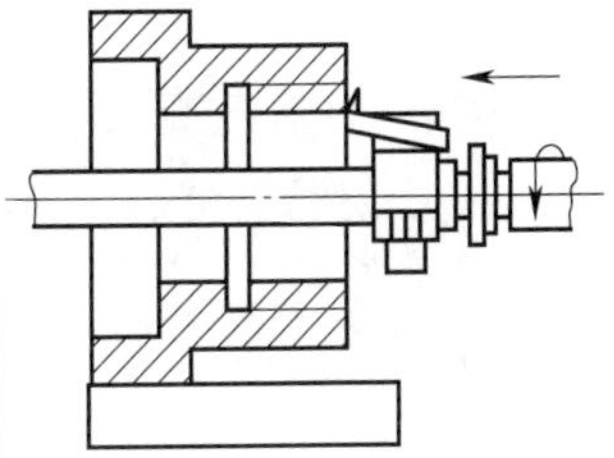

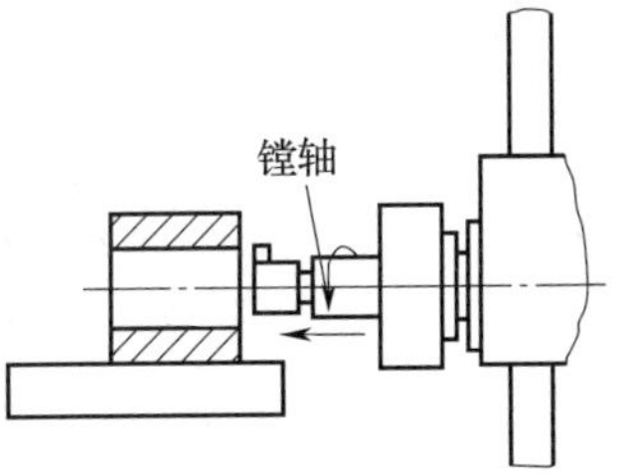

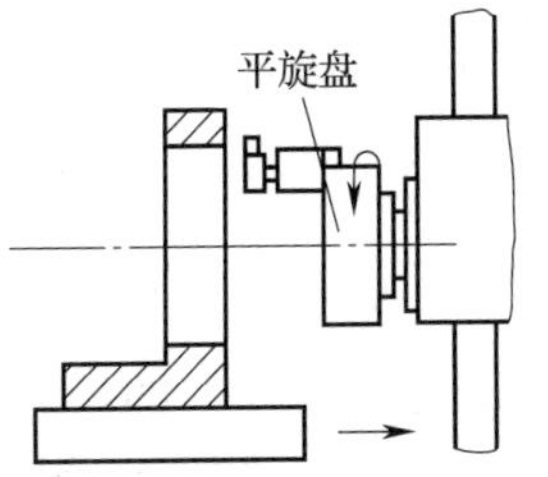

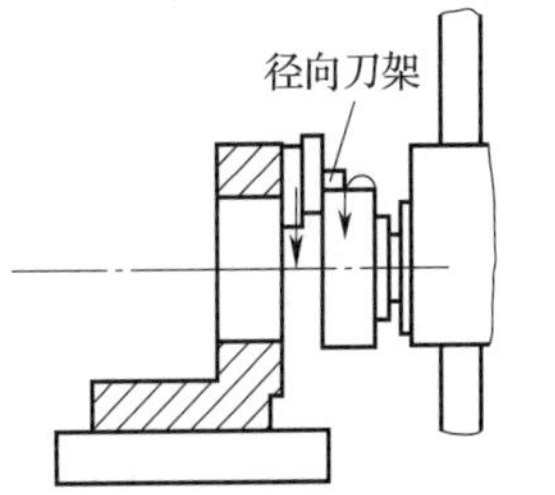

4. 镗削的工艺特点

(1) 镗刀结构简单，刃磨方便，成本低，适合箱体、机架等结构复杂的大型零件上的孔加工。

(2) 镗削加工操作技术要求高。镗削可以方便地加工直径很大的孔及孔系。

(3) 由于镗床多种部件都能实现进给运动，因此工艺适应能力强，能加工形状多样、大小不一的各种工件的多种表面。

(4) 镗孔可修正上一工序所产生的孔的轴线位置误差，保证孔的位置精度。镗孔的经济精度等级为 IT9～IT7，孔距精度可达 0.015 mm，表面粗糙度值为 $Ra3.2$～0.8 μm。

第 5 节　钳加工与机械装配

一、錾削、锯削与锉削

1. 錾削

用锤子打击錾子对金属工件进行切削加工的方法称为錾削，如图 6—36 所示。錾削是一种粗加工，目前主要用于不便于机床加工或机床加工不经济的场合，如去除毛坯上的毛刺、分割材料、錾削沟槽及油槽等。

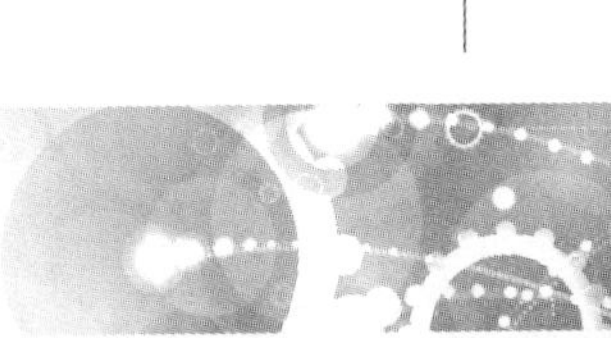

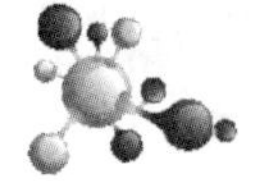

2. 锯削

用手锯对材料或工件进行切断或切槽的加工方法称为锯削，如图 6—37 所示。锯削是一种粗加工方式，平面度一般可控制在 0.5 mm 之内。它具有操作方便、简单、灵活、不受设备和场地限制等特点，应用广泛。

图 6—36 錾削

3. 锉削

用锉刀对工件表面进行切削加工，使工件达到所要求的尺寸、形状和表面粗糙度值的操作方法称为锉削，如图 6—38 所示。锉削一般是在錾削、锯削之后对工件进行的精度较高的加工，其精度可达 0.01 mm，表面粗糙度可达 Ra0.8 μm。锉削的应用范围较广，可以去除工件上的毛刺，锉削工件的内、外表面以及各种沟槽和形状复杂的表面，还可以制作样板或对零件的局部进行修整等。

图 6—37 锯削

图 6—38 锉削

二、孔加工

孔加工的主要设备为钻床。通常钻头旋转为主运动，钻头轴向移动为进给运动。钻床结构简单，加工精度相对较低，可钻通孔、盲孔；如更换特殊刀具，可进行扩孔、锪孔、铰孔或攻螺纹等加工。

钻床分为台式钻床、立式钻床和摇臂钻床等，其中台式钻床（简称台钻）最常用，如图 6—39所示。钻头的旋转运动由电动机带动，钻头的升降通过旋转进给手柄完成。

1. 钻孔

用麻花钻在实体材料上加工孔的方法称为钻孔（也称钻削），如图 6—40 所示。钻孔的精度较低，一般加工后的尺寸精度为 IT10～IT11 级，表面粗糙度值为 Ra12.5～50 μm，常用于钻削要求不高的孔或螺纹孔的底孔。

麻花钻是孔加工的主要刀具，一般用高速工具钢制成。它分直柄和锥柄两种，一般直径小于 ϕ13 mm 的钻头做成直柄，大于 ϕ13 mm 的钻头做成莫氏锥柄（根据直径大小分为 1＃～6＃）。麻花钻的结构如图 6—41 所示。

图 6—39 台钻

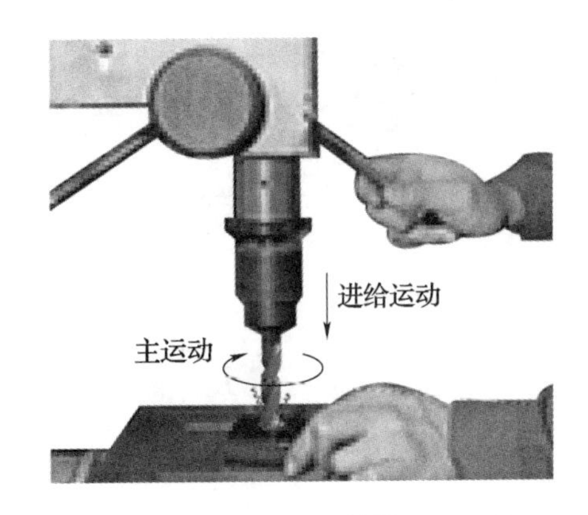

图 6—40 钻孔

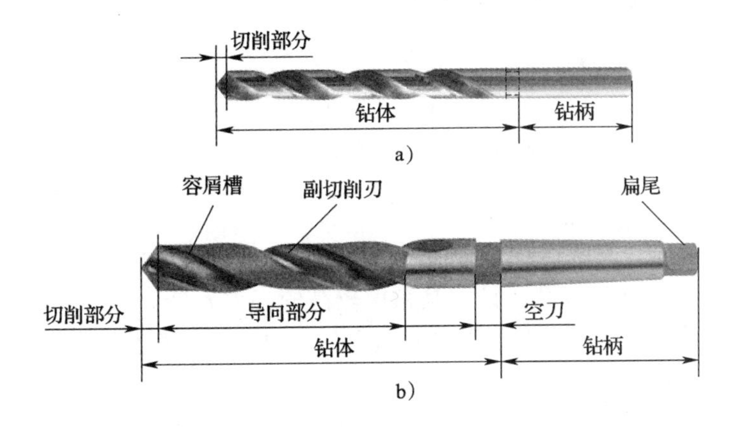

图 6—41 麻花钻的结构

a）直柄麻花钻 b）锥柄麻花钻

2. 扩孔

用扩孔刀具对工件上原有的孔进行扩大加工的方法称为扩孔。当孔径较大时，为了防止钻孔产生过多的热量造成工件变形或切削力过大，或更好地控制孔径尺寸，往往先钻出比图样要求小的孔，然后再把孔径扩大至要求。扩孔精度可达 IT9～IT10，表面粗糙度值可达 Ra3. 2～12. 5 μm。标准扩孔钻的结构及扩孔原理如图 6—42 所示，扩孔钻有 3～4 个刃带，无横刃，加工时导向效果好，背吃刀量小，轴向抗力小，切削条件优于钻孔。

3. 锪孔

用锪钻在孔口表面锪出一定形状的加工方法称为锪孔。锪孔时使用的刀具称为锪钻，一般用高速钢制造。锪钻按孔口的形状一般分为锥形锪钻、圆柱形锪钻和端面锪钻（见图 6—43），可分别锪钻锥形沉孔、圆柱形沉孔和凸台端面等。

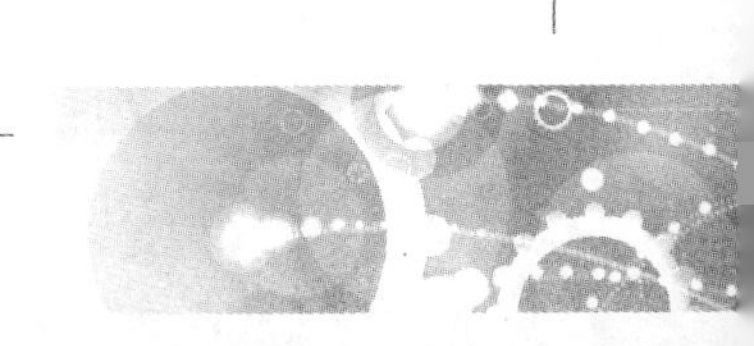

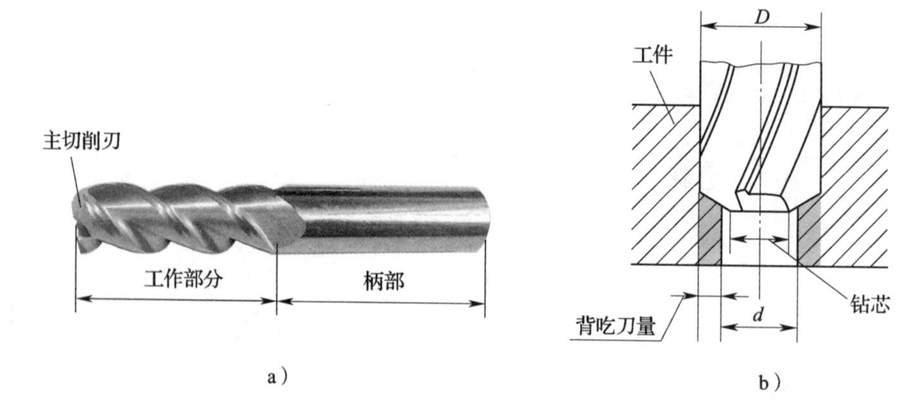

图 6—42　扩孔钻的结构及扩孔原理

a）扩孔钻结构　b）扩孔原理

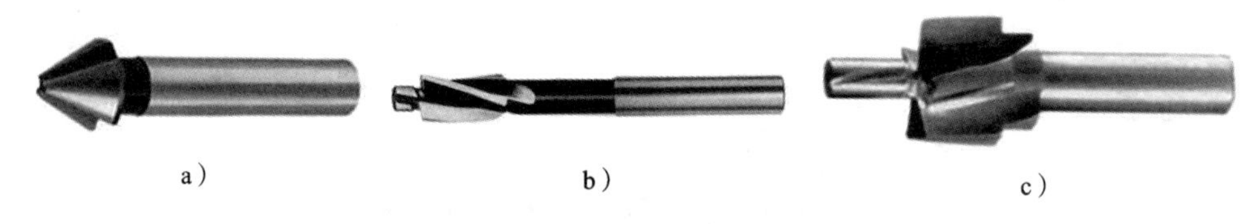

图 6—43　锪钻

a）锥形锪钻　b）圆柱形锪钻　c）端面锪钻

4. 铰孔

用铰刀从工件孔壁上切除微量金属层，以获得较高的尺寸精度和较小的表面粗糙度值，这种对孔精加工的方法称为铰孔。铰刀是精度较高的多刃刀具，具有切削余量小、导向性好、加工精度高等特点。一般尺寸精度可达 IT7～IT9 级，表面粗糙度值可达 Ra0.8～3.2 μm。

常用的铰刀有手用整体圆柱铰刀、机用整体圆柱铰刀等，如图 6—44 所示。

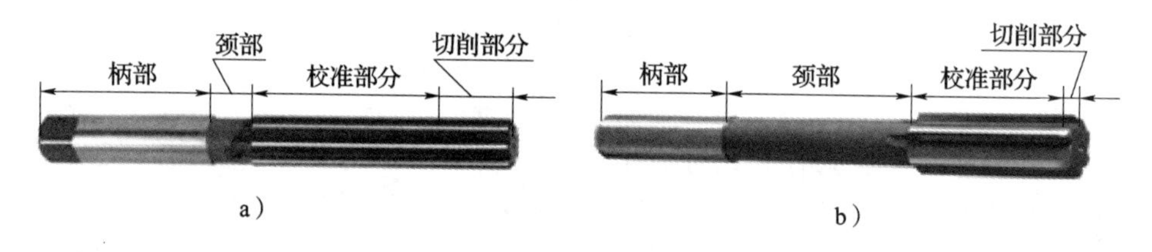

图 6—44　铰刀

a）手用整体圆柱铰刀　b）机用整体圆柱铰刀

三、螺纹加工

1. 攻螺纹

用丝锥在孔中加工出内螺纹的方法称为攻螺纹。攻螺纹使用的工具包括丝锥和铰杠。

丝锥分手用丝锥和机用丝锥两类。手用丝锥常采用合金工具钢 9SiCr 制造，机用丝锥常采用高速钢 W18Cr4V 制造。常用丝锥的种类、特点及应用见表 6—10。

表 6—10　　常用丝锥的种类、特点及应用

种类	图示	特点及应用
手用	头攻标识符　头攻切削部分 a）头攻 二攻标识符　二攻切削部分 b）二攻 末攻无标识符　末攻切削部分 c）末攻	为了减小切削力和延长丝锥寿命，一般将整个切削工作量分配给几支丝锥来承担，头攻切削部分最长，二攻和末攻切削部分依次缩短。使用时必须按头攻、二攻、末攻的顺序进行
机用	a）普通机用丝锥 b）螺旋机用丝锥	机用丝锥一般为单支，其切削部分较短，夹持部分与工作部分的同轴度较好。多用于小直径和细牙丝锥。螺旋机用丝锥的特点是便于排屑

铰杠是手工攻螺纹时用来夹持丝锥的工具。常用铰杠分为普通铰杠和丁字铰杠两种，其结构如图 6—45 所示。

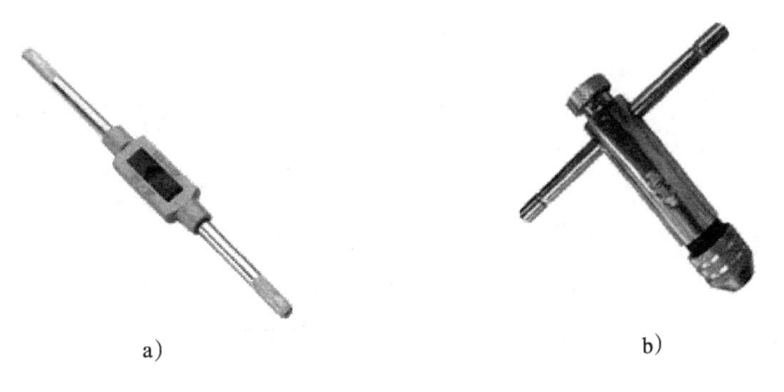

a)　　b)

图 6—45　铰杠

a）普通铰杠　b）丁字铰杠

2. 套螺纹

用板牙在圆杆上加工出外螺纹的方法称为套螺纹。套螺纹使用的工具包括板牙和板牙架，其结构如图 6—46 所示。板牙用合金工具钢或高速钢制成，在板牙两端面处有带锥角的切削部分，中间一段为具有完整牙型的校准部分，因此正、反均可使用。另外在板牙圆周上开一 V 形槽，其作用是当板牙磨损螺纹直径变大后，可沿该 V 形槽磨开，借助板牙架上的两调整螺钉进行螺纹直径的微量调节，以延长板牙的使用寿命。

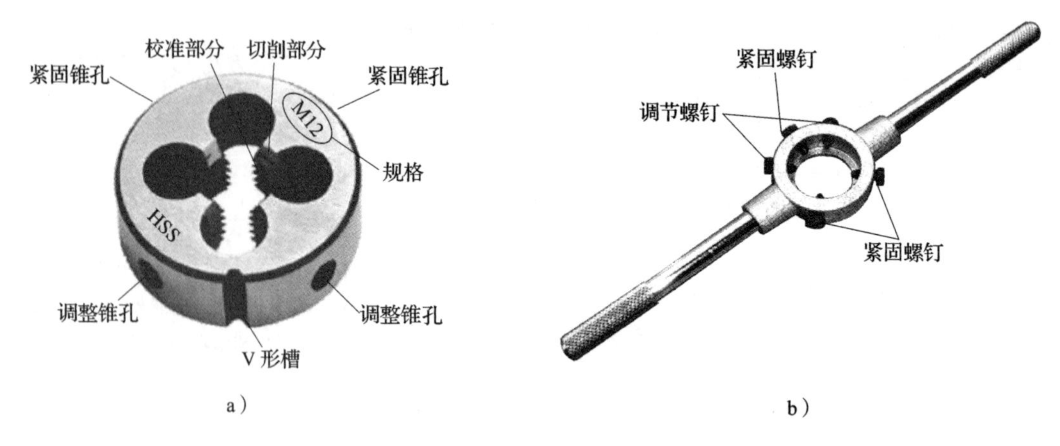

a）　　b）

图 6—46　套螺纹工具
a）板牙　b）板牙架

四、机械装配

1. 机械装配的一般步骤

（1）装配前的准备工作

1）熟悉产品装配图、工艺文件和技术要求，了解产品的结构、各零部件的作用以及相互连接关系。

2）确定装配方法、顺序和准备所需要的工具。

3）对装配的零件进行清理和清洗。

4）检查零件加工质量，对某些零件进行必要的平衡试验或密封性试验等。

（2）装配工作

装配工作通常分为部件装配和总装配。

1）部件装配。将两个以上的零件组合在一起或将零件与几个组件结合在一起，成为一个单元的装配工作，称为部件装配。

2）总装配。将零件和部件组合成一台整机的装配工作，称为总装配。

（3）调整、精度检验和试车

1）调整。调节零件或机构的相互位置、配合间隙、结合面松紧等。

2）精度检验。包括几何精度检验和工作精度检验等。

3）试车。设备装配完成后，按设计要求进行运转试验，检验机器运转的灵活性、振动、工作温升、噪声、转速、功率等性能是否符合要求。

（4）喷漆、涂油、装箱

喷漆、涂油、装箱的目的是使装配后的产品美观、防锈以及便于运输。

2. 机械装配的组织形式

机械装配的组织形式一般分为固定式装配和移动式装配两种。

（1）固定式装配

固定式装配是将产品或部件的全部装配工作安排在一个固定的工作地点进行。在装配过程中产品的位置不变，装配所需要的零件和部件都汇集在工作地附近。这种装配方法主要应用于单件生产或小批量生产中。

（2）移动式装配（流水装配）

移动式装配（流水装配）是指工作对象（部件或组件）在装配过程中，有顺序地由一个工人转移给另一个工人。这种转移可以是装配对象的移动，也可以是工人自身的移动。其特点是每个工作地点重复地完成固定的工作内容，可广泛地使用专用设备和专用工具，故装配质量好，生产效率高，适用于大批量生产。

3. 机械装配方法

（1）完全互换装配法

将各配合件直接装配后即可达到装配精度的装配方法称为完全互换装配法。完全互换装配法的装配精度完全依赖于零件的制造精度。

（2）选择装配法

选择装配法是由工人从一批零件中选择“合适”的零件进行装配的方法，这种方法比较简单，其装配质量靠工人的感觉或经验确定，装配效率低。选择装配法的具体操作方法是将一批零件逐一测量后，按实际尺寸大小分成若干组，然后将尺寸大的包容件与尺寸大的被包容相配合，尺寸小的包容件与尺寸小的被包容件相配合，以满足装配技术要求。

（3）修配装配法

装配时修去某指定零件上的预留修配量，以达到装配精度的装配方法称为修配装配法。

（4）调整装配法

装配时调整某一零件的位置或尺寸以达到装配精度的装配方法称为调整装配法。

第 6 节　数控机床及应用

按加工要求预先编制的程序，由控制系统发出数字信息指令对工件进行加工的机床，称为数控机床。具有数控特性的各类机床均可称为相应的数控机床，如数控车床、数控铣床、加工中心等。

一、数控机床组成

数控机床的种类较多，组成各不相同，总体上讲，数控机床主要由控制介质、数控装置、伺服系统、测量反馈装置和机床主体等部分组成，如图 6—47 所示。

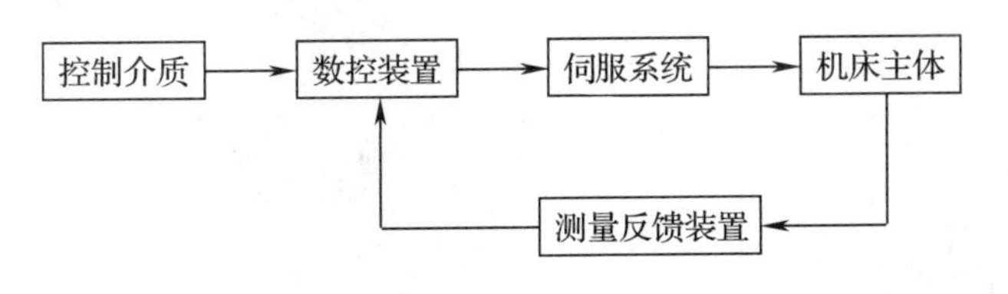

图 6—47　数控机床的组成

1. 控制介质

控制介质是指将零件加工信息传送到数控装置的程序载体。控制介质有多种形式，随数控装置类型的不同而不同，常用的有闪存卡、移动硬盘、U 盘等（见图 6—48）。随着计算机辅助设计/计算机辅助制造（CAD/CAM）技术的发展，在某些计算机数字控制（CNC）设备上，可利用CAD/CAM软件先在计算机上编程，然后通过计算机与数控系统通信，将程序和数据直接传送给数控装置。

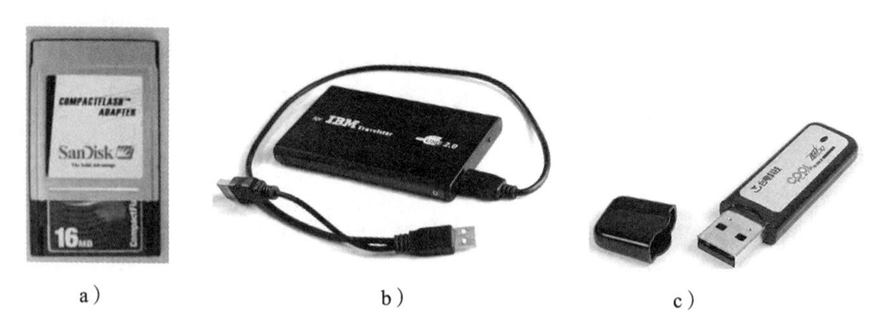

a)　　b)　　c)

图6—48　控制介质

a）闪存卡　b）移动硬盘　c）U盘

2. 数控装置

数控装置是数控机床的核心。现代数控装置通常是一台带有专门系统软件的专用计算机，如图6—49所示是某数控车床的数控装置。它由输入装置（如键盘）、控制运算器和输出装置（如显示器）等构成。它接受控制介质上的数字化信息，经过控制软件或逻辑电路进行编译、运算和逻辑处理后，输出各种信号和指令，控制机床的各个部分进行规定的、有序的运动。

3. 伺服系统

伺服系统由驱动装置和执行部件（如伺服电动机）组成，它是数控系统的执行机构，如图6—50所示。伺服系统分为进给伺服系统和主轴伺服系统。伺服系统的作用是把来自CNC的指令信号转换为机床移动部件的运动，它相当于手工操作人员的手，使工作台（或溜板）精确定位或按规定的轨迹做严格的相对运动，最后加工出符合图样要求的零件。伺服系统作为数控机床的重要组成部分，其本身的性能直接影响整个数控机床的精度和速度。

图6—49　数控装置

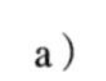

a)　　b)

图6—50　伺服系统

a）伺服电动机　b）驱动装置

4. 测量反馈装置

测量反馈装置的作用是通过测量元件将机床移动的实际位置、速度参数检测出来，转换成电信号，并反馈到 CNC 装置中，使 CNC 能随时判断机床的实际位置、速度是否与指令一致，并发出相应指令，纠正所产生的误差。测量反馈装置安装在数控机床的工作台或丝杠上，相当于普通机床的刻度盘和人的眼睛。

5. 机床主体

机床主体是数控机床的本体，主要包括床身、主轴、进给机构等机械部件，还有冷却、润滑、换刀、夹紧等辅助装置。

二、数控机床工作过程

数控机床加工零件时，根据零件图样要求及加工工艺，将所用刀具、刀具运动轨迹与速度、主轴转速与旋转方向、冷却等辅助操作以及相互间的先后顺序，以规定的数控代码形式编制成程序，并输入到数控装置中，在数控装置内部控制软件的支持下，经过处理、计算后，向机床伺服系统及辅助装置发出指令，驱动机床各运动部件及辅助装置进行有序的动作与操作，实现刀具与工件的相对运动，加工出所要求的零件。图 6—51 所示为数控车床的工作过程示意图。

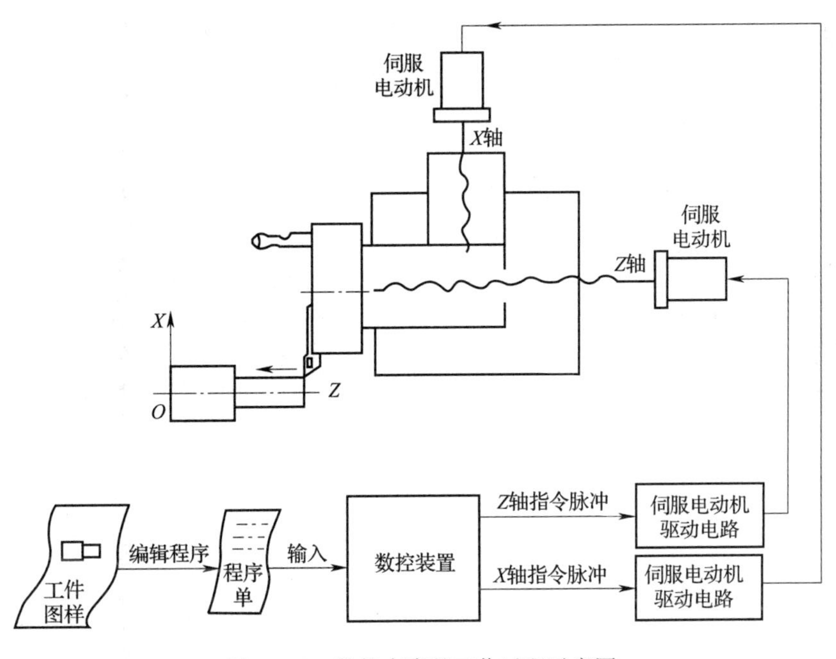

图 6—51　数控车床的工作过程示意图

三、数控机床特点

数控机床是实现柔性自动化生产的重要设备，与普通机床相比，数控机床具有以下特点。

1. 加工适应性强

数控机床在更换产品时，只需要改变数控装置内的加工程序、调整有关的数据就能满足新产品的生产需要。较好地解决了单件生产、中小批量生产和多变产品生产的加工问题。

2. 加工精度高

数控机床本身的精度都比较高，中小型数控机床的定位精度可达 0.005 mm，重复定位精度可达 0.002 mm，而且还可利用软件进行精度校正和补偿，因此可以获得比机床本身精度还要高的加工精度和重复定位精度。

3. 生产效率高

数控机床可进行大切削用量的强力切削，有效节省了基本作业时间，还具有自动变速、自动换刀和其他辅助操作自动化等功能，使辅助作业时间大为缩短，所以一般比普通机床的生产效率高。

4. 自动化程度高、劳动强度低

数控机床的工作是按预先编制好的加工程序自动连续完成的，操作者除了输入加工程序或操作键盘、装卸工件、关键工序的中间检测以及观察机床运行之外，不需要进行繁杂的重复性手工操作，劳动强度与紧张程度均大为减轻。

四、常见数控机床类型及用途

常见数控机床的类型及用途见表 6—11。

表 6—11　　常见数控机床的类型及用途

类型	用途	图示
数控车床	数控车床是当今国内外使用量较大、覆盖面较广的一种数控机床，主要用于旋转体工件的加工	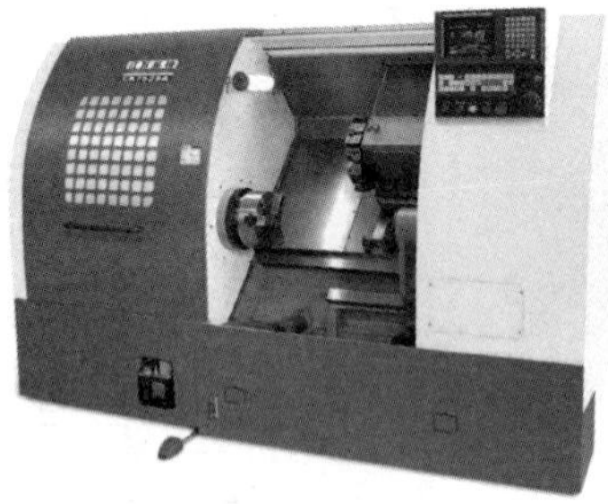
数控铣床	数控铣床是一种用途十分广泛的机床，主要用于各种复杂平面、曲面和壳体类零件的加工。例如，各类凸轮、模具、连杆、叶片、螺旋桨和箱体等零件的铣削加工，同时还可以进行钻孔、扩孔、铰孔、攻螺纹、镗孔等加工	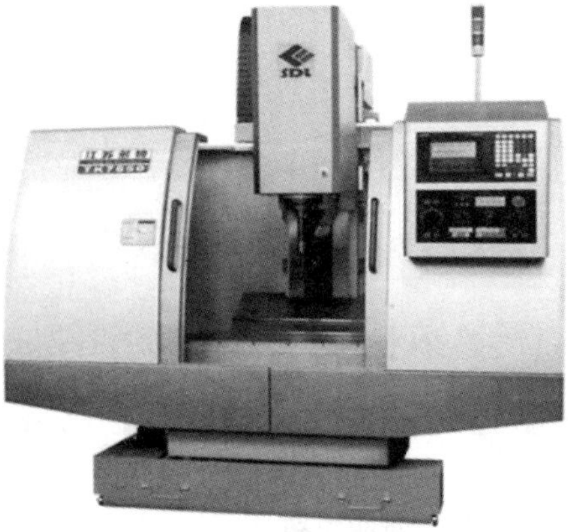

续表

类型	用途	图示
加工中心	加工中心备有刀库，具有自动换刀功能，是对工件一次装夹后进行多工序加工的数控机床。工件装夹后，数控系统能控制机床按不同工序自动选择和更换刀具、自动改变主轴转速和进给量等，可连续完成钻削、镗削、铣削、铰削、攻螺纹等多种工序的加工	
数控磨床	数控磨床是利用磨具对工件表面进行磨削加工的机床。大多数磨床使用高速旋转的砂轮进行磨削加工，少数使用油石、砂带等其他磨具和游离磨料进行加工，如珩磨机、超精加工机床、砂带磨床、研磨机和抛光机等	
数控钻床	数控钻床主要用于钻孔、扩孔、铰孔、攻螺纹等加工	
数控电火花成形机床	数控电火花成形机床属于一种特种加工机床。其工作原理是利用两个不同极性的电极在绝缘液体中产生放电现象，去除材料进而完成加工。主要用于加工各种高硬度的材料（如硬质合金和淬火钢等）和复杂形状的模具、零件等	

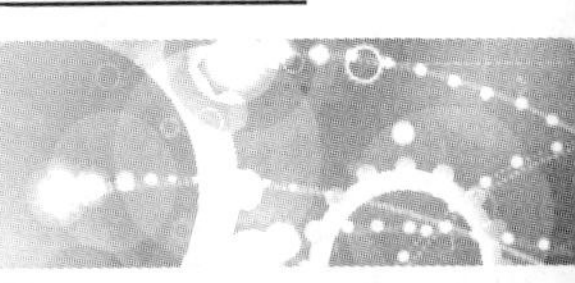

续表

类型	用途	图示
数控线切割机床	数控线切割机床的工作原理与数控电火花成形机床相同，主要用于各类模具、电极、精密零部件制造，硬质合金、石墨、铝合金、结构钢、不锈钢、钛合金、金刚石等各种导电体的复杂型腔和曲面形体加工	

第7节　机械设备安全操作规程

一、机械加工车间操作工人岗位职责

机床操作人员在工作时必须遵照国家安全法规和机械加工通用安全规程及公司内部安全规章制度，确保人、机、物的安全及工作环境的整洁，具体内容如下：

1. 认真执行机械通用安全规程，工作前认真检查各自的机床设备，确认一切正常后，方可开机操作。

2. 操作人员操作时必须穿戴工作服、工作鞋、工作帽，将衣服袖口扎紧，饮酒后的人员禁止进入机械加工车间。

3. 操作工人必须遵守机械加工通用工艺守则，不得违反设备操作规程。

4. 车间内工件、附件、工具要分类合理摆放整齐，毛坯堆码的高度要合理，人行通道和操作场地应通畅、开阔，以确保安全。

5. 在使用各类刀架、铁棒、铁钩时，禁止对着其他人员，以免误伤他人，使用完毕后要妥善保管。

6. 留有超过颈根以下长发的工人操作旋转设备时，必须戴工作帽，并把头发放入帽内。

7. 清除工件上的铁屑时，应使用专用工具，严禁用手拿或用嘴吹。

8. 严禁戴手套操作旋转设备。高速切削或切削脆性材料时，要戴好防护眼镜。

9. 严禁在转动部位上传递物品。

10. 装卸调换工装夹具、测量工件、擦拭机床时，必须停车进行。

11. 刃磨刀具时，应遵守砂轮机操作规程。

12. 严格执行公司上下班制度，在上班时间严禁离岗、闲聊、浏览手机等，不得从事与工作无关的事情。

13. 保持车间生产现场的整洁，每天下班前必须清理铁屑垃圾，保养设备，上班开机前按规定要求润滑设备，并依据气温状况空运行 5～10 min 后再进行正常生产，确保设备安全运行。

14. 操作者应管理好所使用的设备、设施、工具和附件等物品。坚持文明生产，不得随意乱丢物料。

15. 下班前必须切断电源、气源，清理现场，关好门窗，认真检查水、电、气是否处于安全状态。

16. 每周利用一个小时时间对机床进行保养。

二、车床操作工人安全操作规程

1. 工作前先检查电动机、电气开关是否良好，防护罩是否牢固，卡盘、车刀、工件、装夹是否紧牢。

2. 工作时必须穿好工作服，扎好袖口、戴好工作帽。进行切削和磨刀时，必须戴好防护眼镜，不得穿拖鞋、凉鞋、高跟鞋、短裤和背心。车削铸铁工件时必须戴口罩。

3. 小刀架和床面上不得放置量具、工件等任何物品。工件找正后，找正盘要放到安全地点。在装夹工件时，必须把手柄置于空挡位置。

4. 装夹工件，必须紧固牢靠。机床开动时，吃刀不能过猛，不准擦洗机器的转动部分。清理铁屑必须使用工具。使用自动进给时，禁止脱离工作岗位。停车时不准用手压在卡盘上。

5. 所有的锉刀必须有木柄，使用锉刀锉光工件时，必须右手在前，左手握锉刀把。使用砂纸（布）打光工件时，禁止将砂纸（布）缠在工件上。

6. 加工长工件时，其长度不得超过车床主轴。必须超出时，要慢车加工，并有防护措施。

7. 装换刀具、工件、卡具，测量工件和变速等工作均必须在车床停稳后进行，在切削中不得将手伸到工件和刀尖接触处，更不得用棉纱擦拭工件和工具。攻螺纹和套螺纹必须使用专用工具，不准一手扶攻丝架（或板牙架），一手开车。

8. 使用行车吊运工件时，必须严格遵守行车安全操作规程。装夹重工件时，要事先垫好木板，或有其他可靠的防护措施。

9. 冬季使用车床时，须先开空车，待润滑正常后再正式开车。

三、铣床操作工人安全操作规程

1. 开机前必须检查机床各手轮、手柄位置是否适当，电动机、电气开关是否正常，运转是否可靠，工件是否夹卡牢固。

2. 工作时，不准戴手套。不准在刀具或运转部位附近紧螺纹、擦机器、测量、换刀等，检查工件时要停车进行，支撑垫铁要保证压板平衡。

3. 吃刀不能过猛，退刀必须将工作台下降。采用逆铣法时，一定要根据机床的功能条件决定。

4. 自动走刀必须拉开工作台上的手轮，不准突然改变进刀速度（应加上保险磁头），不准脱离工作岗位。使用较细刀杆时，须将刀杆缩短。

5. 铣削毛坯工件，应从最高部分慢慢切削，手不得接触转动部分，装卸工具必须停车。

6. 工作时要戴防护眼镜，高速切削要加防护罩。切削下来的铁屑不准用嘴吹、手摸，清扫铁屑应使用专用工具。加工过程中需清扫时，必须使用毛刷。

7. 在龙门铣床上使用磨机时，砂轮须有防护罩。多个工件或大型工件加工时，其尺寸不得超过龙门的宽度和高度。

8. 调速或更换挂轮时要停车。工作台及各导轨面、滑动面上不能放置任何物件。

9. 齿轮、皮带轮等转动部分必须有防护罩。较锐利工具及工件要放置牢固，装卸铣刀时要慢、稳。

10. 工作结束时，应关闭开关，并将手柄、手轮调到原位。

四、插、刨床操作工人安全操作规程

1. 开车前要注意机床前后有无人员和障碍物，工件是否牢固，工作台侧面挡板必须上紧，清除机床上无关的工具和物件。

2. 所加工的工件及其工夹具高度必须低于牛头刨滑枕，装夹工件必须牢固，压板垫铁要平稳，块数合理。

3. 工件不得堆放过高，毛坯及半成品放置在离工作台或加工件的移动范围 1 m 以外，单臂刨床加工件超出刨台外的行程范围内要有警告标志。

4. 机床运行时禁止坐或站在龙门刨的工作台上，更不能横越龙门刨的工作台，不准将身体依附在牛头刨上。

5. 所用的手锤不得有淬火、裂纹及飞边卷刺。所用的工具、量具不准放在工作台上面。

6. 在插、刨床工作过程中，勿依附在刀架行程内，更不能在附近察看工件切削面，必要时应停车察看，使用自动走刀时，不准脱离工作岗位。

7. 插、刨床采用大吃刀量加工时，应随时注意电动机温度。自动走刀应将摇把取下放在指定位置，吃刀时必须试开一次空车，检查行程先由最高点吃小刀，然后扩大加工面。

8. 机床在运行中禁止装卡及调整工件、刀具，测量尺寸，对样板，检查工件表面质量以及清扫刨台上的铁屑。刨下的铁屑不得用手拿、嘴吹，须用专用工具清除。

9. 反转工件要选择适当地点，吊具要经常检查，保持完好，不准超负荷吊物。

10. 使用立刀杆与刀头时应尽量缩短，主刀口不能高于刀头顶面；挖槽时，一定要将滑刀架紧固，以免折断。

11. 龙门刨前两端必须安装木桩防护栏杆，工作时不得将工具放在机床下或从机床上取工具。

五、钻床操作工人安全操作规程

1. 操作钻床时，衣袖口要扎紧，严禁戴手套和围巾。

2. 开车前要检查机器、工具、电气是否灵敏好用，安全防护是否完整可靠。

3. 钻孔时凡握不住的工件应用专用工具夹紧，不准用手拿着工件操作。

4. 钻大型、长型、重型工件时，必须垫平、压牢；钻硬工件时，需用冷却液（清水、肥皂水等），要开慢车并勤倒铁屑，注意钻头情况。

5. 钻薄工件时，下面必须垫好木板；钻通孔工件时，下面要放垫铁支撑。

6. 装卸工件、钻头及变换转速时必须停车，严禁用手指加油。

7. 钻头上严禁缠绕长铁屑，应经常停车清除。钻屑不准用嘴吹、手拿，旋转的钻头严禁用手摸。

8. 使用手电钻要戴好绝缘手套，要有可靠的接零线和接地线，并且必须安装触电保护装置。

六、锯床操作工人安全操作规程

1. 开动前要检查工作油、冷却水和旋阀。

2. 锯截的工作物，必须卡紧、卡牢固。

3. 装锯条时，先检查有无裂纹、弯曲，安装要保持松紧适宜。

4. 锯料过程中如锯条折断更换后，要将工件调转过来，另割新锯口。

5. 锯床周围的加工件必须存放整齐、规矩，圆形工作物要固定，不得妨碍操作或通行。

七、砂轮机操作工人安全操作规程

1. 砂轮机的底座一定要紧固可靠，砂轮转动时，不得有振动现象。

2. 砂轮安装时，应检查砂轮有无裂纹、线速是否符合要求、夹板是否紧固、各处接触是否紧密，但禁止敲打。

3. 砂轮装好后，一定要试转 1～2 min，看其转动是否平衡，装置是否妥善，在试转时或正式磨削工件时，工作人员须面对砂轮。

4. 砂轮防护罩的强度应能抵挡住砂轮破裂后碎片的撞击，不准使用铸铁防护罩，其开口不得大于 1/3。

5. 砂轮两边的夹板，必须用钢材制成，需用 1.5 mm 凹夹板，直径不得小于砂轮直径的 1/2。

6. 夹板与砂轮之间需放一层软性的衬垫，衬垫应比夹板稍大。

7. 使用砂轮磨削工作物时，必须戴防护眼镜，禁止两人同时使用一个砂轮。

8. 砂轮启动后，须达到正常速度时，方可磨削工件。磨削时，一定要把工件握牢，不准用力过猛，更不得磨重物。

9. 砂轮与托架的距离应在 3 mm 以内，并低于砂轮的中心。

10. 较薄的砂轮禁止使用侧面。

11. 冬季使用砂轮时，开始要轻轻磨削，使砂轮渐渐变暖，再正常磨削。

课 后 练 习

1. 铸造有什么特点及应用？砂型铸造主要有哪些工艺过程？

2. 什么是锻造？主要有哪些工艺过程？

3. 什么是自由锻？主要设备有哪些？主要进行什么加工？

4. 什么是焊接？简述焊条电弧焊的工作原理。

5. 车床的加工范围有哪些？工件在车床上如何装夹？

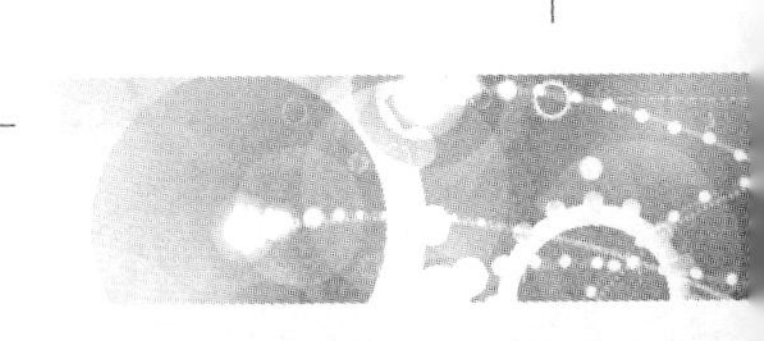

6. 铣床上主要有哪些附件及配件？铣床的加工范围有哪些？
7. 磨床、刨床、镗床的加工范围有哪些？
8. 什么是钻床？加工范围有哪些？
9. 数控机床有什么特点？
10. 机械加工车间操作工人应注意哪些安全问题？

用 电 常 识

【学习目标】

1. 掌握正弦交流电的基本知识，了解常用照明灯具和线路知识。
2. 了解常用低压电器元件和低压电气设备的用途。
3. 了解触电基本知识和触电防护措施，掌握安全用电常识。

第1节　常用照明灯具与线路

一、正弦交流电

1. 220 V 单相交流电

干电池、蓄电池等提供的是恒定电流，即大小和方向都不随时间变化的电流，一般称其为直流电（DC）。而供电系统向用户提供的是交流电（AC）。交流电的大小和方向是随时间而变化的，如果是按正弦规律变化，就称为正弦交流电。如果不作特别说明，通常所说的交流电都是指正弦交流电，用符号“～”表示。

用示波器可以显示输送到用户的 220 V 交流电的电压波形（见图 7—1），由图可以看出，输送到用户的交流电的电压是按正弦规律变化的。

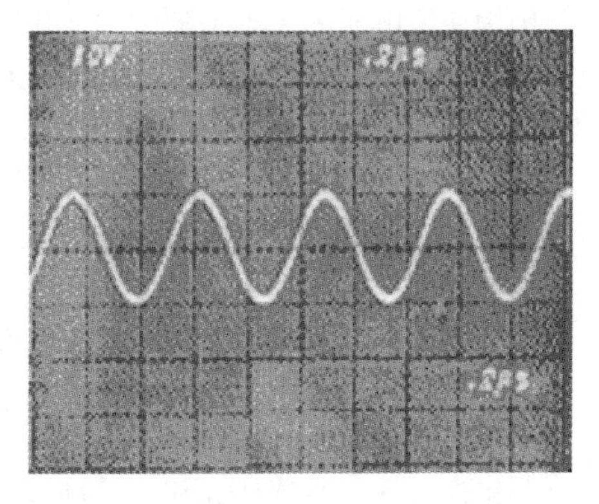

图 7—1　示波器显示的正弦交流电电压波形

常见的电灯、电视机、计算机等使用的都是这种正弦交流电。

（1）正弦交流电的主要参数

图 7—2 所示为家庭照明电路中使用的“220 V、50 Hz”交流电的电压波形图。其瞬时值表达式为：

$$u=220\sqrt{2}\sin100\pi t$$

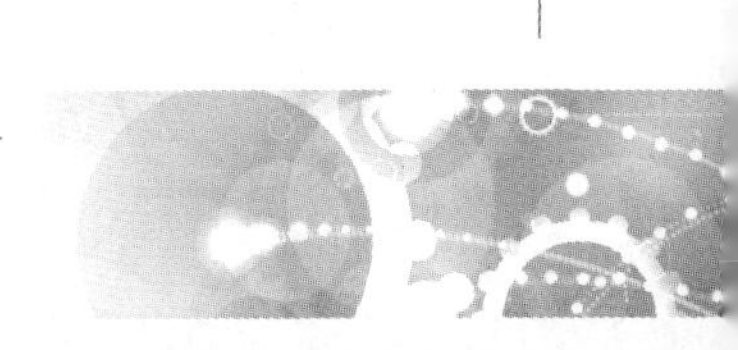

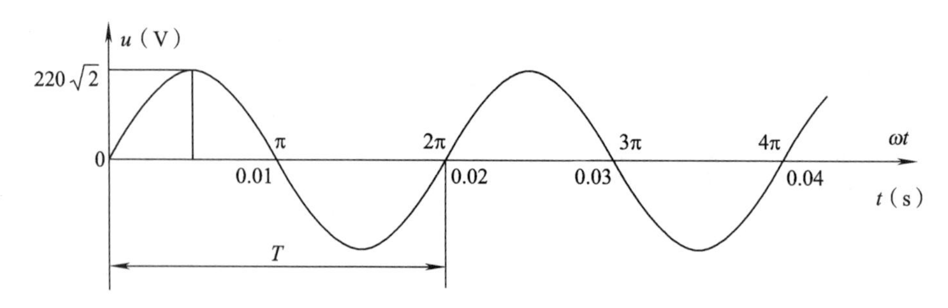

图 7—2　正弦交流电电压波形图

从图上可以直观地看到：

交流电每重复变化一次所需要的时间为 0.02 s，正弦波形最高点的电压数值为 $220\sqrt{2}$ V。

1）周期和频率

交流电每重复变化一次所需的时间称为周期，用符号 T 表示，单位为秒（s）。从图 7—2 中可以看出，输送到用户的单相正弦交流电的周期为 0.02 s。

交流电在 1 s 内重复变化的次数称为频率，用符号 f 表示，单位为赫兹（Hz）。根据定义可知，周期和频率互为倒数，即：

$$f=\frac{1}{T} \quad 或 \quad T=\frac{1}{f}$$

图 7—2 所示正弦交流电的频率为 $f=\frac{1}{0.02}=50$（Hz）。我国动力和照明用电的标准频率为 50 Hz（习惯上将其称为“工频”），在一些用电设备铭牌标注上常看到的“额定频率：50 Hz”就是用电设备对电源频率的要求。

2）交流电压的瞬时值、最大值和有效值

交流电压在某一时刻的值称为在这一时刻的瞬时值。分析图 7—2 可知，$t=0.005$ s 时，$u=220\sqrt{2}$ V；$t=0.01$ s 时，$u=0$ V。

交流电压在一个周期所能达到的最大瞬时值称为正弦交流电压的最大值，用 U_m 表示。分析图 7—2 可知，此交流电压的最大值为 $220\sqrt{2}$ V。

因为交流电压的大小是随时间变化的，所以在研究交流电时，通常用有效值表示。交流电压的有效值 U 和最大值 U_m 之间的关系为：

$$U=\frac{1}{\sqrt{2}}U_m$$

输送到用户的“220 V，50 Hz”交流电压的有效值为：$U=220$ V。

（2）火线、零线和地线

用户使用的单相电源是由一根火线和一根零线组成的单相供电回路，如图 7—3 所示。

火线和零线的区别在于它们对地的电压不同：火线的对地电压为 220 V；零线的对地电压为零（它本身跟大地连接在一起）。所以当人体的一部分碰触上了火线，而另一部分接触大地，人的这两个部分之间的电压就是 220 V，就有触电的危险了。反之，由于零线的对地电压等于零，站在地上的人即使用手去抓零线，也没有触电的危险。

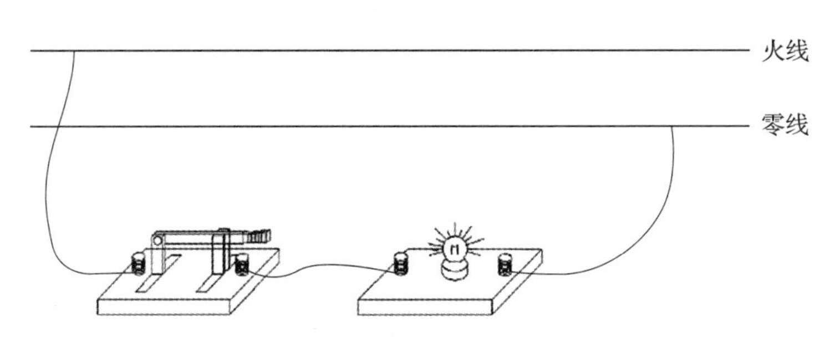

图 7—3　火线与零线

为了保证用电安全，防止触电事故的发生，常常将一根导线（地线）把设备或电器的外壳可靠地连接到大地上。地线的一端在用户区附近用金属导体深埋于地下，另一端则与各用户的地线接点相连，起接地保护的作用。大多数家用电器都要求有接地线。

一般情况下，220 V 电源线的火线用红色或棕色导线；零线用蓝色、绿色或黑色导线；接地线用黄绿相间的导线。

（3）墙壁插座的接线要求

目前使用的电源插座大多是单相二线插座或单相三线插座。如图 7—4 所示为一种最常用的插座，其上方为二线插座，下方为三线插座。当电气设备没有接地要求时，如台灯、电视机等，可用单相二线插座。单相二线插座的两个接线柱分别接火线和零线，顺序是左侧插孔接零线，右侧插孔接火线，即“左零右火”。单相三线插座的中间插孔为接地线，也做定位用，另外两端分别接火线和零线，接线顺序也是左边为零线，右边为火线。

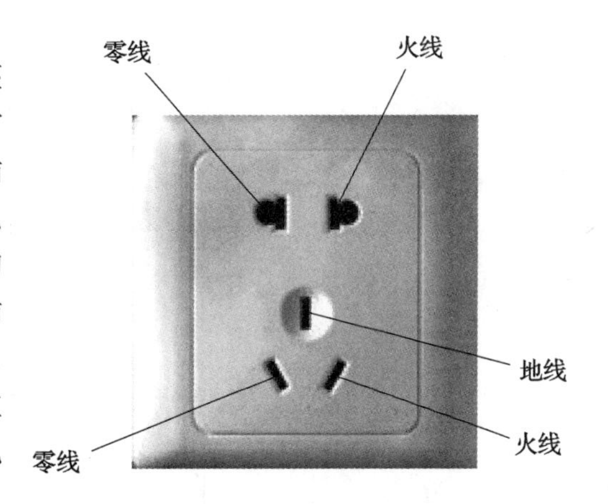

图 7—4　插座的电特性

单相交流电路的电源只有两个输出端钮，输出一个正弦交流电压；如果在交流电路中有几个正弦交流电压同时作用，就构成了多相制电路。目前世界上电力系统常采用三相制供电方式，通常的单相交流电源也是从三相交流电源中获得的。

2. 三相交流电

在低电压供电时，多采用三相四线制或三相五线制，如图 7—5 所示。许多电气设备（如三相异步电动机、三相空调机等）都使用了三相交流电；而电灯、电视机、电风扇等家用电器及单相电动机，工作时是用两根导线接到电路中的零线和一根火线上。

三相四线制供电线路中，有三根相线（U、V、W，又称为火线）和一根零线（N）。两个火线之间的电压为 380 V，称其为线电压；任何一个火线和零线之间的电压为 220 V，称其为相电压，如图 7—6 所示。三相五线制比三相四线制多一根保护地线 PE，用于安全要求较高，设备要求统一接地的场所。

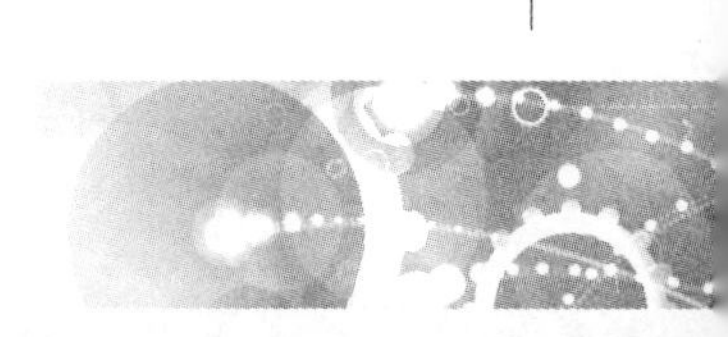

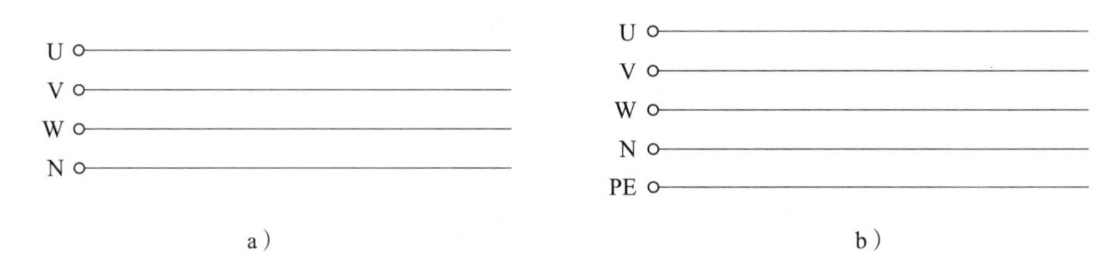

图 7—5 三相交流线路
a) 三相四线制 b) 三相五线制

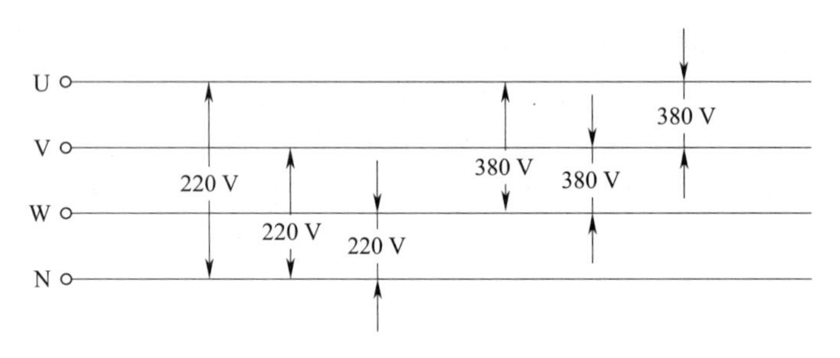

图 7—6 相电压与线电压

在三相四线制或三相五线制线路中，国家标准规定导线的颜色为：U 线用黄色，V 线用蓝色，W 线用红色，N 线用褐色，PE 线用黄绿相间色。

三相四线制的插座如图 7—7 所示，其左、上、右的插孔接相线，下侧的插孔接零线。

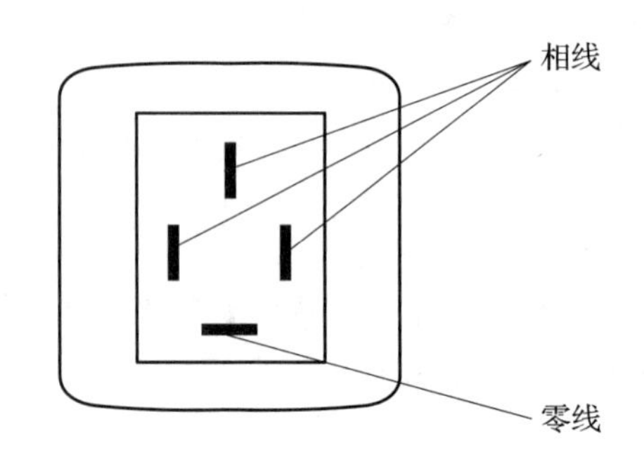

图 7—7 三相四线制插座

二、常用照明灯具

常用照明灯具按其发光原理分为热辐射光源和气体放电光源两类。热辐射光源是利用灯丝受热温度升高时辐射发光的原理而制造的光源，如白炽灯、碘钨灯等；气体放电光源是利用灯泡（灯管）内气体放电时发光的原理而制造的光源，如荧光灯、高压汞灯、高压钠灯、金属卤化物灯，其特点与应用见表 7—1。

表 7—1　　常见照明灯具的特点与应用

类别	图示	特点	应用范围
白炽灯		结构简单，使用可靠，价格便宜，维修方便，光色柔和。但发光效率较低，使用寿命较短（一般仅 1 000 h）	照度要求不高，开关次数频繁和需要调节光源亮暗的场所
节能灯		节能省电，使用寿命较长，是白炽灯的 6～10 倍。但在使用中亮度会逐渐降低	家庭、会议室、厂矿企业、商场、学校的普通照明
LED 灯		用高亮度白色发光二极管作为发光源，光效高、耗电少、寿命长、易控制、免维护、安全环保；光色柔和、艳丽、丰富多彩。但需要恒流驱动，散热处理不好容易光衰	家庭、商场、银行、医院、宾馆、饭店等各种公共场所长时间照明
碘钨灯		发光效率高、结构简单、使用时间长、可靠性高、光色好、体积小、安装维修方便。但灯管必须水平安装，管壁温度高，可达 500～700℃	广场、体育场、游泳池、车间、工地、仓库、堆场、建筑工地等需大面积照明的场所
荧光灯（日光灯）		发光效率高（比白炽灯高 3 倍左右）、使用寿命长、光色柔和。但功率因数低（仅 0.5 左右），附件多，故障率较白炽灯高	办公室、会议室和商店等照度要求较高的照明场所
高压钠灯		发光效率高、节能效果显著，耐振性能好，使用寿命超过白炽灯的 10 倍，光线穿透性强。但变色性能差	街道、堆场、车站、码头等，尤其适用于多露、多尘埃的场所作为一般照明使用

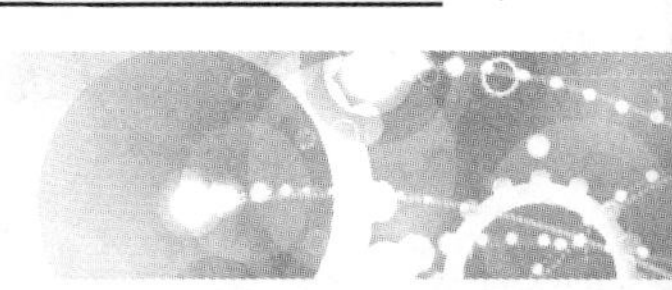

续表

类别	图示	特点	应用范围
高压汞灯		发光效率高、使用寿命长、耐振耐热性能好、省电。但起辉时间长，适应电压变动性能差	广场、大型车间、街道、车站、码头、露天工场和仓库等场所
金属卤化物灯		光效高，光色好，变色性能较好。属强光灯，若安装不妥易发生眩光和紫外线辐射	体育场、泳池、广场、建筑工地等面积大、亮度要求高的场所

三、常用照明线路

常用照明线路见表 7—2。

表 7—2　　**常用照明线路**

类别	图示	说明
一只单联开关控制一盏灯		开关 S 应安装在火线上，螺口灯头的金属螺纹壳接零线，灯头中心的金属舌片接火线
两只双联开关在两处控制一盏灯		实现需在两地控制一盏照明灯的功能。常用在楼道、走廊或卧室的照明灯具控制中，安装时需要使用两只双联开关
日光灯照明电路		主要由灯管、镇流器、启辉器电容和灯架等部分组成，镇流器应与灯管配套使用

续表

类别	图示	说明
高压汞灯线路	~220 V 镇流器 高压汞灯泡 控制开关	高压汞灯线路是在普通白炽灯电路基础上串联一个镇流器，但由于它的工作温度高，所用的灯座必须是与灯泡配套的瓷质灯座。高压汞灯有外镇流式和自镇流式两种，使用时必须分清
碘钨灯	零线 碘钨灯管 火线 开关	由于碘钨灯工作时温度很高，必须安装在专用灯架上，灯管两端与管脚的连接导线采用穿有瓷管或瓷珠的裸铜线，再通过瓷质端子板与电源线相连。电源线采用耐热性能较好的橡胶绝缘软线，并要求灯架离可燃性建筑物的净距离不小于 1 m

四、照明种类和供电方式

1. 常用照明种类

电气照明按其用途不同可分为生活照明、工作照明和事故照明三种类型。

（1）生活照明

生活照明是指人们日常生活所需要的照明，属于一般照明。它对照度要求不高，可选用光通量较小的光源，但应能比较均匀地照亮周围环境。

（2）工作照明

工作照明是指人们从事生产劳动、工作学习、科学研究和实验所需要的照明。它要求有足够的照度。在局部照明、光源与被照物距离较近等情况下，可用光通量不太大的光源，在公共场合，则要求有较大光通量的光源。

（3）事故照明

在可能因停电造成事故或较大损失的场所，必须设置事故照明装置，如急救室、手术室、矿井、地下室、公众密集场所等。事故照明的作用是，一旦正常的生活照明或工作照明出现故障，它能自动接通电源，代替原有照明。事故照明是一种保护性照明，可靠性要求很高，决不允许在运行时出现故障。

2. 照明的供电方式

（1）单相供电

线路上用电设备的总工作电流不大于 30 A 时，一般采用单相供电。

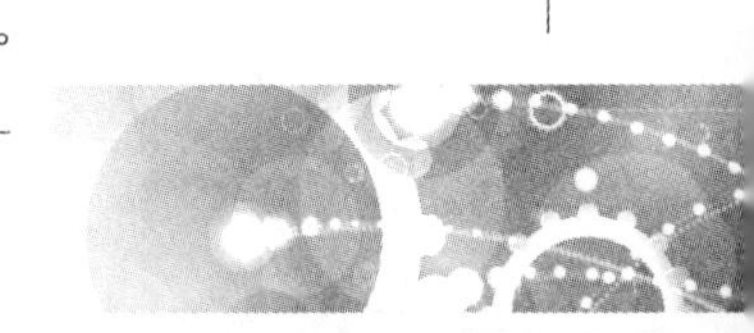

（2）三相四线制供电

线路上用电设备的总工作电流大于 30 A 时，一般采用 380/220 V 的三相四线制供电，并应力求各相负荷均衡。

使用荧光灯的盏数较多时，可采用三相供电方式，并将荧光灯分别接于各相，以减少频闪现象。除某些有特殊要求的场所，同一室内的灯具和插座需由同一电源供电，以免发生事故。

第 2 节　机械中常用电气元件与设备

一、常用低压电器元件

1. 低压断路器

（1）低压断路器的功能

低压断路器又称自动空气开关，简称断路器。它集控制和多种保护功能于一体，当电路中发生短路、过载和失压等故障时，它能自动跳闸切断故障电路。如图 7—8 所示为几种常用低压断路器。

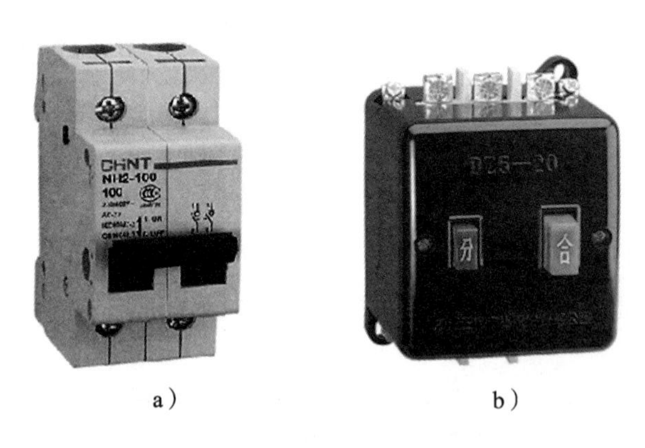

a）　　b）

图 7—8　几种常用低压断路器

a）DZ47 系列小型低压断路器　b）DZ5 系列塑壳式低压断路器

DZ5 系列塑壳式低压断路器有三对主触头，使用时串联在被控制的三相电路中。按下“合”时电路接通，按下“分”时电路切断。当电路出现短路、过载、欠压和失压保护故障时，断路器自动跳闸切断电路。

（2）低压断路器的分类

低压断路器按结构型式可分为塑壳式、万能式、限流式、直流快速式、灭磁式、漏电保护式；按操作方式可分为人力操作式、动力操作式、储能操作式；按极数可分为单极、二极、三极、四极式；按安装方式可分为固定式、插入式、抽屉式；按断路器在电路中的用途可分为配电用断路器、电动机保护用断路器、其他负载用断路器。

2. 低压熔断器

熔断器是指当电流超过规定值时，以本身产生的热量使熔体熔断，断开电路的一种电器元件。使用时，熔断器应串联在被保护的电路中。正常情况下，熔断器的熔体相当于一段导线；而当电路发生短路故障时，熔体能迅速熔断分断电路，起到保护线路和电气设备的作用。熔断器有瓷插式、螺旋式、管式等类型。

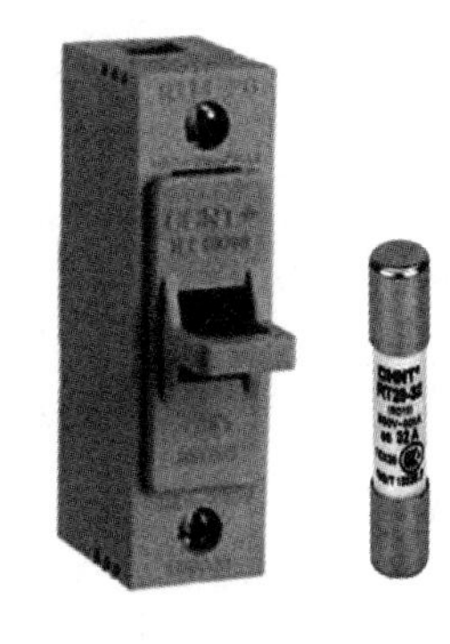

图 7—9　RT20 系列有填料管式低压熔断器

图 7—9 所示为 RT20 系列有填料管式低压熔断器，它主要由管座和熔管组成，熔管由管体、石英砂填料和熔体组成。广泛使用于具有高短路电流的电力网络或配电装置中，作为电缆、导线及电气设备（如电动机及变压器）的短路保护及电缆、导线的过载保护。

3. 按钮

按钮是一种用人体某一部分（一般为手指或手掌）施加力而操作、并具有弹簧储能复位的控制开关。按钮的触头允许通过的电流较小，一般不超过 5 A。如图 7—10 所示为几种常见按钮的外形。

图 7—10　常见按钮的外形

为了便于识别各个按钮的作用，避免误操作，通常用不同的颜色和符号标志来区分按钮的功能。国家标准规定按钮颜色的含义见表 7—3。

表 7—3　　按钮颜色的含义

颜色	含义	说明	应用举例
红色	紧急	危险或紧急时操作	急停
黄色	异常	异常情况时操作	干预、制止异常情况 干预、重新启动中断了的自动循环
绿色	安全	安全情况或正常情况下的操作	启动/接通

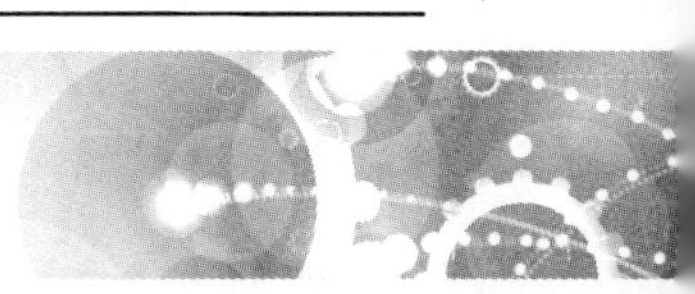

续表

颜色	含义	说明	应用举例
蓝色	强制性的	要求强制动作情况下的操作	复位功能
白色	未赋予 特定含义	除急停以外的一般功能的启动	启动/接通（优先） 停止断开
灰色			启动/接通 停止断开
黑色			启动/接通 停止断开（优先）

4. 交流接触器

接触器是一种自动电磁式开关。其触头的通断不是由手来控制，而是由电动操作。它适用于远距离频繁接通和断开交、直流主电路及大容量的控制电路。具有欠压和失压自动释放保护功能，控制容量大、工作可靠、操作频率高、使用寿命长。因此，在电力拖动和自动控制系统中得到广泛应用。某交流接触器外形如图 7—11 所示。交流接触器主要由电磁系统、触头系统、灭弧装置和辅助部件等组成。

5. 热继电器

热继电器是利用流过继电器的电流所产生的热效应而使其触头动作的自动保护电器。它的延时动作时间随电流的增加而减少，如图 7—12 所示为某热继电器外形。

图 7—11　交流接触器

图 7—12　热继电器

热继电器的形式有很多种，其中以双金属片式应用最多。它主要由热元件、传动机构、常闭触头、电流整定装置和复位按钮组成。

使用时，将热元件串联在主电路中，常闭触头串联在控制电路中。当电动机过载时，热元件受热发生弯曲，通过传动机构推动常闭触头断开，分断控制电路，再通过接触器切断主电路，实现对电动机的过载保护。

热继电器动作电流的大小可通过旋转电流整定旋钮来调节。

二、常用低压电气设备

1. 变压器

（1）变压器的用途和分类

变压器是利用电磁感应原理把交流电压升高或降低，并且保持其频率不变的一种静止的电气设备。将低压变成高压的变压器叫作升压变压器；将高压变成低压的变压器叫作降压变压器。

变压器除了能改变交流电压外，还可以改变交流电流（如电流互感器）、变换阻抗（如电子电路中的输入、输出变压器）以及改变相位（如脉冲变压器）等。变压器是输配电系统、电工测量及电子技术等方面不可缺少的重要电气设备。

变压器的种类很多，按用途分为电力变压器和专用变压器（如电炉变压器、电焊变压器、仪用变压器、整流变压器等）；按相数分为单相、三相和多相变压器；按冷却方式分为干式、油浸式和充气式变压器。图 7—13 所示为某机床设备用降压变压器。

（2）变压器的基本结构

变压器的种类繁多，结构各有特点，但它们的基本结构相同，都是由闭合的软磁铁芯和绕在铁芯上的线圈组成。铁芯和线圈之间以及不同线圈之间是彼此绝缘的。单相变压器的基本结构和符号如图 7—14 所示，主要由铁芯和绕组等组成。通常情况下，小型变压器至少应有两个绕组，与电源相接的绕组称为一次侧绕组，与负载相接的绕组称为二次侧绕组。根据需要，变压器的二次侧绕组可以有多个，以提供不同的交流输出电压。

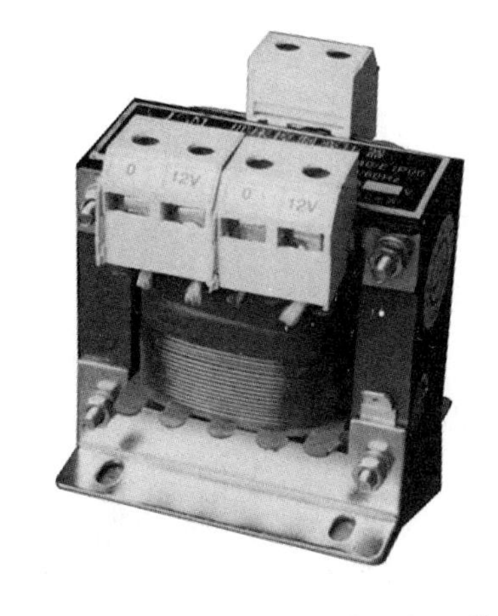

图 7—13　机床设备用降压变压器

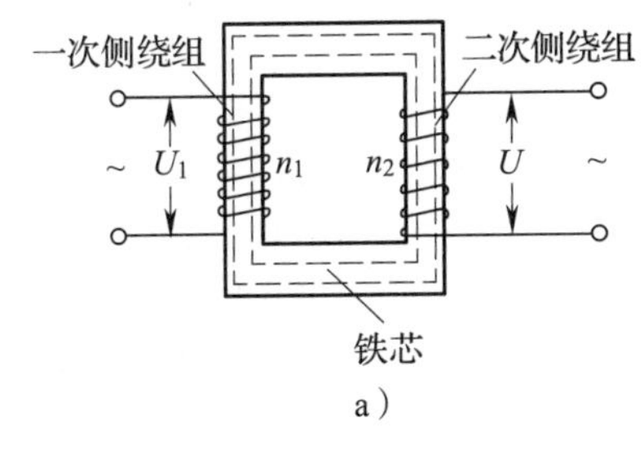

a）

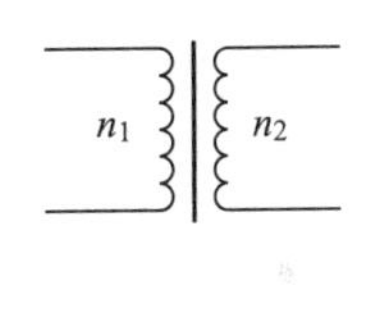

b）

图 7—14　单相变压器的基本结构和符号

a）基本结构　b）符号

变压器在工作时，铁芯和绕组都会发热，因此必须采取冷却措施。小容量变压器多采用空气冷却方式，大容量变压器多采用油浸自冷、油浸风冷或强迫油循环风冷等方式。

2. 三相异步电动机

电动机是利用电磁感应原理将电能转换为机械能的设备，在生产上主要使用的是交流电动机，特别是三相异步电动机，因为它具有结构简单、坚固耐用、运行可靠、价格低廉、维护方便等优点，所以被广泛地用来驱动各种金属切削机床、起重机、锻压机、传送带、铸造机械、功率不大的通风机及水泵等。

三相笼型异步电动机的产品外观和结构如图 7—15 所示，它主要由固定不动的定子和旋转的转子两大部分组成。此外还有端盖、轴承、风扇和接线盒等。

（1）定子的构成及各部分的作用

定子是电动机的静止部分，主要由定子铁芯、定子绕组和机座等组成。

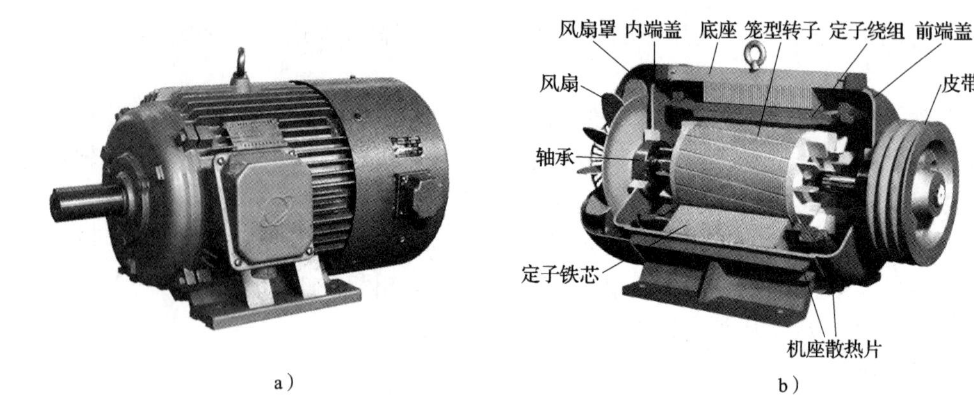

图 7—15　三相笼型异步电动机

a）外观图　b）结构图

1）定子铁芯

定子铁芯主要用于嵌放定子绕组，一般用厚 0.35～0.5 mm、表面涂有绝缘漆的硅钢片叠装而成。在铁芯硅钢片的内圆上冲有均匀分布的槽，用以嵌放定子绕组。

2）定子绕组

定子绕组是电动机的电路部分，由嵌放在定子铁芯槽内的三个独立的对称绕组构成，三个绕组的首端分别用 U1、V1、W1 表示，对应的三个尾端分别用 U2、V2、W2 表示，六个出线端分别接到机座外侧接线盒的六个接线端子上，可按需要将三相绕组接成 Y 形或△形。如图 7—16、图 7—17 所示。

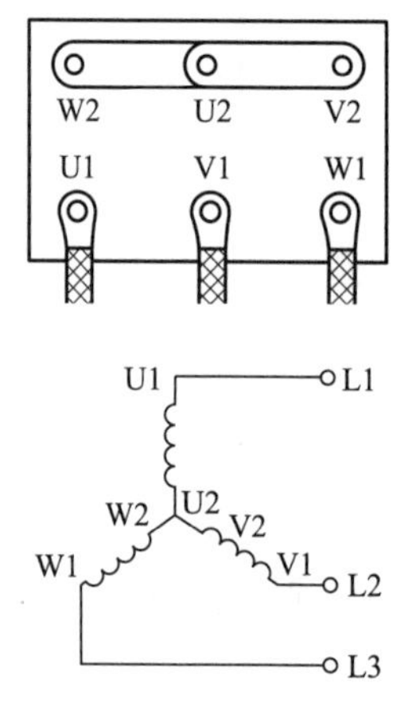

图 7—16　定子绕组的 Y 形接法

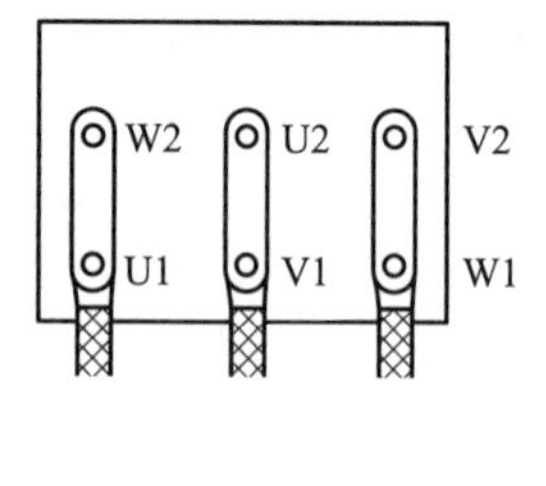

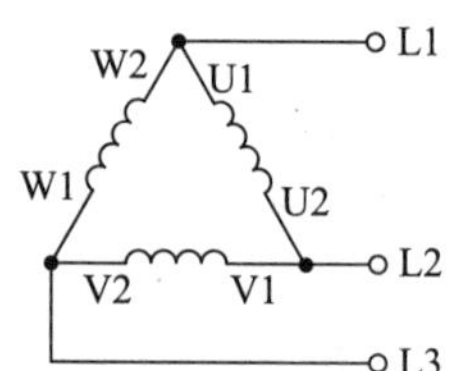

图 7—17　定子绕组的△形接法

3）机座

机座的作用是固定定子铁芯，并以两个端盖支撑转子，同时保护电动机的电磁部分并散发电动机运行过程中产生的热量，因此要求它有足够的机械强度和刚度，并能满足通风散热的需要。

（2）转子的构成及各部分的作用

转子是电动机的旋转部分，主要由转子铁芯、转子绕组、转轴和风叶等组成。

1）转子铁芯

转子铁芯一般用 0.5 mm 厚的硅钢片叠装而成，硅钢片的外圆冲有均匀分布的槽，用以嵌放（或浇铸）转子绕组。转子铁芯固定在转轴或转子支架上。

2）转子绕组

转子绕组的作用是产生电磁转矩使转子转动。转子绕组有笼型和绕线型两种结构形式。

第3节　安全用电

一、触电基本知识

触电是指电流流过人体时对人体产生的生理及病理伤害，包括电击和电伤两种。电击是电流流过人体所造成的内伤，主要会造成心脏心室颤动，导致血液循环停止；电伤常常发生在人体的外部，在肌体表面留下伤痕，例如电灼伤、电烙印和皮肤金属化。

1. 影响人体触电危害程度的因素

触电对人体伤害的严重程度，与通过人体电流的大小、电流通过的持续时间、电流通过的路径、电流的频率、人体的状况等因素有关。

通过人体的电流越大，通电时间越长，对人体的伤害程度越大。资料表明，25～300 Hz的交流电对人体的伤害最大，人体触电后能自主摆脱电源的电流一般为 10～16 mA，当超过 50 mA（通电 1 s 以上）时，对人体有致命危险。

从左手到胸部以及从左手到右脚是最危险的触电途径，人体电阻的大小对触电后果也会产生一定的影响。

2. 触电形式

人体触电的类型多种多样，但最常见的主要有以下两种形式。

（1）直接接触触电

直接接触触电又称直接接触电击，是人体直接接触或过分靠近带电导体而发生的触电，如图 7—18 所示。这时电流经过人体，会对触电者造成致命危险，图示中为单相电压触电（作用于人体的电压是 220 V）。另外，当人体过分靠近高压带电体时，发生弧光放电，会对人体造成电弧伤害。如图 7—19 所示，带负荷分断、闭合刀开关会产生弧光短路，对人体及设备都会造成伤害。

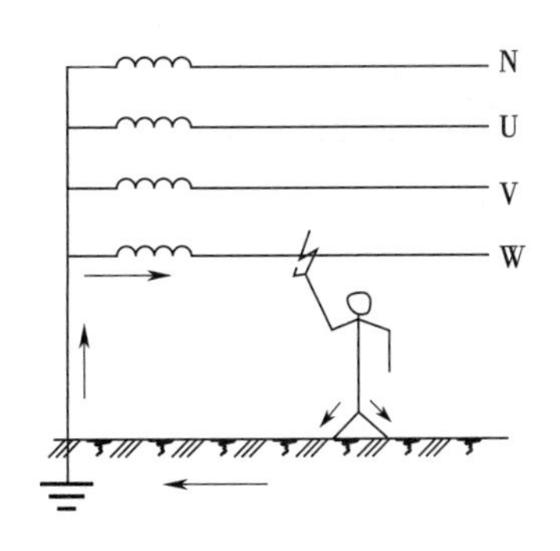

图 7—18　单相电压触电

图 7—19　带负荷分合闸造成弧光短路

（2）间接接触触电

间接接触触电又称间接接触电击，是人体触及漏电设备的金属外壳或结构而发生的触电，如图 7—20 所示。

图 7—20　间接接触触电

电气设备在正常运行时，其金属外壳或结构是不带电的，但当电气设备绝缘损坏后，内部带电体会碰触设备金属外壳，俗称“碰壳”“漏电”，其金属外壳就带有一定电压，此时人体触及就会发生触电。

二、触电防护措施

1. 直接接触触电的防护技术

防止直接接触触电的技术措施主要有绝缘、屏护、设置安全距离等。

（1）绝缘

绝缘是指用绝缘材料把带电体封闭起来，实现带电体相互之间、带电体与其他物体之间的电气隔离，使电流按指定路径通过，确保电气设备和线路正常工作，防止人身触电。

（2）屏护

屏护是采用屏护装置控制不安全因素，即采用遮栏、护罩、护盖、箱闸等把带电体同外界隔绝开来，如图 7—21 所示。

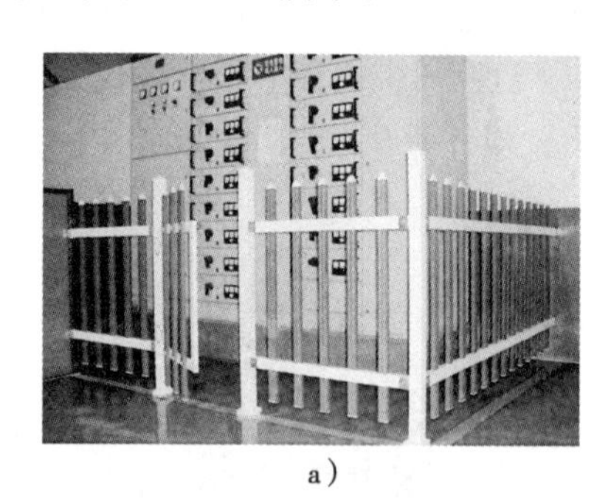

a）

b）

图 7—21　常见屏护装置

a）配电站内隔离围栏　b）配电箱体

（3）设置安全距离

设置安全距离是为了防止人体触及或接近带电体造成触电事故，同时，在带电体与地面之间、带电体与其他设施和设备之间、带电体与带电体之间均需保持一定的安全距离。

2. 间接接触触电的防护技术

防止间接接触触电的技术措施有保护接地、保护接零、安装漏电保护装置等。

（1）接地与接地装置

在企业供电系统中，为了保证电气设备的正常工作或防止人身触电，而将电气设备的某一部位经接地装置与大地作良好的电气连接，此连接称为接地。

接地装置就是用来连接电气设备和大地的装置，包括接地体和接地线两部分，其中与土壤直接接触的金属物体称为接地体，连接接地体和设备接地点之间的金属导线称为接地线。

接地体通常采用钢管或角钢，将端部削尖打入地下，也可采用金属管道，或与大地有可靠连接的金属构件等。电气设备金属外壳保护接地线应采用截面积不小于 1.5 mm^2 的导线。

我国过去生产的电工产品，其接地线都是以黑色为标志，这种标志已被淘汰。目前，我国已执行国际标准，采用黄、绿双色绝缘线作为保护接地线。黄、绿双色是国际电工委员会规定的保护接地线专用色标，已为国际通用。

（2）保护接地

将电气设备上与带电部分绝缘的金属外壳与接地体相连接，称为保护接地，代号为 PE。

在农村公用低压配电系统中，这种配电系统引出三根相线（L1、L2、L3 线）和一条中性线（N 线、工作零线），将在故障情况下可能出现危险电压的设备金属部分通过接地线、接地体与大地直接连接，从而把故障电压限制在安全范围以内的做法称为保护接地，如图 7—22 所示。

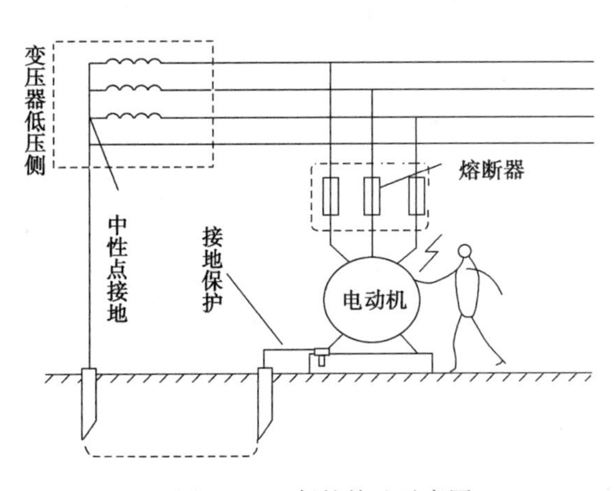

图 7—22　保护接地示意图

保护接地在发生单相对地短路后，能够使保护装置动作（熔体熔断或断路器跳闸），迅速切断电源。但如果只是因为绝缘不良而漏电，不足以使保护装置动作，漏电设备长期工作，还是有触电的危险性。

（3）保护接零

保护接零是当前我国低压电力网中防止人身触电事故发生的重要安全措施之一。

在城镇公用低压电力系统和厂矿企业等电力客户的专用低压电力系统中，电气设备金属外壳通过保护导线与保护零线（PE 线）连接的方式称为保护接零。当线路某一相直接连接设备金属外壳时，即形成短路，促使线路保护装置迅速动作，断开电源，消除触电危险。

在配电网中，应当区别工作零线和保护零线，根据其保护零线是否与工作零线分开而将接零保护划分为三种，见表 7—4。

表 7—4　　接零保护的三种形式

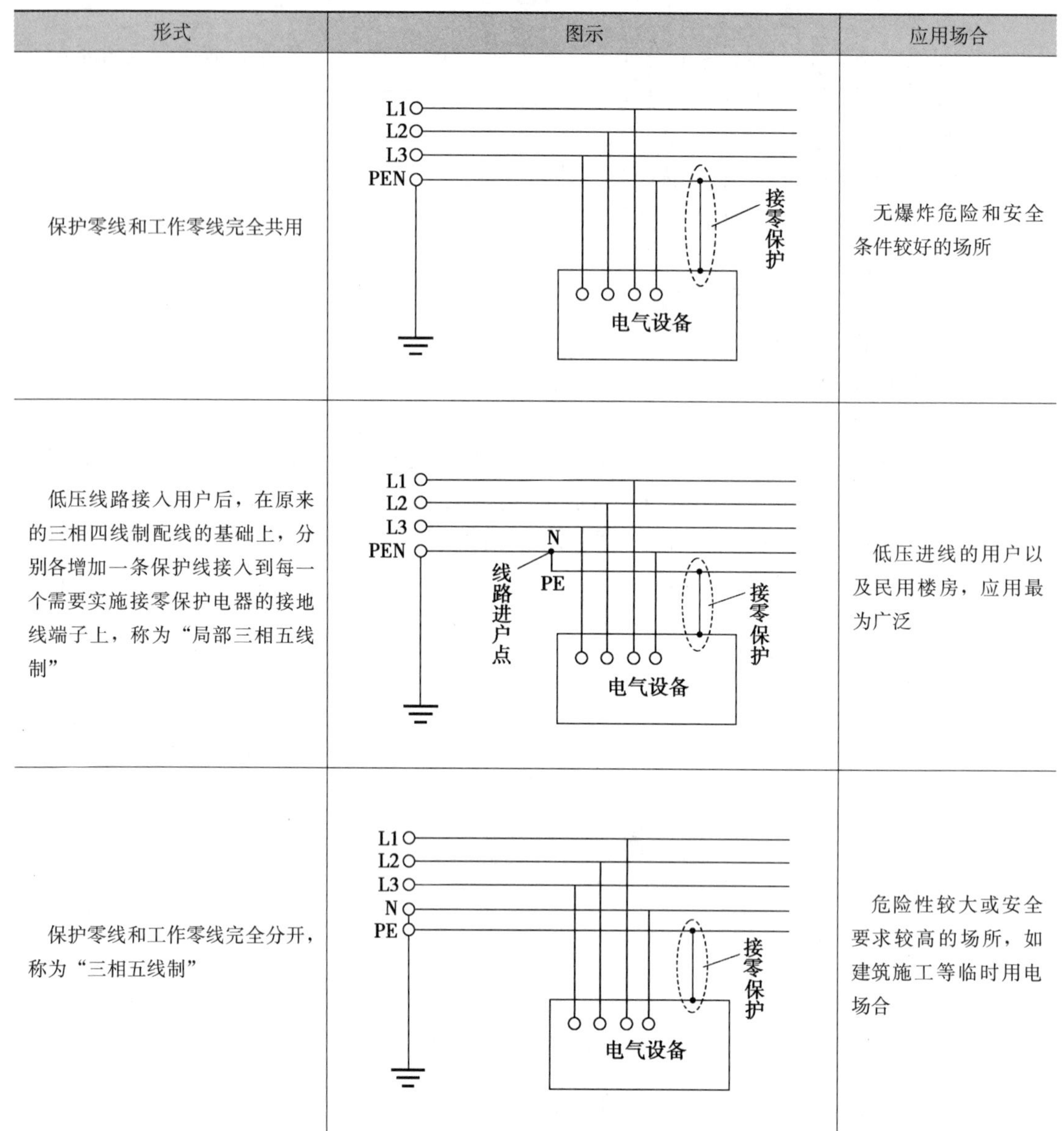

形式	图示	应用场合
保护零线和工作零线完全共用	L1 L2 L3 PEN 接零保护 电气设备	无爆炸危险和安全条件较好的场所
低压线路接入用户后，在原来的三相四线制配线的基础上，分别各增加一条保护线接入到每一个需要实施接零保护电器的接地线端子上，称为“局部三相五线制”	L1 L2 L3 PEN N PE 线路进户点 接零保护 电气设备	低压进线的用户以及民用楼房，应用最为广泛
保护零线和工作零线完全分开，称为“三相五线制”	L1 L2 L3 N PE 接零保护 电气设备	危险性较大或安全要求较高的场所，如建筑施工等临时用电场合

由于接地保护和接零保护两种保护方式应用供电环境的不同，如果选择使用不当，不仅起不到应有的保护性能，还会影响电网的供电可靠性。另外，在同一配电系统只能采用同一种保护方式，两种保护方式不得混用。

3. 漏电保护装置

接地和接零保护措施无论如何完善仍不能从根本上杜绝触电事故的发生，为此，人们又研究出新的、更加完善的防止人身触电的保护技术——漏电保护。

漏电保护的作用一是在电气设备（或线路）发生漏电或接地故障时，能在人体尚未触及之前就把电源切断；二是当人体触及带电体时，能在 0.1 s 内切断电源。此外，漏电保护还可以防止漏电引起的火灾事故。

常用的漏电保护装置如图 7—23 所示。

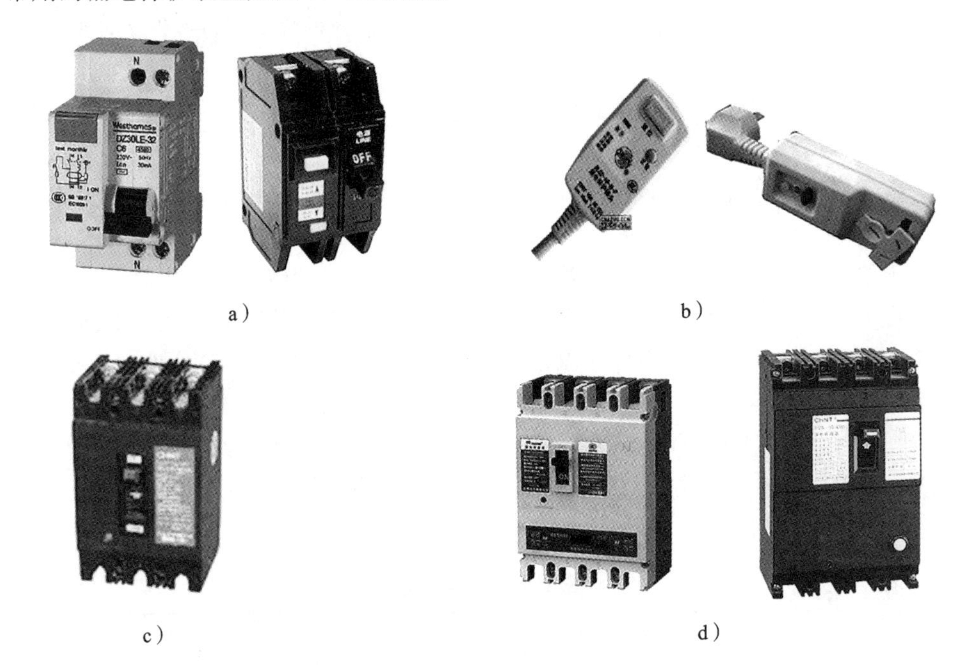

图 7—23　常用的漏电保护装置

a）单相漏电保护器　b）单相漏电保护插头、插座

c）三极漏电保护器　d）四极漏电保护器

三、安全用电知识

1. 安全用电须知

（1）不要私自乱接电线，盲目安装、修理电器线路或用电器具，以免造成电气事故。

（2）不要用金属丝（如铁丝、铝丝）绑扎电线，一旦绑扎处绝缘损坏，金属丝就会带电。

（3）不要在一个插座上引接过多或功率过大的用电器具和设备。插座有其允许的负荷量，接入过多或功率过大的用电器，会烧坏线路和插座，引发线路故障及火灾。

（4）不要用潮湿的手去接触开关、插座及具有金属外壳的电气设备，更不要用湿布去揩抹带电的电器。

（5）不要在电加热设备上覆盖和烘烤衣物，避免引燃衣物导致火灾。

（6）不要在电气设备上放置衣物，严禁将雨具等物悬挂在电气设备上方，以防止雨水浸入内部。

（7）在搬迁电焊机、鼓风机、电钻等可移动电器时，不要拖拉电源线，要切断电源。

（8）电气设备的绝缘损坏会造成外壳带电，将电气设备的金属外壳接地，可防止引发触电事故。

（9）设备运行过程中，不要开启电气箱；设备使用完毕，要随时断开设备电源。

（10）电气设备运行中，若听到电动机“嗡嗡”的声音或闻到异常气味，说明电动机出现故障，要立即停止工作，断开电源，让电工进行检查。

（11）经常接触和使用的配电箱、配电板、闸刀开关、按钮开关、插座、插头等，要保持完好、安全，不要接触有破损或裸露的带电部分，发现以后要及时通知电工修理。

（12）要认识设备电源总开关及其位置，学会在紧急情况下关断总电源，保证设备及人身安全。

（13）电气设备或线路在检修的过程中，要拉下电源开关，并悬挂“禁止合闸，有人工作”的标志牌，关闭电气箱并上锁。

（14）不要过于靠近带电物体或线路，要保持一定的安全距离。

（15）在潮湿的环境中使用可移动电器时，必须采用 36 V 及以下的低压电器。

（16）在雷雨天气，不可走近高压电杆、铁塔和避雷针的接地导线周围，以防雷电伤人。

2. 常见的电力安全标志

在工矿企业、建筑工地等一些存在不安全因素的用电场合中，经常见到表 7—5 中一些标志，它由图形、颜色、边框或文字构成，提醒人们对周围环境引起注意，以避免发生危险，这些就是电力安全标志。

表 7—5　　　　常见电力安全标志

类型	图示实例	尺寸	式样
禁止类	禁止合闸 有人工作	200 mm×100 mm 或 80 mm×50 mm	白底红字
允许类	在此 工作	250 mm×250 mm	绿底、中间有 ϕ210 mm 的白圆圈，圈内写黑字
警告类	有电危险 止步 高压危险！	250 mm×200 mm	白底红边，黑字，有红色箭头

明确统一的标志是保证安全用电的一项重要措施，除了以上图形标志外，还用颜色标志来区分不同功能的按钮、不同性质和用途的导线，称之为安全色。见表7—6。

表7—6　　颜色标志来区分的不同功能

颜色	功能
红色	用来标志禁止、停止和消防，如信号灯、信号旗、机器上的紧急停机按钮等都是用红色来表示“禁止”的信息
绿色	用来标志安全无事。如“在此工作”“已接地”等，再如机器上的启动按钮
黄色	用来标志注意危险。如“当心触点”“注意安全”等
蓝色	用来标志强制执行，如“必须戴安全帽”等
黑色	用来标志图像、文字符号和警告标志的几何图形

3. 车间电气安全技术规程

(1) 生产车间的一切电气设备除按照安全要求正确选用外，还必须在安装和使用、运行和维护等诸方面从技术上满足安全要求。

(2) 为保证车间用电设备的安全运行，除正确选用、安装和使用外，还应对用电设备采取完善的保护措施，并经常检查维护，及时排除故障，做好日常巡回检查和定期检修等工作。

(3) 车间内的布线应根据周围环境和实际情况确定安全合理的布线方式和走向。线路应尽量远离热源、易燃物及其他危害线路安全运行的设施。穿管线路和临时线路的敷设都应按照安全技术要求进行。

(4) 对表面裸露和人身容易触及的带电设备要采取可靠的防护措施。设备的带电部位对地和其他带电部分相互之间要保持一定的安全距离。

(5) 低压电力系统要采取接地、接零保护措施。高压用电设备要采用熔断器等保护措施。易产生过电压危害的电力系统应采取避雷针等避雷装置和保护间隙等过电压保护装置。

(6) 在电气设备、系统和有关的工作场所装设安全标志。针对某些电气设备的特性和要求，采取特殊的安全措施。

课后练习

1. 什么是正弦交流电的瞬时值、最大值和有效值？
2. 什么是低压断路器？有何用途？
3. 什么是低压熔断器？有何用途？
4. 什么是变压器？有何用途？
5. 什么是电动机？有何用途？
6. 什么是直接接触触电？什么是间接接触触电？
7. 什么是保护接地？什么是保护接零？
8. 简述安全用电常识。

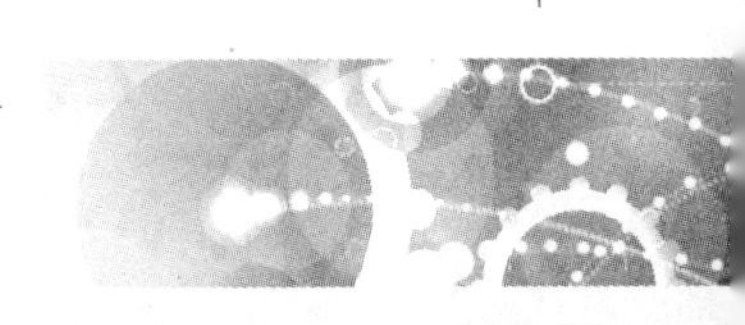